Heidelberger Taschenbücher Band 98

Selecta Mathematica
Herausgegeben von Konrad Jacobs

IV

K. Jacobs

Einige Grundbegriffe der topologischen Dynamik

Poincarés Wiederkehrsatz

Gleichverteilung mod 1

Markov-Prozesse mit endlichvielen Zuständen

J. Rosenmüller

Konjunkturschwankungen

Springer-Verlag Berlin Heidelberg New York 1972

Professor Dr. Konrad Jacobs
Dr. Joachim Rosenmüller
Mathematisches Institut der Universität Erlangen-Nürnberg
852 Erlangen, Bismarckstraße 1 $^1/_2$

Mit 19 Abbildungen

AMS Subject Classification (1970)
06A65, 10F40, 15A51, 28A70, 42A84, 54H20, 55C20, 60J10, 68A30, 90A99

ISBN-13:978-3-540-05782-6   e-ISBN-13:978-3-642-65363-6
DOI: 10.1007/978-3-642-65363-6

Das Werk ist urheberrechtlich geschützt. Die dadurch begründeten Rechte, insbesondere die der Übersetzung, des Nachdruckes, der Entnahme von Abbildungen, der Funksendung, der Wiedergabe auf photomechanischem oder ähnlichem Wege und der Speicherung in Datenverarbeitungsanlagen bleiben, auch bei nur auszugsweiser Verwertung, vorbehalten.
Bei Vervielfältigungen für gewerbliche Zwecke ist gemäß § 54 UrhG eine Vergütung an den Verlag zu zahlen, deren Höhe mit dem Verlag zu vereinbaren ist.
© by Springer-Verlag Berlin · Heidelberg 1972. Library of Congress Catalog Card Number 68-57941

Vorwort

Von jeher haben Wiederkehrerscheinungen das Interesse nachdenklicher Leute gefunden und insbesondere mathematische Untersuchungen angeregt. Periodisches Zählen verbinden wir mit der Regelmäßigkeit eines Rhythmus, Translationsgruppen mit der Wiederkehr in Friesmustern, und die Umläufe der Planeten verlangten Newton die Erfindung der Infinitesimalrechnung ab. Es geht aber nicht nur darum, beobachtete Wiederkehr in mathematischen Modellen nachzuzeichnen, sondern auch um die grundsätzliche Frage: Warum muß Wiederkehr sein? Genauer: Welche Eigenschaften eines mathematischen Modells erzwingen das Auftreten von Wiederkehrerscheinungen?

Die Antwort der Mathematik auf diese Frage sind die sog. Wiederkehrsätze, von denen wir die wichtigsten in diesem Band in typischer Gestalt, wenn auch nicht immer in größtmöglicher Allgemeinheit vorstellen. Sie lassen sich nach der Art der zugrunde gelegten Strukturen unterscheiden.

Arbeitet man mit rein topologischen Mitteln, so befindet man sich in der sog. topologischen Dynamik, der unser erster Beitrag gilt. Der hier bewiesene Wiederkehrsatz 3.9 stützt sich vor allem auf die *Kompaktheit* des zugrunde liegenden Raums und zeigt die Existenz fastperiodischer Bewegungen.

Starre Bewegungen eines speziellen Kompaktums, nämlich der Kreislinie (oder allgemeiner: eines Torus), sowie einen strengeren Fastperiodizitätsbegriff untersucht der zweite Beitrag über Gleichverteilung mod 1, in dem wir Weyls berühmten Satz beweisen, und den Leser auch etwas in die Mittelwerttheorie der fastperiodischen Funktionen einführen.

Dem Wiederkehrsatz von Poincaré, der gleich dem Fastperiodizitätsbegriff seine Entstehung himmelsmechanischen Untersuchungen verdankt, ist der dritte Beitrag gewidmet. Dieser Satz hat im Laufe der historischen Entwicklung rein maßtheoretische Züge angenommen, und in dieser Gestalt, und damit als einen Satz aus der sog. Ergodentheorie präsentieren wir ihn hier zunächst, ziehen aber dann auch topologische Konsequenzen. Er besagt etwa, daß bei inkompressibler Strömung in einem *endlichen Volumen* Wiederkehr eintreten muß. Die hier verwendete Maßtheorie braucht übrigens auch ein nicht speziell vorgebildeter Leser nicht zu scheuen, sie läßt sich ganz leicht intuitiv erfassen.

Im vierten Beitrag dieses Bandes ersetzen wir die bisher ausschließlich betrachteten deterministischen Bewegungen durch zufallsgesteuerte

Diffusionsvorgänge. Die Endlichkeit des Volumens, das wir hier sogar zu einer endlichen Menge diskretisieren, impliziert auch hier eindrucksvolle Wiederkehrphänomene. Der Leser erhält dabei auf völlig elementare Weise — es wird im Grunde nur lineare Algebra und analytische Geometrie getrieben — exemplarische Einblicke in die gegenwärtig zu hoher Blüte herangewachsene Theorie der Markov-Prozesse sowie in die Funktionalanalysis der Halbgruppen.

Der fünfte Beitrag beschäftigt sich mit einem Wiederkehrphänomen, das uns alle betrifft: Konjunkturschwankungen. Zum zweiten Mal in dieser Selecta-Reihe, und ernsthafter als im Falle des Heiratssatzes, sehen wir die Mathematik mit der Lösung sozialer Probleme beschäftigt. Wiederum stehen Kompaktheitsannahmen hinter den bewiesenen Periodizitätsaussagen.

Mustert man die hier skizzierte Reihe von Wiederkehrsätzen nochmals auf ihre Voraussetzungen hin, so entsteht ein einheitlicher Eindruck: Kompaktheit und Endlichkeit des Volumens sind es, die Wiederkehr erzwingen. Da mag man nun anfangen, weltanschaulichen Erwägungen nachzuhängen. Dieses Buch wünscht jedenfalls Mathematik zu bieten. Übrigens gibt es eindrucksvolle Untersuchungen über Bewegungen, die sich nicht in ein Kompaktum oder ein endliches Volumen einsperren lassen.

Erlangen, Frühjahr 1972   Konrad Jacobs

Inhaltsverzeichnis

Einige Grundbegriffe der topologischen Dynamik, von K. Jacobs . 1
§ 1. Einführung 1
§ 2. Ein einfacher Spezialfall 7
§ 3. Fastperiodische Punkte und minimal-invariante Teilmengen 8
§ 4. Ein Beispiel: der Satz von Kronecker 13
§ 5. Minimal-invariante Teilmengen und fastperiodische Punkte im shift-Raum 15
§ 6. Anziehungszentren 17
§ 7. Anziehungszentren im shift-Raum 26
Literatur 29

Poincarés Wiederkehrsatz, von K. Jacobs 31
§ 1. Grundbegriffe der Maßtheorie 32
§ 2. Dynamische Systeme 38
§ 3. Der Wiederkehrsatz von Poincaré 43
§ 4. Der Wiederkehrsatz von Kac 46
§ 5. Die topologisierte Form des Poincaréschen Wiederkehrsatzes 51
Literatur 56

Gleichverteilung mod 1, von K. Jacobs 57
§ 1. Drehungen des Einheitskreises 59
§ 2. Der Satz von Kronecker 60
§ 3. Mittelwerte stetiger Funktionen auf dem Einheitskreis . . . 61
  1. Stetige Funktionen auf dem Einheitskreis 61
  2. Nahezu konstante Mittelwerte 62
  3. Mittelwerte längs Vorwärtsbahnen 63
§ 4. Mittelwerte Riemann-integrabler Funktionen 66
§ 5. Interpretation mod 1 72
§ 6. Drehungen auf dem r-dimensionalen Torus 75
§ 7. Kritik an den bisherigen Methoden 82
§ 8. Gleichverteilung und Heiratssatz 83
§ 9. Das Haarsche Maß auf kompakten Gruppen 88
Literatur 93

Markov-Prozesse mit endlichvielen Zuständen, von K. Jacobs . . 94
§ 1. Stochastische Matrizen und Abbildungen 99
§ 2. Das asymptotische Verhalten Markovscher Prozesse: Vorstudien 105

1. Die Existenz von Fixvektoren 107
2. Der Ergodensatz für stochastische Matrizen 108
3. Ein Kriterium für Konvergenz von p, p^P, ... gegen einen universellen Punkt 111
§ 3. Die Methode der invarianten Mengen 116
§ 4. Die Methode der kompakten Halbgruppen 124
§ 5. Die Methode der Einheitswurzeln 135
Literatur 140

Konjunkturschwankungen, von J. Rosenmüller 143

§ 1. Einleitung 143
§ 2. Das Spinnwebmodell 146
§ 3. Multiplikator und Accelerationsprinzip 152
§ 4. Ein spieltheoretisches Modell 158
Literatur 173

Namen- und Sachverzeichnis 174

Einige Grundbegriffe der topologischen Dynamik

K. Jacobs[1]

§ 1. Einführung

Sei Ω eine beliebige nichtleere Menge, deren Punkte wir gewöhnlich mit $\omega, \eta, \ldots$ bezeichnen wollen, sowie $T: \Omega \to \Omega$ eine eindeutige Abbildung von Ω in sich. Durch Iteration erhält man aus T die Abbildungen T^t ($t = 0, 1, \ldots$), wobei wir unter T^0 die identische Abbildung — die man auch mit $\mathbf{1}$ bezeichnet — verstehen. Wir schreiben Abbildungen stets rechts von dem Gegenstand, auf den sie wirken, bezeichnen also mit ωT^t den aus ω durch die Abbildung T^t erhaltenen Punkt. Insbesondere ist $\omega T^0 = \omega \mathbf{1} = \omega$.

Wir stellen uns vor, daß T die Punkte ω von Ω *bewegt* und werden z. B. beim Betrachten der Folge $\omega, \omega T, \omega T^2, \ldots$ sagen: der Punkt ω *durchläuft* seine *Bahn* $\{\omega T^t \mid t = 0, 1, \ldots\}$. Oder: der Punkt befindet sich zur Zeit t an der Stelle ωT^t. Ist F eine Teilmenge von Ω und $\omega T^t \in F$, so wollen wir sagen: der Punkt ω besucht zur Zeit t die Menge F. Es ist klar, wie man diese Sprechweise auf weitere Sachverhalte ausdehnen kann.

Uns interessiert das Verhalten der Punkte ω von Ω im Laufe der Zeit, d. h. das Verhalten der Folge $\omega, \omega T, \omega T^2, \ldots$ Ein bestimmtes Verhalten erfaßt z. B. die folgende

Definition 1.1: Der Punkt $\omega \in \Omega$ heißt *periodisch* (unter T) mit der ganzzahligen Periode $d > 0$, wenn

$$\omega T^d = \omega$$

gilt und die Punkte $\omega, \omega T, \ldots, \omega T^{d-1}$ paarweise verschieden sind. Punkte ω mit der Periode 1 werden auch *Fixpunkte* (von T) genannt, sie sind durch $\omega T = \omega$ gekennzeichnet.

In einem einfachen Beispiel (§ 2), das den Fall, wo Ω eine endliche Menge ist, ziemlich vollständig behandelt, werden wir sehen, daß der Begriff des periodischen Punktes trotz seiner Einfachheit durchaus nützlich sein kann. Es ist aber auch sehr leicht, Beispiele mit unendlichem Ω zu bilden, wo keine periodischen Punkte auftreten, die obige Definition also nutzlos wird (vgl. § 4). Wenn ein an sich schöner mathematischer Begriff in solcher Weise scheitert, gibt man die Sache am besten nicht

---

[1] Dieser Beitrag ist eine Überarbeitung des Artikels [12].

gleich verloren, sondern analysiert die Situation. Ein periodischer Punkt ist durch die Forderung definiert, daß er in endlicher Zeit *exakt* in seine Ausgangslage zurückkehren soll. Diese Forderung ist offenbar für gewisse Fälle zu scharf. Man erwägt nun, ob man sie nicht ein bißchen abschwächen kann, um für den dann entstehenden modifizierten Begriff einen größeren Anwendungsbereich einzuhandeln. Geschmack, Stand der Forschung und viele andere Motive spielen bei solchen Erwägungen eine wesentliche Rolle.

Der topologische Dynamiker entschließt sich in diesem Falle dazu, es einmal mit der Forderung zu versuchen, der Punkt möge, wenn schon nicht exakt, dann doch wenigstens *annähernd* in seine Ausgangslage zurückkehren. Experiment und Erfolg führen ihn zu der in Definition 3.6 gegebenen Präzisierung des Gedankens: zum Begriff des fastperiodischen Punktes. Aber das ist bereits vorgegriffen. Uns genügt für den Augenblick das Resultat „annähernd", um vorläufig zu sagen, was topologische Dynamik ist.

Die topologische Dynamik ist diejenige Disziplin, die das Verhalten der Punkte von Ω mit rein topologischen Mitteln untersucht. Sie setzt zu diesem Zweck voraus, daß die Menge Ω eine topologische Struktur — gegeben etwa durch Umgebungssysteme für die Punkte von Ω — besitzt. Es ist dann nur natürlich, auch vorauszusetzen, daß die Abbildung $T:\Omega \to \Omega$ stetig ist. Sie handelt also von stetigen Abbildungen in topologischen Räumen.

Den Anlaß zur Entstehung der topologischen Dynamik gab die klassische Mechanik. Dort betrachtet man im Phasenraum R^{6N} (zuzüglich einer Zeit-Dimension) die sog. Hamiltonschen Differentialgleichungen eines Systems von N Freiheitsgraden. Wie sie gebildet wurden, braucht uns jetzt im einzelnen nicht zu interessieren. Wir wollen nur festhalten, daß es sich in den für uns interessanten Fällen um ein System von gewöhnlichen Differentialgleichungen handelt, in denen die Zeit nicht explizit auftritt, und die in einer vernünftigen Teilmenge $\Omega \subseteq R^{6N}$, die man oft als kompakt voraussetzen kann, definiert sind. Unter den üblichen Regularitätsannahmen (z.B. Lipschitz-Bedingung) geht dann durch jeden Punkt ω von Ω genau eine Lösungskurve $\omega(t)$ mit $\omega(0) = \omega$.

Dabei gibt $\omega(t)$ die Lage von ω zur Zeit t an. Fixiert man eine Zeiteinheit $\delta > 0$, so ist durch

$$T:\omega = \omega(0) \to \omega(\delta)$$

eine stetige Abbildung T von Ω in sich gegeben. Man hat

$$\omega T^t = \omega(t \cdot \delta) \quad (t = 0, 1, \ldots),$$

d.h. die Folge $\omega, \omega T, \omega T^2, \ldots$ zeigt gewissermaßen als Film, bei dem pro Zeiteinheit eine Aufnahme gemacht wird, den Lauf des Punktes ω. Damit sind wir wieder bei der einfachen allgemeinen Situation angelangt, die wir nun für unseren Spaziergang in die topologische Dynamik zugrunde legen wollen.

Diejenigen Leser, die über topologische Räume Bescheid wissen, können das folgende als Einübung in den Umgang mit ihnen betrachten. Um denjenigen Lesern entgegenzukommen, die die allgemeine Theorie der topologischen Räume nicht kennen, werde ich im folgenden nicht allgemein von topologischen Räumen sprechen, sondern mich auf Fälle beschränken, in denen entweder

1. Ω eine Teilmenge des Raumes $R^n = \{\omega = (\omega_1, \ldots, \omega_n) \mid \omega_1, \ldots, \omega_n$ reell$\}$, oder

2. Ω eine Teilmenge des Raumes $X = \{\omega = \omega_0 \omega_1, \ldots, \mid \omega_t = 0$ oder $1\}$ aller (einseitig-unendlichen) 0-1-Folgen

ist. An 1. halten wir uns, wo es um die Anschaulichkeit der betrachteten Punktwanderungen und ihre physikalische, insbesondere mechanische Interpretation (s.o.) geht; die im R^n zugrunde gelegte Topologie ist die übliche, sie entspricht dem Begriff der komponentenweisen Konvergenz, und eine typische Umgebung des Punktes $\omega = (\omega_1, \ldots, \omega_n) \in R^n$ ist z.B. durch

$$U_\varepsilon(\omega) = \{\eta = (\eta_1, \ldots, \eta_n) \mid \sqrt{(\eta_1 - \omega_1)^2 + \cdots + (\eta_n - \omega_n)^2} < \varepsilon\}$$

gegeben; es handelt sich hier um sie sog. offene ε-Umgebung bezüglich des euklidischen Abstandes $|\eta, \omega|_2 = \sqrt{(\eta_1 - \omega_1)^2 + \cdots + (\eta_n - \omega_n)^2}$ im R^n; wir merken an, daß man mit anders definierten Abständen, wie z.B.

$$|\eta, \omega|_1 = |\eta_1 - \omega_1| + \cdots + |\eta_n - \omega_n| \text{ oder } |\eta, \omega|_\infty = \max_{1 \leq k \leq n} |\eta_k - \omega_k|$$

zum selben Konvergenzbegriff gelangt und daß es manchmal zweckmäßig sein kann, mit einem dieser anderen Abstände zu arbeiten; im Beitrag „Markovsche Prozesse mit endlichem Zustandsraum" dieses Bandes wird z.B. $|\eta, \omega|_1$ verwendet.

Mit der Beispielklasse 2. möchte ich aus verschiedenen Gründen besonders intensiv arbeiten:

a) Der Leser soll Gelegenheit erhalten, seine Anschauungen ein wenig zu verfremden, also sein Abstraktionsvermögen zu trainieren und dabei auch zu erfahren, daß

b) das weniger Anschauliche das gedanklich Einfachere sein kann.

c) Der in 2. zugrunde liegende sog. shift-Raum oder Bernoulli-Raum spielt in vielen älteren und neueren Untersuchungen der Wahrscheinlichkeitstheorie, Ergodentheorie und Informatik, denen der Leser z.B.

d) in Beiträgen zu Selecta Mathematica I und II begegnen kann, eine fundamentale Rolle. Mit ihm etwas vertraut zu sein, gehört heute zur mathematischen Allgemeinbildung.

Die im Raum $X = \{\omega = \omega_0\omega_1 \cdots \mid \omega_0, \omega_1, \ldots = 0 \text{ oder } 1\}$ verwendete Topologie ist, wie im R^n, die der komponentenweisen Konvergenz (die sog. Produkttopologie); da die Komponenten nur die diskreten Werte 0 und 1 annehmen, bedeutet für sie „konvergieren" soviel wie „schließlich übereinstimmen"; daß eine Folge $\omega^1, \omega^2, \ldots$ aus X (wir müssen hier wohl obere Indices — es sind nicht etwa Exponenten gemeint — schreiben, da die unteren für die Komponenten dienen sollen) gegen ein $\omega \in X$ konvergiert, bedeutet also: zu jeder Komponenten-Nummer k gibt es ein $n_k > 0$ mit $\omega_k^n = \omega_k$ für $n \geq n_k$. Oder äquivalent: zu jedem k_0 gibt es ein $m_0 > 0$ mit $\omega_k^n = \omega_k$ ($k = 0, \ldots, k_0$) für $n \geq m_0$. Dieser Konvergenzbegriff läßt sich leicht mit Hilfe einer Metrik beschreiben:

$$|\omega, \eta| = \sum_{k=0}^{\infty} \frac{1}{2^k} |\omega_k - \eta_k| \quad (\omega = \omega_0\omega_1, \ldots, \eta = \eta_0\eta_1, \ldots),$$

und eine typische Umgebung des Punkts $\omega = \omega_0\omega_1 \cdots \in X$ ist die Menge

$$U_{k_0}(\omega) = \{\eta = \eta_0\eta_1 \cdots \mid \eta_0 = \omega_0, \ldots, \eta_{k_0} = \omega_{k_0}\},$$

die man auch als den ω enthaltenden „Zylinder $[\omega_0, \ldots, \omega_{k_0}]$ der Länge $k_0 + 1$" bezeichnet. — Im Raum X aller 0-1-Folgen legen wir stets die durch

$$\omega T = \omega_1\omega_2 \cdots \quad (\omega = \omega_0\omega_1 \cdots)$$

gegebene Abbildung T, die sog. Schiebung, auch shift genannt, zugrunde. Sie anwenden, heißt also: die nullte Komponente weglassen und die übrigen Komponenten um einen Platz nach links verschieben. Man braucht sich hier nur diese übrigen Komponenten anzusehen, um zu beweisen, daß aus $\omega^n \to \omega$ stets $\omega^n T \to \omega T$ folgt, d.h. daß T stetig ist.

Ich möchte nun zunächst voraussetzen, daß der Leser die Grundbegriffe der Topologie im R^n kennt, also mit offenen, abgeschlossenen und kompakten (d.h. beschränkten, also je in eine Kugel von endlichem Radius einschließbaren, und abgeschlossenen) Mengen, sowie mit stetigen Abbildungen zwischen solchen Mengen im allgemeinen umzugehen versteht. Es sollten insbesondere folgende Tatsachen geläufig sein:

0. Eine Menge $M \subseteq R^n$ heißt kompakt, wenn man aus jeder Folge $\omega_1, \omega_2, \ldots, \in M$ eine konvergente Teilfolge herausziehen kann. Dies ist genau dann der Fall, wenn M beschränkt (d.h. in eine Kugel von endlichem Radius einschließbar) und abgeschlossen ist.

1. Jede endliche Menge in R^n ist kompakt, jede Abbildung einer endlichen Menge in sich ist stetig.

2. Die Vereinigung eines beliebigen Systems von offenen Mengen liefert eine offene Menge, der Durchschnitt von endlichvielen offenen Mengen ist wieder eine offene Menge.

3. Nimmt man aus einer offenen Menge ihren Durchschnitt mit irgendeiner abgeschlossenen Menge weg, so bleibt eine offene Menge übrig.

4. Die zu 2. und 3. dualen Aussagen über abgeschlossene Mengen, also z.B.: der Durchschnitt eines beliebigen Systems von abgeschlossenen Mengen ist wieder eine abgeschlossene Menge.

5. Eine Menge M in R^n ist genau dann kompakt, wenn man aus jedem M überdeckenden System von offenen Mengen ein endliches Teilsystem aussondern kann, das M bereits überdeckt.

6. Ein System von Mengen heiße absteigend gefiltert, wenn es zu je zwei Mengen F, G aus dem System eine weitere Menge H in dem System gibt, die in beiden enthalten ist:

$$H \subseteq F \cap G.$$

7. Eine Teilmenge einer kompakten Menge ist genau dann kompakt, wenn sie abgeschlossen ist.

8. Ein absteigend gefiltertes System von nichtleeren kompakten Mengen im R^n (es braucht nicht abzählbar zu sein) hat stets einen nichtleeren Durchschnitt.

9. Sind F und G disjunkte kompakte Mengen im R^n (gilt also $F \cap G = 0$), so kann man sie durch offene Mengen trennen: es gibt offene Mengen F', G' mit

$$F' \cap G' = 0, \qquad F \subseteq F', \qquad G \subseteq G'.$$

Dieser Satz bleibt richtig, wenn man von einer der beiden Mengen F, G, nur verlangt, daß sie abgeschlossen sei. Es ist natürlich auch auf den Spezialfall, wo F oder G nur aus einem Punkt besteht, anwendbar. Sind F und G beide einpunktig, so geht diese Aussage in das sog. Hausdorffsche Trennungsaxiom über, aus dem man sie ja bekanntlich herleiten kann.

10. Eine stetige Abbildung führt kompakte Mengen stets in kompakte Mengen über.

11. Ist T eine stetige Abbildung einer abgeschlossenen Menge in sich, sowie F eine abgeschlossene Teilmenge von Ω, so ist die Gesamtheit aller Punkte von Ω, die durch T in F abgebildet werden, wieder eine abgeschlossene Teilmenge von Ω.

Ferner wollen wir stets beachten, daß uns Punkte, die nicht zur Menge Ω gehören, im Grunde gar nicht interessieren. Von einer offenen Menge im R^n interessiert uns also eigentlich nur ihr Durchschnitt mit Ω. Teilmengen von Ω, die in dieser Weise entstehen, nennen wir (relativ-) offene Mengen in Ω. Analog nennt man die Durchschnitte von Umgebungen von Punkten aus Ω mit der Menge Ω (Relativ-) Umgebungen in Ω. Ferner hätte man den Begriff der relativ-abgeschlossenen Menge zu bilden. Er wird allerdings für uns nichts Besonderes bringen, da wir Ω alsbald als kompakt, als insbesondere abgeschlossen voraussetzen werden, so daß der Begriff „relativ-abgeschlossene Teilmenge von Ω" mit dem Begriff „abgeschlossene Teilmenge von Ω" zusammenfällt.

Da das Weglassen außerhalb Ω liegender Punkte alle mengentheoretischen Relationen unverändert läßt (mit Ausnahme des Nicht-leer-Seins) gelten die obigen Aussagen 1.—11. sinngemäß auch für (relativ-) offene Mengen in Ω und dgl.

Im Sinne der vorhin angeregten Abstraktionsübung kann der Leser die hier für Teilmengen des R^n aufgeführten Tatsachen nun leicht auf den shift-Raum X und seine Teilmengen übertragen. Das fängt folgendermaßen an: eine Menge $U \subseteq X$ heißt offen, wenn sie mit jedem ihrer Punkte $\omega = \omega_0 \omega_1 \cdots \in U$ noch eine volle Umgebung von ω enthält, wenn es also zu jedem $\omega \in U$ ein $k_0 = k_0(\omega)$ gibt, derart, daß aus $\eta_0 = \omega_0, \ldots, \eta_{k_0} = \omega_{k_0}$ für $\eta = \eta_0 \eta_1 \cdots$ stets $\eta \in U$ folgt, einerlei, wie man die weiteren Komponenten $\eta_{k_0+1}, \eta_{k_0+2}, \ldots$ ($= 0$ oder $= 1$) wählt; natürlich wird man sich dabei vorstellen, daß ω um so näher am Rande von U liegt, je größer man hier k_0 wählen muß. Denn je größer k_0, um so mehr Komponenten legt die Zugehörigkeit zum Zylinder $[\omega_0, \ldots, \omega_{k_0}]$, also zu der oben ins Auge gefaßten Umgebung fest, desto kleiner ist also diese Umgebung. Definiert man wörtlich wie im R^n den Rand einer beliebigen Teilmenge U von X als die Menge aller Punkte aus X, die in jeder ihrer Umgebungen sowohl Punkte von U als auch vom Komplement $X \setminus U$ enthalten, so kann man die Vorstellung „nahe am Rande" mit Hilfe des früher eingeführten Abstandes präzisieren. Hier macht man nun die amüsante Entdeckung, daß Zylinder $[\omega_0, \ldots, \omega_{k_0}]$ stets einen leeren Rand haben; ein Punkt, der zu diesem Zylinder gehört, und ein Punkt, der nicht zu ihm gehört, unterscheiden sich nämlich in einer der Komponenten Nr. $0, \ldots, k_0$, und dieser Unterschied liefert einen Beitrag $\frac{1}{2^k}$ mit $k \leq k_0$ zu ihrem Abstand, der somit mindestens $\frac{1}{2^{k_0}}$ beträgt: um jeden Zylinder $[\omega_0, \ldots, \omega_{k_0}]$ gibt es eine „Leer-Zone" der Breite $\frac{1}{2^{k_0}}$, in der keine Punkte seines Komplements liegen, also ist sein Rand leer. Dies Phänomen ist ein Grund für die außerordentliche Einfachheit der topologischen Verhältnisse im Raume X. Ein anderer Grund ist die *Kompaktheit* von X: jede Folge $\omega^n = \omega_0^n \omega_1^n \cdots \in X$ kann man, weil ω_0^n nur zweier Werte fähig ist, durch eine erste Teilfolgenbildung $\omega^{n_{01}}, \omega^{n_{02}}, \ldots$ in eine Folge mit lauter gleichen 0-ten Komponenten, deren gemeinsamen Wert wir nun mit ω_0 bezeichnen, überführen: $\omega_0^{n_{01}} = \omega_0^{n_{02}} = \cdots = \omega_0$; eine weitere Teilfolgenbildung macht hieraus die Folge $\omega^{n_{11}}, \omega^{n_{12}}, \ldots$ mit $\omega_0^{n_{11}} = \omega_0^{n_{12}} = \cdots = \omega_1$; es ist klar, wie man so durch sukzessive Teilfolgenbildung weitere Limeskomponenten $\omega_2, \omega_3, \ldots$ gewinnt, aus all diesen den Punkt

$$\omega = \omega_0 \omega_1 \cdots \in X$$

zusammensetzt, und für die Diagonalfolge $\omega^{n_{k,k+1}} \to \omega$ beweist. Man kann also aus jeder Punktfolge im shift-Raum eine konvergente Teilfolge herauszieht. Wir nennen X daher kompakt. Der Leser verfügt nun wohl über genügend Mittel, und hoffentlich auch den nötigen Mut, um auch die übrigen oben für den R^n aufgeführten Aussagen schnell auf den Raum X zu übertragen. Wenn der Leser sich diese kleine Mühe nicht machen will, muß er sich im folgenden eben auf Teilmengen des R^n beschränken, und die §§ 5 und 7 weglassen.

Was wir in diesem Beitrag nun durchsprechen wollen, sind *Wiederkehr*- und *Anziehungsprobleme*. Dabei werden wir Ω stets als *kompakt* voraussetzen. Der damit gegebene Ausschnitt aus der topologischen Dynamik unserer Tage ist, wie ich hoffe, lehrreich, aber naturgemäß klein. Zusammenfassende Darstellungen älterer Ergebnisse findet man bei Birkhoff [3], Gottschalk-Hedlund [9] und Nemyckij-Stepanoff [14]. Eine umfassende Bibliographie über topologische Dynamik hat Gottschalk [8] geliefert. Zu erwähnen ist die hübsche kleine Monographie von Sibirskij [16]. Bedeutende Ergebnisse der letzten Jahre findet der Leser in den Sammelbänden Auslander-Green-Hahn [2] und Auslander-Gottschalk [1], sowie in den Originalarbeiten von Gottschalk [7], Hedlund [10], Furstenberg [6], Kakutani [13], Bowen [4], Smale [17].

§ 2. Ein einfacher Spezialfall

Sei speziell Ω eine endliche Menge. Dann ist jede Abbildung T von Ω in sich stetig und die Untersuchung der Folgen $\omega, \omega T, \omega T^2, \ldots$ für $\omega \in \Omega$ wird eine rein kombinatorische Aufgabe. Daß T die Menge Ω in sich abbildet, schreibt man so:

$$\Omega \supseteq \Omega T.$$

Durch wiederholte Anwendung von T auf die beiden Seiten erhalten wir

$$\Omega \supseteq \Omega T \supseteq \Omega T^2 \supseteq \cdots,$$

d.h. eine absteigende Folge von nichtleeren endlichen Mengen. Da sich die Anzahl der Elemente dabei nicht unendlich oft verringern kann, wird die Folge von einer gewissen Stelle an konstant: Es gibt eine nichtleere Teilmenge $\underline{\Omega}$ von Ω, derart, daß

$$\Omega T^t = \underline{\Omega}$$

für hinreichend große t, etwa für $t \geq t_0$ gilt, und ferner

$$\underline{\Omega} T = \underline{\Omega},$$

d.h. T *permutiert* die Punkte von $\underline{\Omega}$. Man kann dann $\underline{\Omega}$ bekanntlich in disjunkte Teilmengen $\Omega_1, \ldots, \Omega_r$ zerlegen

$$\underline{\Omega} = \Omega_1 + \cdots + \Omega_r$$

derart, daß T innerhalb einer jeden dieser Mengen zyklisch wirkt: jede der Mengen Ω_ϱ ($\varrho = 1, \ldots, r$) besteht aus periodischen Punkten mit der gemeinsamen Periode $|\Omega_\varrho|$ und der gemeinsamen Bahn Ω_ϱ.

Es ergibt sich folgendes Gesamtbild: Jeder Punkt ω landet beim Durchlaufen der Folge ω, ωT, ωT^2, ... spätestens nach t_0 Schritten in einer der Mengen Ω_1, ..., Ω_r und läuft von da ab zyklisch in der betreffenden Menge Ω_ϱ herum. Seine Bewegung verläuft also von einem gewissen Zeitpunkt ab periodisch.

Damit haben wir die Spezialfälle, in denen Ω endlich ist, im Prinzip vollständig erledigt. Die folgenden Abschnitte werden uns zeigen, daß die in diesen Spezialfällen gemachten Beobachtungen sich in gewisser Weise auch auf den allgemeinen Fall ausdehnen lassen.

§ 3. Fastperiodische Punkte und minimal-invariante Teilmengen

Wir kehren zu unserer allgemeinen Situation zurück und setzen nun voraus, Ω sei eine kompakte nichtleere Teilmenge des R^n oder des shift-Raums X. Im ersteren Falle denken wir uns irgendeine stetige Abbildung T von Ω in sich gegeben, im zweiten Falle arbeiten wir stets mit dem auf ganz X erklärten shift T und nehmen dann eben an, Ω werde durch T in sich abgebildet; das könnte also z.B. $\Omega = X$ selbst sein.

Wir wollen jetzt einsehen, daß es in Ω stets Punkte gibt, die sich unter T annähernd wie periodische Punkte verhalten. Es erweist sich jedoch als zweckmäßig, dies Ziel nicht direkt anzugehen, sondern einen Umweg zu machen, der schon für sich genommen recht interessant ist. Wir definieren also zunächst einige Begriffe, die mit Periodizität u. dgl. anscheinend überhaupt nichts zu tun haben.

Definition 3.1: 1. Eine Untermenge F von Ω heißt *invariant* (unter T), wenn sie durch T in sich abgebildet wird: $FT \subseteq T$. Offenbar bedeutet dies einfach, daß die Bahnen der Punkte von F ganz in F verlaufen.

2. Eine *abgeschlossene nichtleere* Untermenge M von Ω heißt *minimal-invariant* (unter T), wenn sie invariant ist und keine echte Teilmenge mit denselben Eigenschaften besitzt, wenn also jede invariante abgeschlossene Teilmenge von M entweder leer ist oder mit M zusammenfällt.

Bevor wir den für uns jetzt entscheidenden Begriff der minimal-invarianten Menge genauer untersuchen, wollen wir uns überlegen, wie man invariante und abgeschlossene invariante Mengen gewinnt. Die wichtigsten Tatsachen enthält der folgende

Satz 3.2:

1. *Ω und 0 sind invariante Mengen.*

2. *Ist ω ein beliebiger Punkt aus Ω, so ist seine Bahn $\{\omega, \omega T, \omega T^2, ...\}$ eine nichtleere invariante Menge.*

3. *Die abgeschlossene Hülle einer invarianten Menge ist eine abgeschlossene invariante Menge.*

4. *Insbesondere ist die abgeschlossene Hülle der Bahn eines beliebigen Punktes ω aus Ω eine abgeschlossene nichtleere invariante Menge. Wir wollen sie mit $M(\omega)$ bezeichnen und auch kurz die Bahnhülle von ω nennen.*

Beweis: 1. ist trivial.

2. Offenbar ist

$$\{\omega,\ \omega T,\ \omega T^2,\ \ldots\}\, T = \{\omega T,\ \omega T^2,\ \omega T^3, \ldots\} \subseteq \{\omega,\ \omega T,\ \omega T^2, \ldots\}.$$

3. Sei F invariant und M die Menge der Häufungspunkte, also die abgeschlossene Hülle von F. Sei $\omega \in M$, also ein Häufungspunkt von F.

Wir haben zu zeigen, daß ωT wieder ein Häufungspunkt von F ist. Sei also V eine Umgebung von ωT. Wir haben zu zeigen, daß in V ein Punkt von F liegt. Da T stetig ist, gibt es eine Umgebung U von ω, die ganz in V abgebildet wird: $UT \subseteq V$. In U liegt auf jeden Fall ein Punkt η aus F. Dann liegt ηT in UT, also in V. Da F invariant ist, liegt ηT aber auch in F, und unser Ziel ist erreicht.

4. folgt aus 3.

Es ist klar, daß eine abgeschlossene invariante Menge die Bahnhüllen aller ihrer Punkte enthält. Wir gewinnen nun leicht den

Satz 3.3: *Eine nichtleere Menge M von Ω ist genau dann minimalinvariant, wenn sie mit der Bahnhülle eines jeden ihrer Punkte übereinstimmt:*

$$M(\omega) = M \quad (\omega \in M).$$

Das bedeutet also, daß die Bahn eines jeden Punktes aus M in M dicht liegt, d.h. daß jeder Punkt aus M im Laufe der Zeit jedem anderen Punkt aus M beliebig nahekommt.

Beweis: Für jedes $\omega \in M$ ist die Bahnhülle $M(\omega)$ eine nichtleere abgeschlossene invariante Teilmenge von M. Ist M minimal-invariant, so folgt stets $M(\omega) = M$. Ist M nicht minimal-invariant, so gibt es eine nichtleere abgeschlossene invariante Teilmenge M' von M mit $M' \neq M$. Sei ω ein Punkt von M', dann folgt jedenfalls auch $M(\omega) \subseteq M'$, also $M(\omega) \neq M$. Damit ist alles bewiesen.

Wir haben nun den Begriff der minimal-invarianten Menge etwas durchdiskutiert, wissen aber noch nicht, ob es überhaupt solche Mengen gibt. Um diesem Mangel abzuhelfen, werden wir einen allgemeinen Existenzsatz beweisen.

Wir betrachten dazu irgendeine nichtleere abgeschlossene invariante Teilmenge M von Ω und bezeichnen mit $\mathfrak{M}$ das System aller nichtleeren invarianten abgeschlossenen Teilmengen von M. Zu diesem System $\mathfrak{M}$ gehört mindestens die Menge M selbst. Sollte M zufällig schon minimalinvariant sein, so besteht $\mathfrak{M}$ aus der einzigen Menge M. Im allgemeinen muß man aber damit rechnen, daß $\mathfrak{M}$ aus einer gewaltigen Fülle von Mengen besteht. Das Ziel der folgenden Überlegungen ist es, in dieser Fülle eine gewisse Ordnung zu erkennen, die garantiert, daß es in $\mathfrak{M}$ stets minimal-invariante Mengen gibt.

Eine minimal-invariante Menge von M ist offenbar eine solche Menge aus dem System $\mathfrak{M}$, zu der es innerhalb des Systems $\mathfrak{M}$ keine echte Teilmenge mehr gibt, die also — in leicht verständlicher Ausdrucksweise — innerhalb des Mengensystems $\mathfrak{M}$ ein minimales Element ist.

Nun gibt es einen ganz allgemeinen Satz über die Existenz minimaler Elemente, nämlich das *Zornsche Lemma*. Es wird gewöhnlich etwas anders formuliert, lautet aber in einer unseren Zwecken angepaßten, zur üblichen Formulierung äquivalenten Fassung folgendermaßen:

Lemma von Zorn: *Sei $\mathfrak{M}$ ein beliebiges System von Teilmengen einer festen Menge. Ein Teilsystem $\mathfrak{M}'$ von $\mathfrak{M}$ heißt totalgeordnet, wenn für $M', N' \in \mathfrak{M}'$ stets entweder $M' \subseteq N'$ oder $M' \supseteq N'$ gilt. Jedes nichtleere totalgeordnete System $\mathfrak{M}' \subseteq \mathfrak{M}$ besitze in $\mathfrak{M}$ eine untere Schranke, d.h. es gebe zu ihm eine Menge $M_0 \in \mathfrak{M}$ mit $M_0 \subseteq M'$ ($M' \in \mathfrak{M}'$). Dann gibt es in $\mathfrak{M}$ mindestens ein minimales Element, also eine Menge $M_\infty \in \mathfrak{M}$, derart, daß aus $M \in \mathfrak{M}'$, $M_1 \subseteq M_\infty$ stets $M_1 = M_\infty$ folgt.*

Es ist heutzutage unter Mathematikern nicht üblich, dies Lemma zu beweisen. Man weiß nämlich, daß es zum sog. *Auswahlpostulat* äquivalent (und damit nach Cohen [5] 1966 von den übrigen Axiomen der Zermelo-Fraenkelschen Mengenlehre logisch unabhängig) ist, und so geht man den bequemen Weg, es an Stelle des Auswahlpostulats als Axiom einzuführen. So wollen wir es hier auch machen, und nun unsere Bemühungen auf den Nachweis konzentrieren, daß unser spezielles System $\mathfrak{M}$ — also das System aller nichtleeren abgeschlossenen invarianten Teilmengen der festen Menge M — die Voraussetzungen des Zornschen Lemmas erfüllt.

Sei also $\mathfrak{M}'$ ein totalgeordnetes Teilsystem unseres speziellen Systems $\mathfrak{M}$. Da die Mengen von $\mathfrak{M}'$ abgeschlossene Teilmengen der kompakten Menge Ω sind, sind sie selbst kompakt. Als totalgeordnetes System ist $\mathfrak{M}'$ selbstverständlich absteigend gefiltert: Sind $M', N' \in \mathfrak{M}'$ und etwa $M' \subseteq N'$, so ist $M' \in \mathfrak{M}'$ und $M' \subseteq M' \cap N'$. Die Mengen aus $\mathfrak{M}'$ sind ferner per definitionem nichtleer. Nun ist bekannt, daß der Durchschnitt eines absteigend gefilterten Systems von nichtleeren kompakten Mengen stets eine nichtleere kompakte Menge ist. Durch $M_0 = \bigcap_{M' \in \mathfrak{M}'} M'$ wird also eine nichtleere abgeschlossene Teilmenge von M definiert, die in allen Mengen von $\mathfrak{M}'$ enthalten ist. Wir haben noch nachzuweisen, daß sie zu $\mathfrak{M}$ gehört, d.h. invariant ist. Ein beliebiger Punkt aus M_0 gehört natürlich zu jeder Menge $M' \in \mathfrak{M}'$. Somit ist seine Bahn eine Teilmenge jeder Menge $M' \in \mathfrak{M}'$, d.h. eine Teilmenge ihres Durchschnitts M_0. Also ist M_0 invariant. Damit sind die Voraussetzungen des Zornschen Lemmas nachgewiesen, wir wissen also, daß es in $\mathfrak{M}$ mindestens ein minimales Element gibt. Somit haben wir den

Satz 3.4: *Jede nichtleere abgeschlossene invariante Teilmenge von Ω enthält mindestens eine minimal-invariante Teilmenge. Insbesondere enthält die Bahnhülle eines jeden Punktes von Ω mindestens eine minimal-invariante Teilmenge.*

Innerhalb von Ω wird es i. a. viele minimal-invariante Mengen geben. Wir wollen ihre gegenseitige Lage ein bißchen näher beleuchten.

Satz 3.5: 1. *Ist M eine abgeschlossene invariante und M_0 eine minimal-invariante Teilmenge von Ω, so ist entweder $M_0 \subseteq M$ oder $M_0 \cap M = 0$.*
2. *Sind M und M_1 minimal-invariante Teilmengen von Ω, so ist entweder $M_0 = M_1$ oder $M_0 \cap M_1 = 0$. Die minimal-invarianten Teilmengen von Ω sind also paarweise disjunkt.*

Beweis: 1. $M \cap M_0$ ist eine abgeschlossene Teilmenge von M_0. Genau wie oben sieht man, daß sie auch invariant ist. Wenn sie also nichtleer ist, kann sie — weil M_0 minimal-invariant ist — nur gleich M_0 sein, was auf $M_0 \subseteq M$ hinausläuft.
2. Nach 1. ist $M_0 \cap M_1 = 0$ oder $M_0 \subseteq M_1$. Da M_1 minimal-invariant ist, folgt im letzteren Fall $M_0 = M_1$.

Betrachten wir jetzt einmal das einfache Beispiel aus § 2 (Ω endlich). Man sieht unmittelbar: Die minimal-invarianten Teilmengen von Ω sind gerade die Zyklen $\Omega_1, \ldots, \Omega_r$. Wie es nach Satz 3.5 sein muß, liegen sie disjunkt nebeneinander. Die Punkte, die in den Zyklen liegen, sind gerade diejenigen Punkte von Ω, die nach endlichvielen Schritten in ihre Ausgangslage zurückkehren: *Die periodischen Punkte*. Wir werden nun sehen, daß es sich im allgemeinen Fall ganz ähnlich verhält: man kann die Punkte aus den minimal-invarianten Mengen daran erkennen, daß sie sich *annähernd wie periodische Punkte* verhalten.

Definition 3.6: 1. Sei ω ein Punkt aus Ω und U eine Teilmenge von Ω. Man sagt, daß der Punkt ω die Menge U *ziemlich regelmäßig besucht*, wenn es eine ganze Zahl $L>0$ gibt, derart, daß für beliebiges $t \geq 0$ mindestens einer der Punkte $\omega T^t, \omega T^{t+1}, \ldots, \omega T^{t+L}$ zu U gehört, wenn also der Punkt ω in jedem Zeitintervall der Länge $L + 1$ mindestens einmal nach U kommt.
2. Ein Punkt ω aus Ω heißt *fastperiodisch*, wenn er jede seiner Umgebungen ziemlich regelmäßig besucht.

Es ist klar, daß jeder periodische Punkt ω fastperiodisch ist: Ist $\omega T^d = \omega$ für ein $d > 0$, so besucht ω jede seiner Umgebungen zu den Zeiten $0, d, 2d, \ldots$ und man kann stets $L = d - 1$ setzen. Im folgenden Paragraphen werden wir ein Beispiel diskutieren, in welchem nichtperiodische fastperiodische Punkte auftreten. Einen entscheidenden Schritt in unseren Überlegungen bedeutet nun der folgende Satz

Satz 3.7: *Ein Punkt aus Ω ist genau dann fastperiodisch, wenn er zu einer minimal-invarianten Teilmenge von Ω gehört, d.h. nach Satz 3.3, wenn seine Bahnhülle eine minimal-invariante Menge ist.*

Beweis: 1. Sei M eine minimal-invariante Teilmenge von Ω und ω einer ihrer Punkte, sowie U eine offene Umgebung von ω. Wir zeigen, daß ω die Menge U ziemlich regelmäßig besucht. Da die Bahn eines jeden Punktes aus M in M dichtliegt, also insbesondere dann Punkt ω beliebig nahekommt, gibt es zu jedem $\eta \in M$ ein $t = t(\eta) \geq 0$ mit $\eta T^t \in U$. Da T^t stetig ist, gibt es eine offene Umgebung $V(\eta)$ von η in Ω, die von T^t ganz in U abgebildet wird: $V(\eta) T^t \subseteq U$. Jedenfalls überdecken die in Ω offenen Mengen $V(\eta)$ die Menge M:

$$M \subseteq \bigcup_{\eta \in M} V(\eta).$$

Da M als abgeschlossene Teilmenge der kompakten Menge Ω wieder kompakt ist, genügen bereits endlichviele der $V(\eta)$, um M zu überdecken: man kann $\eta_1, \ldots, \eta_n \in M$ so bestimmen, daß

$$M \subseteq \bigcup_{k=1}^{n} V(\eta_k)$$

gilt. Sei $t_k = t(\eta_k)$. Wir wissen: Liegt der Punkt $\eta \in M$ in $V(\eta_k)$, so ist $\eta T^{t_k} \in U$. Jeder Punkt aus M wird also durch mindestens eine der Abbildungen $T^{t_1}, \ldots, T^{t_n}$ nach U verfrachtet. Sei nun $L = \max [t_1, \ldots, t_n]$. Dann sieht man: Jeder Punkt aus M wird durch mindestens eine der Abbildungen $T^0 = 1, T, T^2, \ldots, T^L$ nach U verfrachtet. Das gilt insbesondere für jeden der Punkte ωT^t, die ja alle zu M gehören: mindestens einer der Punkte $\omega T^t, \omega T^{t+1}, \ldots, \omega T^{t+L}$ gehört zu U, d.h. ω besucht U ziemlich regelmäßig. Da U eine beliebige Umgebung von ω war, ist ω ein fastperiodischer Punkt.

2. Sei ω ein fastperiodischer Punkt und $M = M(\omega)$ seine Bahnhülle. Um nachzuweisen, daß M minimal-invariant ist, genügt es nach Satz 3.3 zu zeigen, daß die Bahn eines jeden Punktes η aus M in M dichtliegt. Da die Bahn von ω in M dichtliegt, genügt hierfür der Nachweis, daß jeder Punkt ωT^t durch Punkte der Form ηT^s beliebig gut approximiert wird, und da T^t stetig ist, genügt es hierfür, daß ω selbst beliebig gut durch Punkte der Form ηT^s approximiert wird.

Sei also U eine beliebige Umgebung von ω. Wir haben zu zeigen, daß sie Punkte der Form ηT^s enthält. Dazu benützen wir eine offene Umgebung V von ω, deren abgeschlossene Hülle $\overline{V}$ ganz in U enthalten ist. Für jedes ganzzahlige $u \geq 0$ bezeichnen wir mit $\overline{V}_u$ die Gesamtheit aller Punkte von Ω, die durch T^u in $\overline{V}$ abgebildet werden. Bekanntlich ist dann $\overline{V}_u$ eine abgeschlossene Menge. Sei $L > 0$ auf Grund der Tatsache, daß der Punkt ω seine Umgebung V ziemlich regelmäßig besucht, bestimmt. Für jedes $s \geq 0$ ist unter den Punkten ωT^s, $\omega T^{s+1}, \ldots, \omega T^{s+L}$ mindestens einer in V, also erst recht in $\overline{V}$.

Das bedeutet: ωT^s liegt in mindestens einer der Mengen $\overline{V}_0, \overline{V}_1, \ldots, \overline{V}_L$. Dies gilt für jedes s, also ist die ganze Bahn von ω in der Menge $\overline{V}_0 \cup \overline{V}_1 \cup \cdots \cup \overline{V}_L$ enthalten. Diese Menge ist als Vereinigung von endlichvielen abgeschlossenen Mengen wieder abgeschlossen, enthält also auch die ganze Bahnhülle M von ω. Nimmt man also einen beliebigen Punkt η aus M, so liegt unter den Punkten $\eta, \eta T, \eta T^2, \ldots, \eta T^L$ mindestens einer in $\overline{V}$, und damit also auch in U, was zu beweisen war.

Die letzte Überlegung aus diesem Beweis liefert gleich noch mehr, nämlich den

Satz 3.8: *Ist M minimal-invariant, so besucht jeder Punkt von M jede offene Umgebung irgendeines Punktes aus M ziemlich regelmäßig.*

Aus Satz 3.2 und Satz 3.7 ergibt sich nun der

Satz 3.9: *Jeder Punkt aus Ω enthält in seiner Bahnhülle mindestens einen fastperiodischen Punkt.*

Er ist das eigentliche Ziel unserer Wünsche.

§ 4. Ein Beispiel: der Satz von Kronecker

Wir wollen einen speziellen Fall genauer untersuchen. Sei Ω die Einheitskreislinie um den Nullpunkt der euklidischen Ebene und T eine Drehung der Kreislinie Ω in sich, und zwar um einen Winkel α, für welchen $\frac{\alpha}{2\pi}$ irrational ist. Interpretiert man die Ebene als die komplexe Ebene $\{z \mid z \text{ komplex}\}$, so ist

$$\Omega = \{z \mid |z| = 1\}$$

und man kann T bequem formalmäßig schreiben:

$$zT = ze^{i\alpha}.$$

Wir wollen im folgenden die Punkte von Ω stets als komplexe Zahlen auffassen und mit Buchstaben $z, w, \ldots$ (anstatt $\omega, \eta, \ldots$) bezeichnen. Die Abbildung T ist stetig, und besitzt eine stetige Inverse T^{-1}, allgemein kann man für jedes ganze $t = \ldots, -1, 0, +1, \ldots$ die Potenz T^t bilden, sie ist immer stetig und besteht gerade in der Drehung um $t\alpha$

$$zT^t = ze^{it\alpha}.$$

Weil $\frac{\alpha}{2\pi}$ irrational ist, wird $t\alpha$ für ganzzahlige $t \neq 0$ niemals ein ganzzahliges Vielfaches von 2π, d.h. für jeden Punkt $z \in \Omega$ gilt $zT^t \neq z$ ($t \neq 0$ ganz), woraus sich unmittelbar ergibt, daß die Bahnpunkte $z, zZ, zT^2, \ldots$, und sogar die sämtlichen Punkte zT^t (t ganz) paarweise verschieden sind.

Wir wollen nun einsehen, daß die Bahn eines jeden Punktes z aus Ω in Ω dichtliegt.

Sei $\varepsilon > 0$ von der Form $\varepsilon = \frac{2\pi}{n}$ mit ganzzahligem $n > 0$. Dann können wir die Kreislinie Ω in n gleichlange Bögen $\Omega_1, \ldots, \Omega_n$ der Länge ε zerlegen. Dabei möge Ω_k den Anfangspunkt $e^{i(k-1)\frac{2\pi}{n}}$ und den Endpunkt $e^{ik\frac{2\pi}{n}}$ haben. Den ersteren betrachten wir als zur Menge Ω_k gehörig, den letzteren nicht, wir haben also

$$\Omega_k = \left\{ e^{i\lambda} \mid (k-1)\frac{2\pi}{n} \leq \lambda < k\frac{2\pi}{n} \right\}$$

und die disjunkte Zerlegung

$$\Omega = \Omega_1 + \cdots + \Omega_n.$$

Nach dem Dirichletschen Schubfachprinzip liegen von den $n+1$ Punkten $z, zT, \ldots, zT^n$ mindestens zwei im selben Bogen. Sei etwa $0 \leq j < l \leq n$ und

$$zT^j, zT^l \in \Omega_k,$$

dann haben zT^j und zT^l einen Bogenabstand $< \varepsilon$. Durch Anwendung der Drehung T^{-j} folgt, daß z und zT^{l-j} einen Bogenabstand $< \varepsilon$ besitzen, T^{l-j} also eine Drehung um weniger als ε — im mathematisch positiven oder negativen Sinne — darstellt.

Setzen wir der Kürze halber $l - j = r$. Die Drehungen $T^0 = 1$, T^r, $T^{2r}, T^{3r}, \ldots$ führen also den Punkt z in Schrittchen einer Bogenlänge $< \varepsilon$ um die Kreislinie Ω herum — in positiver oder negativer Richtung. Da r eine positive ganze Zahl ist, gehören die Punkte $z, zT^r, zT^{2r}, zT^{3r}, \ldots$ alle zur Bahn $\{z, zT, zT^2, \ldots\}$ von z. Man erkennt auf diese Weise, daß der Punkt ω beim Durchlaufen seiner Bahn jeden Punkt von Ω bis auf mindestens ε (Bogenabstand) nahekommt. Da $\varepsilon = \frac{2\pi}{n}$ durch passende Wahl von n beliebig klein gemacht werden kann, erhalten wir den bekannten

Satz 4.1 (Kronecker): *Ist T die Drehung der Einheitskreislinie Ω um einen Winkel α, für den $\frac{\alpha}{2\pi}$ irrational ist, so ist Ω minimal-invariant: jeder Punkt von Ω ist fastperiodisch und hat eine auf der Kreislinie Ω dichtliegende Bahn.*

Dieser Satz ist nur der erste Schritt in die sog. Theorie der *Gleichverteilung modulo* 1 (vgl. den zweiten Beitrag dieses Bandes) die mit der Theorie der fastperiodischen Funktionen und der sog. Ergodentheorie eng zusammenhängt. Die klassische Abhandlung auf diesem Gebiet ist Weyl [18], eine der schönsten Arbeiten dieses Mathematikers.

§ 5. Minimal-invariante Teilmengen und fastperiodische Punkte im shift-Raum

In diesem Abschnitt wollen wir die allgemeinen Untersuchungen des § 3 in unserer zweiten Beispielklasse, dem Bernoulli-Raum X und dem shift T, konkretisieren.

Wir beginnen damit, die Bahnhülle $M(\omega)$ eines beliebigen Punktes $\omega = \omega_0 \omega_1 \cdots \in X$ zu bestimmen. Wegen

$$\omega T^t = \omega_t \omega_{t+1} \cdots \quad (t = 0, 1, \ldots)$$

besteht $M(\omega)$ genau aus allen $\eta = \eta_0 \eta_1 \cdots$, für die es zu jedem k_0 ein t mit $\eta_0 \cdots \eta_{k_0} = \omega_t \cdots \omega_{t+k_0}$ gibt. Bezeichnen wir solche endlichen 0-1-Serien als 0-1-*Blöcke*, so heißt dies: jeder „Anfangsblock" $\eta_0 \cdots \eta_{k_0}$ (der beliebigen Länge $k_0 + 1$) von η muß sich irgendwo als Teilblock von ω wiederfinden lassen. Dies ist genau die Definition der „Tochterfolge" aus dem Beitrag „Maschinenerzeugte 0-1-Folgen" in Selecta Mathematica I. Die Bahnhülle $M(\omega)$ von ω besteht also genau aus allen Tochterfolgen von ω.

Als nächstes wollen wir einsehen, was die Fastperiodizität (Definition 3.6) eines Punktes $\omega = \omega_0 \omega_1 \cdots$ bedeutet. Wir sehen uns hierzu die Umgebung $[\omega_0, \ldots, \omega_{k_0}] = U$ von ω an; daß ω sie zur Zeit t besucht, also $\omega T^t \in U$ gilt, heißt gerade $\omega_t = \omega_0, \ldots, \omega_{t+k_0} = \omega_{k_0}$, d.h. daß der Anfangsblock $\omega_0 \cdots \omega_{k_0}$ zur Zeit t wiederkehrt. ω ist also genau dann fastperiodisch, wenn die Definition 3.1 auf S. 14 von Selecta Mathematica I erfüllt ist. Der dortige Beitrag liefert also eine Fülle von explizit, ja maschinell konstruierten fastperiodischen Punkten, und damit — nach Hinzunahme aller jeweiligen Tochterfolgen — von minimalinvarianten Mengen (Satz 3.7) in X.

Drittens wollen wir zeigen, wie man im Spezialfall des shift-Raums den Beweis von Satz 3.9 ohne Verwendung des Zornschen Lemmas (das ja seit Cohen [5] reine Glaubenssache geworden ist) führen kann. Dies Ausbooten des Zornschen Lemmas auf Grund der in der speziellen Situation steckenden zusätzlichen Daten gibt einen exemplarischen Einblick in die Rolle, die dies Lemma zukünftig wohl spielen wird: es ermöglicht rasche und elegante Beweise, dient also als Schrittmacher in der Hand der vorauseilenden Zornianer, hinter denen dann die gemächlichen Konstruktivisten das Terrain erst richtig, wenn auch nur teilweise und meist nicht so originell, in Besitz nehmen. Wir merken noch an, daß man Satz 3.9 in beliebigen kompakten metrischen Räumen ohne Benutzung des Zornschen Lemmas beweisen kann; im Fall des shift-Raums erhalten wir eine besonders reizvolle kombinatorische Konstruktion.

Unsere Aufgabe besteht offenbar darin, aus einer beliebigen 0-1-Folge $\omega = \omega_0 \omega_1 \cdots$ eine fastperiodische Tochterfolge $\eta = \eta_0 \eta_1 \cdots$ herauszuholen. Dies geht folgendermaßen:

Wir sagen, der 0-1-Block $B = b_0 \cdots b_{r-1}$ besitze in ω eine Wiederkehrschranke d, wenn es in ω beliebig lange Blöcke $\omega_t \omega_{t+1} \cdots \omega_{t+n-1}$ gibt, in denen B in Abständen $\leq d$ vorkommt; das letztere soll heißen: es gibt Zahlen $0 = n_0 < n_1 < \cdots < n_s < n - r \leq n_s + 2d + 1$ derart, daß

$$0 < n_k - n_{k-1} < d \ (k = 1, \ldots, s)$$

und

$$b_0 = \omega_{t+n_k}, b_1 = \omega_{t+n_k+1}, \ldots, b_{r-1} = \omega_{t+n_k+r-1}$$

gilt. Daß ein Block B in ω *keine* Wiederkehrschranke besitzt, bedeutet offenbar, daß jeder hinreichend lange Block aus ω vorgeschrieben lange B-freie Teilblöcke besitzt; man kann dann eine Folge von Teilblöcken von ω konstruieren, deren Längen gegen ∞ gehen und in denen B nicht vorkommt. Ein einfaches Diagonalverfahren liefert daraus eine Tochterfolge von ω, die B überhaupt nicht enthält. Wenn wir nun *alle* Blöcke B einer festen Länge r durchmustern, so muß mindestens einer von ihnen in ω eine endliche Wiederkehrschranke besitzen. Besäße nämlich keiner von ihnen eine solche in ω, so auch keiner eine in irgendeiner Tochterfolge von ω, und das obige Verfahren würde in höchstens 2^r Schritten zu einer Tochter einer Tochter usw. von ω, also zu einer Tochterfolge von ω führen, die überhaupt keinen Block der Länge r enthält, was natürlich nicht geht. Also gibt es zu jedem ω und zu jedem r mindestens einen Block B der Länge r, der in ω eine Wiederkehrschranke d besitzt. Indem wir uns nun aus ω Blöcke von gegen ∞ strebender Länge herausschneiden, deren jeder B in Abständen $\leq d$ enthält, gewinnen wir, wieder nach einem einfachen Diagonalverfahren, eine unendliche Tochterfolge ω^1 von ω, in der B in Abständen $\leq d$ auftritt. Das ist ein erster Schritt in Richtung auf eine fastperiodische Tochter von ω.

Wir setzen derartige Schritte jetzt in folgender Weise systematisch zusammen:

1. Wir betrachten die Blöcke 0 und 1 der Länge 1 und bestimmen eine Tochter ω^1 von ω, in der 0 in Abständen $\leq d_1 < \infty$ oder aber gar nicht auftritt; diese Eigenschaft bleibt offenbar jeder künftigen Tochter von ω^1 erhalten. Sodann bestimmen wir eine Tochter ω^2 von ω^1, in der 1 in Abständen $\leq d_2 < \infty$ oder aber gar nicht auftritt; auch diese Eigenschaft bleibt jeder künftigen Tochter von ω^2 erhalten.

2. Wir betrachten die Verlängerungen der in ω^2 auftretenden Blöcke der Länge 1 um ein Symbol nach rechts, gehen sie in lexikographischer Reihenfolge durch und gehen jedesmal zu einer Tochterfolge über, die

den betreffenden Block entweder gar nicht, oder aber in beschränkten Abständen enthält.

Es ist klar, wie man dies Verfahren ad infinitum fortsetzt und so eine Folge sukzessiver Töchter, die also sämtlich auch Töchter von ω sind, erhält, derart, daß immer mehr 0-1-Blöcke entweder gar nicht, oder in beschränkten Abständen (diese Schranken werden freilich i. a. über alle Grenzen wachsen, wenn man immer längere Blöcke betrachtet) in ihnen auftreten. Nun braucht man nur noch auf Grund der Kompaktheit unseres Raumes Ω zum Limes einer Teilfolge überzugehen, um eine Tochter η von ω zu erhalten, in der jeder 0-1-Block entweder gar nicht oder aber in beschränkten Abständen auftritt: das ist eine fastperiodische Folge.

Es sei bemerkt, daß dies Verfahren zwar das Zornsche Lemma, also das Auswahlaxiom, vermeidet, aber den Konstruktivisten strenger Observanz nicht befriedigen kann. Wir müssen bei ihm ja unendliche Folgen komplett durchmustern um auch nur einen endlichen Anfangsblock von η zu gewinnen. Mit einer Turing-Maschine wäre dies also z. B. nicht zu leisten.

Dem Leser sei empfohlen, dies Verfahren auf unsere andere Beispielklasse — stetige Selbstabbildungen kompakter Teilmengen des R^n — zu übertragen. Man tut dies, indem man durch sukzessives Halbieren eine Beziehung zu unserem mit 2 Symbolen arbeitenden shift-Raum herstellt.

§ 6. Anziehungszentren

Wir betrachten jetzt einen Punkt ω aus unserer kompakten Menge Ω und eine Teilmenge F von Ω. Wir verfolgen den Punkt ω auf seiner Bahn: $\omega, \omega T, \omega T^2, \ldots, \omega T^t, \ldots$ und fragen nach der Dauer seines Aufenthalts in der Menge F.

Diese Frage muß erst noch präzisiert werden. Zunächst wollen wir ein einfaches Mittel zur Beschreibung und Zählung der Besuche von ω in F kennenlernen.

Durch

$$1_F(\eta) = \begin{cases} 1 & \text{falls } \eta \in F \\ 0 & \text{falls } \eta \notin F \end{cases}$$

wird auf ganz Ω eine Funktion 1_F erklärt. Man nennt sie die *Indikatorfunktion der Menge F* oder auch deren *charakteristische Funktion*. Die Beziehung zwischen F und 1_F ist nämlich umkehrbar eindeutig: man kann F aus 1_F durch

$$F = \{\eta \mid 1_F(\eta) = 1\}$$

zurückgewinnen. Ω hat die Konstante 1 zur Indikatorfunktion: $1_\Omega = 1$, und die leere Menge die Konstante 0: $1_0 = 0$.

Man kann statt mit Mengen ebensogut mit ihren Indikatorfunktionen arbeiten; Relationen und Operationen mit Mengen übersetzen sich sehr einfach in Relationen und Operationen mit ihren Indikatorfunktionen: beispielsweise ist

$$F \subseteq G \quad \text{mit} \quad 1_F \leq 1_G$$

gleichbedeutend und der Durchschnittsbildung bei Mengen entspricht die Bildung des Minimums ihrer Indikatorfunktionen:

$$1_{F \cap G} = \min [1_F, 1_G].$$

Wir erwähnen noch die ebenfalls leicht zu beweisenden Formeln:

$$1_F = 1 - 1_{\Omega - F},$$

$$1_{F \cup G} = \max [1_F, 1_G].$$

Wann unser vorgegebener Punkt ω die vorgegebene Menge F besucht, kann man leicht aus der Folge

$$1_F(\omega), 1_F(\omega T), 1_F(\omega T^2), \ldots, 1_F(\omega T^t), \ldots$$

von Nullen und Einsen ablesen: Man hat

$$1_F(\omega T^t) = \begin{cases} 1 & \text{falls} \quad \omega T^t \in F \\ 0 & \text{falls} \quad \omega T^t \notin F. \end{cases}$$

Man muß also nur nachschauen, wie oft in der Serie

$$1_F(\omega T^s), 1_F(\omega T^{s+1}), \ldots, 1_F(\omega T^t)$$

eine 1 auftritt, um zu erfahren, wie oft der Punkt ω im Zeitraum von s bis t die Menge F besucht hat. Dies Abzählen der Einsen leistet aber gerade die Summe $1_F(\omega T^s) + \cdots + 1_F(\omega T^t)$. Denn die von 1 verschiedenen Summanden sind 0 und leisten keinen Beitrag.

Insbesondere ist

$$\sum_{u=0}^{t-1} 1_F(\omega T^u)$$

die *Anzahl der Besuche* von ω in F, und

$$\frac{1}{t} \sum_{u=0}^{t-1} 1_F(\omega T^u)$$

die *relative Häufigkeit der Besuche* von ω in F während der ersten t Schritte.

Es ist nun gerade das Verhalten der relativen Häufigkeiten für $t \to \infty$, was uns interessiert.

Definition 6.1: Eine Menge $F \subseteq \Omega$ heißt anziehend für den Punkt $\omega \in \Omega$, wenn

(1) $$\lim_{t \to \infty} \frac{1}{t} \sum_{u=0}^{t-1} 1_F(\omega T^u) = 1$$

gilt.

Die Relation (1) drücken wir auch so aus: der Punkt ω *verbringt die meiste Zeit* in F.

Wir beweisen den einfachen

Satz 6.2: *Sind die Mengen $F, G \subseteq \Omega$ beide anziehend für den Punkt ω, so ist auch ihr Durchschnitt $F \cap G$ anziehend für den Punkt ω.*

Beweis: Wir wollen eine Menge „abstoßend für den Punkt ω" nennen, wenn ihr Komplement anziehend für ihn ist. $\Omega - F$ und $\Omega - G$ sind also für ω abstoßende Mengen. Wegen

$$\Omega - (F \cap G) = (\Omega - F) \cup (\Omega - G)$$

müssen wir jetzt nur noch beweisen, daß die Vereinigung zweier abstoßender Mengen wieder abstoßend ist (denn dann ist die Menge $\Omega - (F \cap G)$ abstoßend und somit ihr Komplement $F \cap G$ anziehend für ω). Zu diesem Zweck müssen wir uns lediglich überlegen, wie sich die Tatsache, daß eine Menge $H \subseteq \Omega$ abstoßend für ω ist, mittels der relativen Häufigkeiten ausdrückt. Jedenfalls folgt aus

$$1_H = 1 - 1_{\Omega-H}$$

$$\frac{1}{t} \sum_{u=0}^{t-1} 1_H(\omega T^u) = \frac{1}{t} \sum_{u=0}^{t-1} [1 - 1_{\Omega-H}(\omega T^u)]$$

$$= 1 - \frac{1}{t} \sum_{u=0}^{t-1} 1_{\Omega-H}(\omega T^u).$$

Daß H abstoßend, $\Omega - H$ also anziehend ist, bedeutet also gerade

$$\lim_{t \to \infty} \frac{1}{t} \sum_{u=0}^{t-1} 1_H(\omega T^u) = 0.$$

Ist nun $I \subseteq \Omega$ eine weitere abstoßende Menge, so gilt

$$0 \leq \frac{1}{t} \sum_{u=0}^{t-1} 1_{H \cup I}(\omega T^u) = \frac{1}{t} \sum_{u=0}^{t-1} \max[1_H(\omega T^u), 1_I(\omega T^u)]$$

$$\leq \frac{1}{t} \sum_{u=0}^{t-1} [1_H(\omega T^u) + 1_I(\omega T^u)]$$

$$= \frac{1}{t} \sum_{u=0}^{t-1} 1_H(\omega T^u) + \frac{1}{t} \sum_{u=0}^{t-1} 1_I(\omega T^u).$$

Da dies für $t \to \infty$ gegen 0 strebt, erweist sich $H \cup I$ als für ω abstoßende Menge. Damit ist alles bewiesen.

Der Begriff „anziehende Menge" ist zu primitiv, um zu brauchbaren Resultaten zu führen, wir werden später sehen, warum. Wir treffen daher die etwas raffiniertere

Definition 6.3: Eine Menge $M \subseteq \Omega$ heißt *sanft anziehend* für den Punkt $\omega \in \Omega$, wenn sie abgeschlossen ist, und wenn jede offene Obermenge von M für den Punkt ω anziehend ist.

M ist also sanft anziehend für ω, wenn sich ω die meiste Zeit *in der Nähe* von M aufhält. Man sieht unmittelbar: Eine *sanft anziehende Menge ist stets nichtleer*. Denn die leere Menge hat sich selbst als offene Obermenge, und die leere Menge ist nie anziehend.

Wir erinnern uns jetzt an unsere Voraussetzung, daß Ω *kompakt* sei, und beweisen mit ihrer Hilfe den

Satz 6.4: *Sind die Mengen $M, N \subseteq \Omega$ beide sanft anziehend für den Punkt ω, so ist auch ihr Durchschnitt $M \cap N$ sanft anziehend für den Punkt ω.*

Beweis: Als Durchschnitt zweier abgeschlossener Mengen ist $M \cap N$ wieder abgeschlossen. Sei H eine offene Obermenge von $M \cap N$. Wir haben nachzuweisen, daß H für ω anziehend ist. Dies ist nach Satz 6.2 sicher der Fall, wenn man eine offene Obermenge F von M und eine offene Obermenge G von N derart bestimmen kann, daß $H = F \cap G$ gilt. Zu diesem Zweck sehen wir uns die abgeschlossenen Mengen $M - (M \cap H)$ und $N - (N \cap H)$ an. Sie sind auf jeden Fall disjunkt. Als Teilmengen der kompakten Menge Ω sind sie dann auch kompakt.

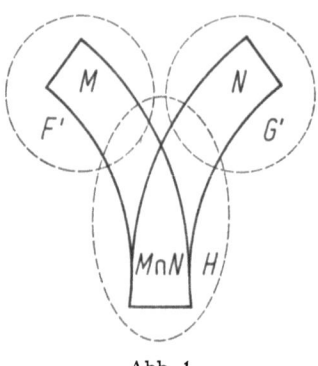

Abb. 1

Ein bekannter Satz von Urysohn besagt nun, daß man disjunkte kompakte Mengen stets durch offene Obermengen „trennen" kann. Das bedeutet hier: Es gibt zwei disjunkte offene Mengen $F', G' \subseteq \Omega$ mit $M - (M \cap H) \subseteq F'$, $N - (N \cap H) \subseteq G'$. Wenn wir nun $F = H \cup F'$, $G = H \cup G'$ setzen, so sind F und G offene Mengen und es gilt: $M \subseteq F$, $N \subseteq G$, $F \cap G = H$. Damit ist alles bewiesen.

Satz 6.4 impliziert, daß die für einen gegebenen Punkt ω sanft anziehenden Mengen ein absteigend gefiltertes System bilden. Da sie alle kompakt und nichtleer sind, folgt, daß der Durchschnitt sämtlicher für ω sanft anziehender Mengen jedenfalls nichtleer ist. Wir zeigen gleich noch mehr und beweisen den

Satz 6.5: *Der Durchschnitt sämtlicher für einen gegebenen Punkt ω sanft anziehender Mengen ist selbst eine sanft anziehende Menge: die kleinste Menge dieser Art.* Wir wollen sie mit $Z(\omega)$ bezeichnen und das *Anziehungszentrum für den Punkt ω* nennen.

Beweis: Sei H eine offene Obermenge der Menge $Z(\omega)$, von der wir bereits wissen, daß sie nichtleer ist. Wir haben zu zeigen, daß H eine für ω anziehende Menge ist. Dazu genügt es, zu zeigen, daß H eine für ω sanft anziehende Menge enthält. Angenommen, dies ist nicht der Fall. Dann ist für jede sanft anziehende Menge M die Relation $M \subseteq H$ falsch, die kompakte Menge $M - (M \cap H)$ also nichtleer. Genau wie die für ω anziehenden Mengen M selbst, bilden natürlich auch die Mengen $M - (M \cap H)$ ein absteigend gefiltertes System. Nach dem oben bereits ausgenützten Satz folgt, daß der Durchschnitt dieses Systems nichtleer ist. Dieser Durchschnitt ist aber $Z(\omega) - (Z(\omega) \cap H)$, und das ist wegen $Z(\omega) \subseteq H$ eine leere Menge. Wir haben einen Widerspruch konstruiert und somit den Satz bewiesen.

Der obige Satz wird falsch, wenn man in ihm „sanft anziehend" durch „anziehend" ersetzt. Sei ω ein nicht-periodischer Punkt. Dann ist jede der Mengen $F_n = \{\omega T^n, \omega T^{n+1}, \ldots\}$ ($n = 0, 1, \ldots$) für ω anziehend, aber der Durchschnitt dieser Mengen ist leer. Um einen Satz wie den obigen zu erhalten, war es also nötig, den Begriff „anziehend" durch einen anderen zu ersetzen.

Nun wird es Zeit, daß wir uns überlegen, wie Anziehungszentren aussehen und wie sie sich zu minimal-invarianten Mengen verhalten. Ein rundes Ergebnis enthält der

Satz 6.6: *Ist $M \subseteq \Omega$ eine minimal-invariante Menge, so ist sie das Anziehungszentrum für jeden ihrer Punkte: $Z(\omega) = M$ für jeden Punkt $\omega \in M$.*

Beweis: Sei $\omega \in M$. Eine Menge, die die gesamte Bahn $\{\omega T^t \mid t = 0, 1, \ldots\}$ von ω enthält, ist trivialerweise anziehend für ω. Also ist M anziehend, folglich auch sanft anziehend für ω (wir erinnern uns, daß eine minimal-invariante Menge stets abgeschlossen zu sein hatte). Sei M_0 eine abgeschlossene echte Teilmenge von M. Wir müssen zeigen, daß M_0 nicht mehr sanft anziehend für ω ist. Wenn M endlich, also die Bahn des periodischen Punktes ω ist, geht der Beweis ganz einfach: Sei d die Periode; M_0 enthält mindestens einen der d Punkte von M nicht. Dasselbe gilt auch für eine geeignete offene Obermenge F von M_0 (man schlage etwa um jeden Punkt von M_0 eine offene Umgebung, die keinen weiteren Punkt von M enthält und bilde F durch Vereinigung dieser endlichvielen offenen Mengen.) Unter den Punkten der Folge $\omega, \omega T, \omega T^2, \ldots, \omega T^t, \ldots$ liegt also mindestens jeder d-te nicht in F. Die relativen Häufigkeiten $\dfrac{1}{t} \sum\limits_{u=0}^{t-1} 1_F(\omega T^u)$ können also schließlich nicht mehr wesentlich über den Wert $1 - \frac{1}{d}$ ansteigen. Im allgemeinen Falle nützen wir die *Fastperiodizität* von ω (Satz 3.7) in ähnlicher Weise aus wie im Spezialfall über Periodizität, nämlich folgendermaßen.

Sei η ein Punkt, der zu M, aber nicht zu M_0 gehört. Nach dem oben schon einmal benützten Satz von Urysohn gibt es eine offene Obermenge F von M_0 und eine offene Umgebung U von η, derart, daß $F \cap U = 0$ gilt. Nach Satz 3.7 wird U von ω ziemlich regelmäßig besucht: Es gibt ein $L > 0$ derart, daß von L aufeinanderfolgenden Punkten $\omega T^s, \omega T^{s+1}, \ldots, \omega T^{s+L-1}$ stets mindestens einer in U und folglich nicht in F liegt.

Wir betrachten nun einen Zeitabschnitt $0, 1, \ldots, t-1$ der beliebigen Länge $t > 0$. Indem wir t in der Form $t = rL + l$ mit $r \geq 0$ und $0 \leq l < L$ darstellen, erhalten wir eine Zerlegung von $1, \ldots, t-1$ in r Abschnitte $\varrho L, \varrho L + 1, \ldots, (\varrho + 1) L - 1$ der Länge L und einen Restabschnitt der Länge l. In jedem der r Abschnitte der Länge L liegt mindestens ein Zeitpunkt n, zu welchem ωT^n in U, also nicht in F ist. Also gibt es in unserem Zeitabschnitt $0, 1, \ldots, t-1$ mindestens r Zeitpunkte n mit $\omega T^n \notin F$. In der Summe $\sum_{u=0}^{t-1} 1_F(\omega T^u)$ treten also mindestens r Nullen auf, sie ist also $\leq t - r$.

Somit ist

$$\frac{1}{t} \sum_{u=0}^{t-1} 1_F(\omega T^u) \leq \frac{t-r}{t}$$

$$= 1 - \frac{r}{t}$$

$$= 1 - \frac{r}{rL + l}$$

$$\leq 1 - \frac{r}{rL + L}$$

$$= 1 - \frac{1}{L} \cdot \frac{r}{r+1},$$

da mit $t \to \infty$ auch $r \to \infty$ und somit $\frac{r}{r+1} \to 1$ geht, sehen wir

$$\limsup_{t \to \infty} \frac{1}{t} \sum_{u=0}^{t-1} 1_F(\omega T^u) \leq 1 - \frac{1}{L},$$

d.h. F kann für ω nicht anziehend sein. Somit ist M_0 auch nicht sanft anziehend für ω.

Bei dem in § 4 behandelten Beispiel einer irrationalen Kreisdrehung ist also immer die volle Kreislinie das Anziehungszentrum für jeden ihrer Punkte. Bei dem in § 2 behandelten Beispiel (endliches Ω) hat jeder Punkt genau einen der Zyklen $\Omega_1, \ldots, \Omega_r$, die gleichzeitig auch minimalinvariante Mengen sind, als Anziehungszentrum.

Da wir stets über minimal-invariante Mengen verfügen, haben wir für gewisse Punkte aus Ω, nämlich für die fastperiodischen, bereits die Anziehungszentren gefunden: Es sind einfach ihre Bahnhüllen. Man könnte nun hoffen, daß die übrigen Punkte aus Ω ebenfalls nur minimal-invariante Mengen als Anziehungszentren haben, aber dem ist nicht so, wie folgendes Beispiel zeigt:

Beispiel 6.7: $\Omega \subseteq R^2 = \{(x, y) \mid x, y \text{ reell}\}$ bestehe aus den Punkten $(0, y)$ mit $0 \leq y \leq 1$ und den Punkten $\left(x_k, \sin \dfrac{1}{x_k}\right)$, wobei

$$1 = x_1 > x_2 > x_3 > \cdots > 0$$

ist und die Folge x_k so langsam gegen 0 strebt, daß die Zahlen $\left|\sin \dfrac{1}{x_{k+1}} - \sin \dfrac{1}{x_k}\right|$ ebenfalls gegen 0 streben und alle Werte y mit $0 \leq y \leq 1$ als Limespunkte von Teilfolgen der Folge $\sin \dfrac{1}{x_k}$ auftreten. Die Menge Ω ist dann kompakt und durch

$$T: \begin{cases} (0, y) \to (0, y) \\ \left(x_k, \sin \dfrac{1}{x_k}\right) \to \left(x_{k+1}, \sin \dfrac{1}{x_{k+1}}\right) \end{cases}$$

wird eine stetige Abbildung T von Ω in sich gegeben.

Die Punkte $(0, y)$ sind Fixpunkte von T. Jeder von diesen Punkten verschiedene Punkt $\omega \in \Omega$ wandert langsam auf die „Wand" $\{(0, y) \mid 0 \leq y \leq 1\}$ zu und spaziert an ihr in immer kleineren Schrittchen unendlichoft auf und ab. Daß die Schrittlänge gegen 0 geht, garantiert gerade die Stetigkeit von T an der „Wand", deren Punkte ja selbst stillstehen. Auf jeden Fall sind die einpunktigen Teilmengen der „Wand" leicht als die sämtlichen minimal-invarianten Mengen zu erkennen. Ferner ist klar, daß die „Wand" sanft anziehend für jeden Punkt aus Ω ist: ist F eine offene Obermenge der „Wand", so ist für jeden Punkt $\omega \in \Omega$ von einem gewissen Zeitpunkt an $\omega T^t \in F$, d.h. F ist anziehend für jeden Punkt.

Bei alledem haben wir noch ziemlich viel Freiheit in der Wahl der x_k. Wir können sie so wählen, daß jeder nicht zur Wand gehörige Punkt vor dieser Wand so gleichmäßig auf und ab spaziert, daß für jede Umgebung U eines „Wand"-Punktes

$$\limsup_{t \to \infty} \frac{1}{t} \sum_{u=0}^{t} 1_U(\omega T^u) > 0$$

gilt. Ganz ähnlich wie im Beweis des obigen Satzes zeigt man dann, daß eine abgeschlossene echte Teilmenge der „Wand" nicht mehr sanft anziehend sein kann. Die „Wand" also das Anziehungszentrum für jeden nicht zur „Wand" gehörigen Punkt bildet. Man kann die x_k aber z.B. auch so wählen, daß die nicht zur „Wand" gehörigen Punkte bei aller schließlichen Langsamkeit doch die obere Hälfte der „Wand" immer relativ kurz abmachen und ihre Zeit im wesentlichen auf der unteren Hälfte verbringen. Dann haben sie alle die untere (abgeschlossene) Hälfte der „Wand" als Anziehungszentrum. Ich empfehle dem Leser, diese Skizze einmal im Detail auszuführen: es ist nicht schwer und man bekommt schnell ein Gefühl dafür, wieviel Freiheit man dabei noch immer hat (vgl. Jacobs [11]).

Alles Bisherige widerspricht noch nicht der Vermutung, daß sich jedes Anziehungszentrum aus minimal invarianten Mengen zusammensetzt. Diese Vermutung ist jedoch falsch und ich fordere den Leser auf, dies durch ein Beispiel zu belegen. Dagegen wird sich herausstellen, daß jedes Anziehungszentrum eine invariante Menge ist und somit, da es ja auch eine abgeschlossene Menge ist, mindestens eine minimal-invariante Menge enthält. Um dies zu beweisen, beschreiben wir das Anziehungszentrum in anderer Weise.

Definition 6.8: Ein Punkt $\eta \in \Omega$ heißt *interessant* für den Punkt $\omega \in \Omega$, wenn für jede offene Umgebung U von η

$$\limsup_{t \to \infty} \frac{1}{t} \sum_{u=0}^{t-1} 1_U(\omega T^u) > 0$$

gilt.

Wir beweisen zunächst den

Satz 6.9: *Wenn der Punkt η für ω interessant ist, so ist auch sein Bildpunkt ηT für ω interessant.*

Beweis: Sei η für ω interessant und V eine offene Umgebung von ηT. Dann enthält $VT^{-1} = \{\xi \mid \xi \in \Omega, \xi T \in V\}$ wegen der Stetigkeit von T eine offene Umgebung U von η. Es folgt

$$\limsup_{t \to \infty} \frac{1}{t} \sum_{u=0}^{t-1} 1_V(\omega T^u) = \limsup_{t \to \infty} \left[\frac{1}{t} 1_V(\omega) + \frac{1}{t} \sum_{u=1}^{t+1} 1_V(\omega T^u) \right.$$
$$\left. - \frac{1}{t} 1_V(\omega T^{t+1}) \right]$$
$$= \limsup_{t \to \infty} \frac{1}{t} \sum_{u=0}^{t-1} 1_V(\omega T^{u+1})$$
$$= \limsup_{t \to \infty} \frac{1}{t} \sum_{u=0}^{t-1} 1_{VT^{-1}}(\omega T^u)$$
$$\geq \limsup_{t \to \infty} \frac{1}{t} \sum_{u=0}^{t-1} 1_U(\omega T^u)$$
$$> 0,$$

weil η für ω interessant ist.

Mit dem folgenden Satz gewinnen wir eine neue Charakterisierung des Anziehungszentrums eines Punktes.

Satz 6.10: *Das Anziehungszentrum $Z(\omega)$ eines Punktes ω ist die Menge aller für ω interessanten Punkte.*

Beweis: Sei M die Menge aller für ω interessanten Punkte.

1. M ist eine abgeschlossene Menge. — Sei ξ ein Häufungspunkt von M und U eine offene Umgebung von ξ. Sie enthält einen Punkt η aus M und damit auch eine offene Umgebung V von η. Es folgt

$$\lim_{t\to\infty} \frac{1}{t} \sum_{u=0}^{t-1} 1_U(\omega T^u) \geq \lim_{t\to\infty} \frac{1}{t} \sum_{u=0}^{t-1} 1_V(\omega T^u) > 0,$$

2. M ist sanft anziehend für ω. — Sei F eine offene Obermenge von M. Wir haben zu zeigen, daß F für ω anziehend ist. Wir benutzen jetzt den im Beweis von Satz 6.2 — eingeführten Begriff „abstoßend" und sehen:

Wir müssen zeigen, daß die Menge $\Omega - F$ für ω abstoßend ist. Die Punkte $\eta \in \Omega - F$ sind jedenfalls für ω nicht interessant. Folglich kann man zu jedem von ihnen eine Umgebung $V = V(\eta)$ finden, für welche

(2) $$\lim_{t\to\infty} \frac{1}{t} \sum_{u=0}^{t-1} 1_V(\omega T^u) = \limsup_{t\to\infty} \frac{1}{t} \sum_{u=0}^{t-1} 1_V(\omega T^u) = 0$$

gilt. Endlichviele von diesen offenen $V(\eta)$ überdecken bereits die abgeschlossene und folglich kompakte Menge $\Omega - U$:

$$\Omega - U \subseteq \bigcup_{k=1}^{n} V(\eta_k)$$

für geeignete $\eta_1, \ldots, \eta_n \in \Omega - F$. Die Relation (2) bedeutet für $\eta = \eta_k$, daß die Mengen $V(\eta_k)$ für ω abstoßend sind. Wir haben im Beweis von Satz 5.2 gezeigt, daß die Vereinigung von zwei abstoßenden Mengen abstoßend ist. Durch Induktion folgt, daß auch die endliche Vereinigung $\bigcup_{k=1}^{n} V(\eta_k)$ für ω abstoßend ist. Ihre Teilmenge $\Omega - F$ ist es dann erst recht. Aus Satz 6.5 folgt jetzt die Relation $Z(\omega) \subseteq M$.

3. $Z(\omega) = M$. — Sei M_0 eine abgeschlossene echte Teilmenge von M. Wir haben zu zeigen, daß M_0 nicht mehr sanft anziehend für ω ist. Sei $\xi \in M - M_0$. Nach dem bereits im Beweis von Satz 6.4 benutzten Satz von Urysohn können wir eine offene Obermenge F von M_0 und eine offene Umgebung U von ξ bestimmen derart, daß $F \cap U = 0$ gilt. Nun erhalten wir

$$\liminf_{t\to\infty} \frac{1}{t} \sum_{u=0}^{t-1} 1_F(\omega T^u) = \liminf_{t\to\infty} \frac{1}{t} \sum_{u=0}^{t-1} [1 - 1_{\Omega-F}(\omega T^u)]$$

$$= 1 - \limsup_{t\to\infty} \frac{1}{t} \sum_{u=0}^{t-1} 1_{\Omega-F}(\omega T^u)$$

$$\leq 1 - \limsup_{t\to\infty} \frac{1}{t} \sum_{u=0}^{t-1} 1_U(\omega T^u)$$

$$< 1,$$

wegen

$$\limsup_{t\to\infty} \frac{1}{t} \sum_{u=0}^{t-1} 1_U(\omega T^u) > 0$$

(ξ gehört zu M, ist also für ω interessant). Somit ist F für ω nicht anziehend, also M_0 nicht sanft anziehend.

Satz 6.9 besagte, daß die soeben betrachtete Menge M invariant ist. Zusammen mit Satz 6.10 und Satz 3.4 erhalten wir somit den

Satz 6.11: *Das Anziehungszentrum $Z(\omega)$ eines Punktes ω aus Ω ist stets eine abgeschlossene invariante Menge, enthält also stets mindestens eine minimal-invariante Menge.*

§ 7. Anziehungszentren im shift-Raum

Was in § 5 für die Begriffe „fastperiodischer Punkt" und „minimal-invariante Menge" geleistet wurde, wollen wir jetzt auch für den Begriff „Anziehungszentrum" durchführen: wir gehen in den shift-Raum X aller einseitig-unendlichen 0-1-Folgen und geben ein Verfahren an, nach dem man zu jedem Punkt $\omega = \omega_0\omega_1\cdots$ sein Anziehungszentrum, genauer, jeden beliebigen für ω interessanten Punkt gewinnen kann. Dabei wollen wir wieder das in § 6 verwendete Zornsche Lemma überflüssig machen. Ferner wollen wir durch einige einfache Beispiele das Verhältnis der Begriffe „Anziehungszentrum" und „minimal-invariante Menge" näher beleuchten.

Sei $\omega = \omega_0\omega_1\cdots \in X$ beliebig. Ein für ω interessanter Punkt $\eta = \eta_0\eta_1\cdots \in X$ gehört natürlich zur Bahnhülle von ω, muß also eine Tochterfolge von ω sein (§ 5). Aber nicht jede Tochterfolge von ω muß für ω auch gleich interessant sein. Wählt man z.B. $\omega = 1000000\cdots$, so ist $\omega T^t = 0000000\cdots$ ($t = 1, 2, \ldots$) und man sieht unmittelbar: der einzige für dies ω interessante Punkt ist $000000\cdots$, aber ω ist sich selbst nicht interessant.

Damit $\eta = \eta_0\eta_1\cdots$ für $\omega = \omega_0\omega_1\cdots$ interessant sei, muß — wir übersetzen jetzt einfach Definition 6.8 in unsere spezielle Situation — folgendes gelten: Ist $B = \eta_0\eta_1\cdots\eta_{k_0}$ ein beliebiger Anfangsblock von η und bezeichnen wir die Indikatorfunktion $1_{[\eta_0,\ldots,\eta_{k_0}]}$ des zugehörigen Zylinders in X kurz mit 1_B, so ist

$$\limsup_{t\to\infty} \frac{1}{t} \sum_{u=0}^{t-1} 1_B(\omega T^u) > 0;$$

auf der linken Seite haben wir es offenbar mit der relativen Häufigkeit des Auftretens von B in ω innerhalb des Anfangsabschnittes $\omega_0 \cdots \omega_{t+k_0}$ zu tun.

Das gesuchte Verfahren zur Bestimmung aller für ω interessanten Punkte ist nun ganz einfach: wir betrachten als erstes die beiden möglichen Blöcke der Länge 1:0 und 1. Dann bestimmen wir

$$\limsup_{t\to\infty} \frac{1}{t} \sum_{u=0}^{t-1} 1_0(\omega T^u), \quad \limsup_{t\to\infty} \frac{1}{t} \sum_{u=0}^{t-1} 1_1(\omega T^u).$$

Da die Summe der beiden beteiligten Mittelwerte für jedes t gleich 1 ist, ist die Summe dieser beiden lim sup ebenfalls mindestens gleich 1, sie können also nicht beide verschwinden. Wir wählen nun einen, der >0 ist, entscheiden uns also für einen der beiden Blöcke, etwa für B_0 mit

(1) $$\limsup_{t\to\infty} \frac{1}{t} \sum_{u=0}^{t-1} 1_{B_0}(\omega T^u) > 0.$$

Jetzt betrachten wir die beiden möglichen Verlängerungen von B_0 nach rechts, $B_0 0$ und $B_0 1$. Wir bilden

$$\limsup_{t\to\infty} \frac{1}{t} \sum_{u=0}^{t-1} 1_{B_0 0}(\omega T^u), \quad \limsup_{t\to\infty} \frac{1}{t} \sum_{u=0}^{t-1} 1_{B_0 1}(\omega T^u).$$

Wieder stellen wir fest, daß die Summe dieser beiden lim sup mindestens ebenso groß wie (1) ist, also ist mindestens einer von ihnen strikt positiv. Wir entscheiden uns für einen solchen, und damit für eine der beiden Verlängerungen von B_0 um ein Symbol, nennen wir sie B_1. Es gilt also

$$\limsup_{t\to\infty} \frac{1}{t} \sum_{u=0}^{t-1} 1_{B_1}(\omega T^u) > 0.$$

So fahren wir fort und gewinnen eine Folge $B_0, B_1, \ldots$ von Blöcken mit folgenden Eigenschaften:

1. B_n hat die Länge $n+1$ und ist eine Fortsetzung von B_{n-1} um ein Symbol, das rechts angefügt wird ($n = 1, 2, \ldots$).

2. Es gilt

$$\limsup_{t\to\infty} \frac{1}{t} \sum_{u=0}^{t-1} 1_{B_n}(\omega T^u) > 0 \quad (n = 0, 1, \ldots).$$

Wegen 1. bildet man aus den Blöcken B_n sofort eine unendliche Symbolfolge $\eta = \eta_0 \eta_1 \cdots$, deren Anfangsabschnitte sie sind, und 2. besagt dann gerade, daß dieser Punkt $\eta \in X$ für ω interessant ist. Es leuchtet sofort ein, daß man auf diese Weise *alle* für ω interessanten Punkte erhält. Es können durchaus kontinuierlich-viele sein, denn unser Verfahren schließt u. U. unendlichviele Entscheidungen zwischen wirklich möglichen Alternativen ein.

Um zu sehen, wie groß ein Anziehungszentrum u. U. werden kann, betrachten wir das

Beispiel 7.1: eines Punktes $\omega = \omega_0 \omega_1 \cdots \in X$, der ganz X als Anziehungszentrum besitzt: wir sorgen dafür, daß

$$\limsup_{t\to\infty} \frac{1}{t} \sum_{u=0}^{t-1} 1_B(\omega T^u) > 0$$

für *jeden* 0-1-Block B gilt. Wir geben die Konstruktion nur in qualitativer Weise an; ein wesentlich schärferes Resultat findet der Leser bei Oxtoby [15]. ω wird konstruiert, indem man die Plätze $0, 1, \ldots$ mit Symbolen füllt. Dies geschieht sukzessive in folgender Weise:

1. Wir placieren unendlichviele Nullen derart, daß — $n_0(t)$ bezeichne die Anzahl der bis Platz Nr. $t-1$ placierten Nullen und $n_{\text{leer}}^0(t)$ die Anzahl der bis Platz Nr. $t-1$ freigebliebenen Stellen —

(2) $$\limsup_{t\to\infty} \frac{1}{t} n_0(t) = 1, \quad \limsup_{t\to\infty} \frac{1}{t} n_{\text{leer}}^0(t) = 1$$

gilt. Man muß hierzu nur abwechselnd immer längere 0-Serien und Serien von Leerstellen einrichten, und wir setzen voraus, daß insbesondere die rechte Relation in (2) auf diese Weise zustande kommt. Als nächstes setzen wir in unendlichviele der noch freien Stellen Einsen, derart, daß — $n_1(t)$ bezeichne die Anzahl der bis Platz $t-1$ aufgestellten Einsen und $n_{\text{leer}}^1(t)$ die der noch jetzt bis ebendorthin freigebliebenen Stellen —

$$\limsup_{t\to\infty} \frac{1}{t} n_1(t) = 1, \quad \limsup_{t\to\infty} \frac{1}{t} n_{\text{leer}}^1(t) = 1$$

gilt, und zwar erreichen wir dies wieder, indem wir in die beim vorigen Schritt freigebliebenen langen Strecken immer wieder über lange Zeiten hinweg lauter Einsen stellen und dann auch wieder lange Teile freilassen. Im nächsten Schritt placieren wir in die noch freien Strecken Exemplare des Blocks 01 so, daß — $n_{01}(t)$ bezeichne die Anzahl der jetzt bis Platz $t-1$ auftretenden Blöcke 01 und $n_{\text{leer}}^{01}(t)$ die Anzahl der bis ebendorthin noch freigebliebenen Stellen —

$$\limsup_{t\to\infty} \frac{1}{t} n_{01}(t) \geq \frac{1}{2}, \quad \limsup_{t\to\infty} \frac{1}{t} n_{\text{leer}}^{01}(t) = 1$$

gilt, und zwar machen wir das so, daß die zweite Relation wieder durch lange zusammenhängende Leerstrecken zustande kommt. So fahren wir fort und placieren der Reihe nach alle 01-Blöcke B derart, daß

$$\limsup_{t\to\infty} \frac{1}{t} n_B(t) \geq \frac{1}{r}$$

gilt, wobei r die Länge von B bezeichnet, und $n_B(t)$ die Zahl der im Abschnitt von 0 bis $t-1$ auftretenden Exemplare von B, wobei nach jedem Konstruktionsschritt noch beliebig lange Leerstrecken übrigbleiben müssen, in denen dann später noch beliebig reichlich beliebig lange Blöcke aufgestellt werden können. Sorgen wir durch eventuelles Nachfüllen beliebiger Symbole 0 und 1 dafür, daß schließlich alle Stellen besetzt sind, so erhalten wir im Ganzen einen Punkt $\omega = \omega_0 \omega_1 \cdots \in X$ mit

(3) $$\limsup_{t\to\infty} \frac{1}{t} \sum_{u=0}^{t-1} 1_B(\omega T^u) \geq \frac{1}{r} > 0$$

für jeden 0-1-Block B, dessen Länge wir mit r bezeichnen. Wir überlassen dem Leser das Vergnügen, diese Skizze in jedem gewünschten Grade auszuführen.

Dies Beispiel zeigt auch, daß ein Anziehungszentrum keineswegs nur aus fastperiodischen Punkten zu bestehen braucht. Wir wollen nun an einem weiteren Beispiel sehen, daß das Anziehungszentrum eines Punktes ω keineswegs alle in seiner Bahnhülle enthaltenen fastperiodischen Punkte zu erhalten braucht (vgl. auch Beispiel 6.7).

Beispiel 7.2: Wir variieren die Konstruktion aus dem vorigen Beispiel. Dort haben wir jeden Block „streckenweise dick" eingesetzt, um (3) zu erzwingen. Um ganz X als Bahnhülle von ω zu erhalten, brauchen wir jedoch nur dafür zu sorgen, daß in $\omega = \omega_0 \omega_1 \cdots$ jeder 0-1-Block mindestens einmal vorkommt. Das können wir aber offenbar so machen, daß diejenigen Blöcke, die auch Einsen enthalten, nur extrem selten auftreten, und dazwischen praktisch der ganze Raum von ungeheuer langen 0-Strecken ausgefüllt wird. Dann besteht das Anziehungszentrum aus dem einzigen Punkte 00000 $\cdots$

Literatur

1. Auslander, J., Gottschalk, W. H.: Topological Dynamics, Symposium Colorado 1967. New York/Amsterdam: Benjamin 1968.
2. Auslander, L., Green, L., Hahn, F.: Flows on Homogeneous Spaces. Ann. Math. Stud. 53 (1963).
3. Birkhoff, G. D.: Dynamical Systems, 2nd Edition. Providence: AMS 1966.
4. Bowen, R.: Periodic Points and Measures for Axiom A Diffeomorphisms. Preprint Warwick 1969.
5. Cohen, P. J.: Set Theory and the Continuum Hypothesis. New York/Amsterdam: Benjamin 1966.
6. Furstenberg, H.: The Structure of Distal Flows. Amer. J. Math. 85, 477—515 (1963).
7. Gottschalk, W. H.: Minimal Sets: an Introduction to Topological Dynamics. Bull. Amer. Math. Soc. 64, 336—358 (1958).
8. Gottschalk, W. H.: Bibliography of Topological Dynamics, 3nd Edition. Wesleyan Univ. 1967.
9. —, Hedlund, G.: Topological dynamics. Providence: AMS 1955.
10. Hedlund, G.: Endomorphisms and Automorphisms of the Shift Dynamical System. Math. Syst. Th. 3, 320—375 (1969).
11. Jacobs, K.: Lecture Notes on Ergodic Theory. Vol. I. Aarhus 1963.
12. — Einige Grundbegriffe der topologischen Dynamik. Math.-Phys. Sem. — Ber. XIV, 129—150 (1967).
13. Kakutani, S.: A Proof of Bebutov's Theorem. J. Diff. Eq. 4, 194—201 (1968).
14. Nemyckij, V. V., Stepanoff, V.: Qualitative Theory of Differential Equations. Princeton University Press 1960.
15. Oxtoby, J. C.: On Two Theorems of Parthasarathy and Kakutani Concerning the Shift Transformation, Ergodic Theory Symposium Tulane 1961, pp. 203—215. New York/London: Academic Press 1963.

16. Sibirskij, K. S.: Einführung in die topologische Dynamik. Kishinev 1970 (russ.).
17. Smale, S.: Differentiable Dynamical Systems. Bull. Amer. Math. Soc. 73, 747—817 (1967).
18. Weyl, H.: Über die Gleichverteilung von Zahlen mod 1. Math. Ann. 77, 313—352 (1916); Neudruck in: Ges. Abh. Bd. I, S. 563—599, Berlin/Heidelberg/New York: Springer-Verlag 1968.

Poincarés Wiederkehrsatz

K. Jacobs

Es ist klar, daß man in einem begrenzten Park nicht beliebig lang herumlaufen kann, ohne wieder auf die eigenen Fußspuren zu stoßen. Ist P die Gesamtfläche des Parks und F die Fläche einer Schuhsohle, so kann man höchstens $\frac{P}{F}$ disjunkte Fußspuren in den Park drücken, ist also n eine natürliche Zahl mit $nF > P$, so tritt man spätestens beim $(n-1)$-ten Schritt auf eine alte Fußspur.

Der Wiederkehrsatz von Poincaré ist nichts weiter als die exakte mathematische Ausgestaltung dieser einfachen Idee. Wir werden sehen, was man durch pures Nachdenken aus einem simplen Einfall alles machen kann. Dabei besteht die Hauptleistung darin, diesem Einfall ein weites, viele Anwendungsfälle umfassendes Wirkungsfeld zu verschaffen. Poincarés Anwendungsfall waren die Wiederkehrphänomene der Himmelsmechanik, vor allem bei den sog. kleinen Planeten. Eine andere Anwendung ergibt sich in der Theorie der zufälligen Symbolfolgen. Beide Fälle ordnen sich in die die Mechanik und einen Teil der Wahrscheinlichkeitstheorie umgreifende sog. Ergodentheorie ein. Was hier vorgeführt wird, ist also eine Kostprobe aus diesem gegenwärtig sehr aktiven und der Lösung berühmter alter Probleme entgegengehenden Zweig der Mathematik.

Wie schon die quantitative Version unserer einleitenden Betrachtung zeigt, werden wir uns mit dem Messen von Flächen, Volumina usw. zu befassen haben. Das hierfür zuständige Teilgebiet der Mathematik ist die sog. Maßtheorie. Um das folgende ganz zu verstehen, muß der Leser also einige Grundbegriffe dieser Theorie kennen. Hierfür stehen einige gute Lehrbücher (Bauer [1], Berberian [2], Halmos [3], sowie die umfassende Monographie von Haupt-Aumann-Pauc [4]) zur Verfügung. Auch einige für die Selecta Mathematica geplante Beiträge werden eine genügend feste Grundlage geben.

Wir stellen in § 1 die benötigten allgemein-maßtheoretischen Aussagen ohne Beweis, aber in plausibler Form zusammen und definieren auf dieser Grundlage in § 2 den für Poincarés Wiederkehrsatz (wie auch für den größten Teil der Ergodentheorie überhaupt) benötigten Rahmenbegriff: dynamische Systeme. Für dynamische Systeme mit endlichem Maß der Grundmenge (das ist die allgemeine Form der bei unserem Parkspaziergang vorausgesetzten Endlichkeit der Fläche P) beweisen wir in § 3 den Poincaréschen Satz in seiner heutigen maßtheoretischen Form; der Beweis ist beinahe ebenso kurz wie die vorhin angestellte Überlegung über Parkspaziergänge. Eine genauere, auf M. Kac [6] zurückgehende, quantitative Ausgestaltung, die außer einem zweiten Beweis für den Satz von Poincaré auch eine Berechnung der sog. mittleren Wiederkehrzeit erlaubt, bringen wir in § 4. In § 5 führen wir einige einfache topologische Begriffe ein, um eine der Anschauung besonders entgegenkommende und Poincarés ursprünglichen Untersuchungen näherstehende Version des Wiederkehrsatzes zu beweisen und abschließend eine Verallgemeinerung („Erblichkeit der Wiederkehr") zu beweisen.

§ 1. Grundbegriffe der Maßtheorie

Die moderne Maßtheorie ist die Antwort der Mathematik auf das alte Problem der Inhaltsmessung. In abstrakter Formulierung lautet dies Problem folgendermaßen. Wir beschäftigen uns mit einem System $\mathfrak{B}$ von gewissen Teilmengen einer nichtleeren Menge Ω, und wir wollen auf $\mathfrak{B}$ eine reelle Funktion m definieren, die *additiv* ist, d.h. folgendes erfüllt: Sind $F_1, \ldots, F_n$ paarweise disjunkte Teilmengen von Ω, derart, daß sowohl $F_1, \ldots, F_n$ als auch ihre Vereinigung $F_1 + \cdots + F_n$ (bei der Vereinigung disjunkter Mengen schreiben wir $+$ statt $\cup$) zu $\mathfrak{B}$ gehören, so gilt

(1) $\qquad m(F_1 + \cdots + F_n) = m(F_1) + \cdots + m(F_n)$.

Bestimmte innermathematische Erwägungen führen zu dem Wunsch, sich besonders um solche m zu bemühen, die sogar σ-*additiv* sind, d.h.

(2) $\quad m(F_1 + F_2 + \cdots) = m(F_1) + m(F_2) + \cdots \quad (F_1, F_2, \ldots \in R, F_1 + F_2 + \cdots \in \mathfrak{B})$

erfüllen. In der Regel wird man außerdem $m(F) \geq 0$ ($F \in \mathfrak{B}$) voraussetzen. Gehört die leere Menge $\emptyset$ zu $\mathfrak{B}$, so folgt aus (1)

$$m(\emptyset) = m(\emptyset + \emptyset) = m(\emptyset) + m(\emptyset)$$

also $m(\emptyset) = 0$; die Additivität wird dann natürlich ein Spezialfall der σ-Additivität.

Für späteren Gebrauch halten wir einige einfache Folgerungen aus der Additivität bzw. σ-Additivität im Falle $m \geq 0$ her:

1. Aus $E, F, F \setminus E \in \mathfrak{B}$, $E \subseteq F$ folgt $m(E) = m(F) - m(F \setminus E) \leq m(F)$, denn $m(F) = m(E + F \setminus E)) = m(E) + m(F \setminus E) \geq m(E)$.

2. Aus $E_\infty, E_1, E_2, \ldots \in \mathfrak{B}$, $E_2 \setminus E_1, E_3 \setminus E_2, \ldots \in \mathfrak{B}$, $E_1 \subseteq E_2 \subseteq \cdots$, $E_1 \cup E_2 \cup \cdots = E_\infty$ folgt $m(E_1) \leq m(E_2) \leq \cdots \nearrow m(E_\infty)$, denn $m(E_\infty) = m(E_1 + (E_2 \setminus E_1) + (E_3 \setminus E_2) + \cdots) = m(E_1) + m(E_2 \setminus E_1) + \cdots = \lim_n [m(E_1) + m(E_2 \setminus E_1) + \cdots + m(E_n \setminus E_{n-1})] = \lim_n m(E_n)$.

3. Aus $F, F_1, F_2, \ldots \in \mathfrak{B}$, $F_1 \supseteq F_2 \supseteq \ldots$, $F_1 \setminus F_2, F_2 \setminus F_3, \ldots \in \mathfrak{B}$, $F_1 \cap F_2 \cap \cdots = F_\infty$ folgt $m(F_1) \geq m(F_2) \geq \cdots \searrow m(F_\infty)$ wegen $m(F_1)$
$= m(F_\infty + (F_1 \setminus F_2) + (F_2 \setminus F_3) + \cdots) = m(F_\infty) + m(F_1 \setminus F_2) + \cdots$
$= m(F_\infty) + \lim_n [m(F_1) - m(F_n)] = m(F_1) + m(F_\infty) - \lim_n m(F_n)$.

4. Aus $F_1, F_2, \ldots \in \mathfrak{B}$, $F_2 \setminus F_1, F_3 \setminus (F_1 \cup F_2), \ldots \in \mathfrak{B}$, $F_1 \cup F_2 \cup \cdots \in \mathfrak{B}$ folgt $m(F_1 \cup F_2 \cup \cdots) \leq \bigl(F_1 + (F_2 \setminus F_1) + (F_3 \setminus (F_1 \cup F_2)) + \cdots\bigr) = m(F_1) + m(F_2 \setminus F_1) + m(F_3 \setminus (F_1 \cup F_2)) + \cdots \leq m(F_1) + m(F_2) + m(F_3) + \cdots$ nach 1.

Es ist ganz einfach, sich Tripel $(\Omega, \mathfrak{B}, m)$ mit den obigen Eigenschaften zu verschaffen: Man wähle $\mathfrak{B}$ als das System aller Teilmengen von Ω, sodann fixiere man n paarweise verschiedene Punkte $\omega_1, \ldots, \omega_n \in \Omega$ und n reelle Zahlen $\alpha_1, \ldots, \alpha_n$. Dann setze man

$$m(F) = \sum_{\omega_k \in F} \alpha_k \quad (F \in \mathfrak{B}, \text{ d.h. } F \subseteq \Omega),$$

d.h. man lege auf den Punkt ω_k die „Ladung" α_k ($k = 1, \ldots, n$) und definiere $m(F)$ als die in F befindliche Gesamtladung. Man sieht sofort, daß dies $m: \mathfrak{B} \to R$ σ-additiv ist (in jeder Relation vom Typ (2) kommen nur endlichviele Terme vor); im Falle $\alpha_1, \ldots, \alpha_n \geq 0$ hat man $m \geq 0$; ist $n = 1$, $\alpha_1 = 1$, so nennt man m „die in ω_1 konzentrierte Masse" oder das Dirac-Maß bei ω_1, und schreibt auch δ_{ω_1} statt m. Obwohl dies Beispiel sehr künstlich erscheint, spielt es doch eine gewisse Rolle in der Maßtheorie. Es umgeht freilich in seiner Einfachheit die Hauptschwierigkeiten, mit denen sich diese Theorie beschäftigt, nämlich:

Man hat oft Anlaß, die Werte $m(F)$ für besondere einfach gebaute Mengen $F \in \mathfrak{B}$ in bestimmter Weise vorzuschreiben, ist z.B. Ω der dreidimensionale euklidische Raum, versehen mit einer orthonormierten Basis, so wird man bei der klassischen Inhaltsmessung verlangen, daß zu $\mathfrak{B}$ sämtliche achsenparallelen Quader gehören und für jeden solchen Quader F der Wert $m(F)$ gerade das Produkt seiner drei Kantenlängen ist. Das Problem, den Inhalt der Kugel K vom Radius λ mit dem Nullpunkt als Zentrum zu bestimmen, erhält dann folgenden exakte Fassung:

a) Kann man $\mathfrak{B}$ so wählen und ein additives oder sogar σ-additives m auf $\mathfrak{B}$ so definieren, daß $m(F)$ für jeden achsenparallelen Quader F den vorgeschriebenen Wert hat und auch K zu $\mathfrak{B}$ gehört?

b) Ist $m(K)$ dann eindeutig bestimmt, oder können bei verschiedener Wahl von $\mathfrak{B}$ und m im Rahmen der obigen Bedingungen verschiedene Werte $m(K)$ herauskommen?

c) Welchen Wert hat $m(K)$? —

Die historische Entwicklung dieser Frage ist charakteristisch: Ungefähr 2000 Jahre lang formulierte man die beiden ersten Fragen überhaupt nicht, hielt sie also für trivial; man war nur an dem Wert $m(K)$ interessiert; die moderne Maßtheorie behandelt die numerische Bestimmung von $m(K)$ als Rechenexempel, sozusagen mit der linken Hand und beschäftigt sich vor allem mit den beiden Fragen a) und b). Damit wird Maßtheorie zu einer Fortsetzungstheorie: Gewisse Teilmengen F von Ω, die wir zu einem Mengensystem $\mathfrak{S}$ zusammenfassen, werden reelle Zahlen $m(F)$ so zugeordnet, daß (1) gilt; gesucht wird ein möglichst großes „vernünftiges" Mengensystem $\mathfrak{B} - \mathfrak{S}$ und eine Fortsetzung von m auf $\mathfrak{B}$ — wir bezeichnen sie wieder mit m — derart, daß Wert (1), lieber noch (2) gilt; zu lösen ist das Problem der Existenz und Eindeutigkeit einer solchen Fortsetzung.

Die Antwort auf die Frage, was denn ein „vernünftiges" Mengensystem $\mathfrak{B}$ sei, kann man durch einen Blick auf (1) und (2) vermuten: die Relationen $F_1 + \cdots + F_n \in \mathfrak{B}$ bzw. $F_1 + F_2 + \cdots \in \mathfrak{B}$ sollen aus $F_1, \ldots, F_n \in \mathfrak{B}$ bzw. $F_1, F_2, \ldots \in \mathfrak{B}$ automatisch folgen. Damit kommen wir auf folgende

Definition 1.1: Ein System $\mathfrak{B}$ von Teilmengen einer festen Menge Ω heißt

1. ein *(Mengen-)Körper* (in Ω), wenn

   a) $F_1 \cup \cdots \cup F_n \in \mathfrak{B}$ $(F_1, \ldots, F_n \in \mathfrak{B})$

   (Stabilität gegen endliche Vereinigung),

   b) $E \setminus F \in \mathfrak{B}$ $(E, F \in \mathfrak{B})$

   (Stabilität gegen Differenzenbildung),

   c) $\emptyset \in \mathfrak{B}, \Omega \in \mathfrak{B}$

gilt;

2. ein *(Mengen-)σ-Körper* (in Ω), wenn

   a) $F_1 \cup F_2 \cup \cdots \in \mathfrak{B}$ $(F_1, F_2, \ldots \in \mathfrak{B})$

   (Stabilität gegen abzählbare Vereinigung),

   b) $E \setminus F \in \mathfrak{B}$ $(E, F \in \mathfrak{B})$,

   c) $\emptyset \in \mathfrak{B}, \Omega \in \mathfrak{B}$

gilt. Ist aus dem Zusammenhang klar, mit welchem σ-Körper $\mathfrak{B}$ gerade gearbeitet wird, so bezeichnet man die $F \in \mathfrak{B}$ auch kurz als *meßbare Mengen*.

Natürlich ist jeder σ-Körper zugleich ein Körper.
Ohne Beweis bringen wir den einfachen (Übung!)

Satz 1.2: *Sei $\mathfrak{S}$ ein beliebiges System von Teilmengen der festen Menge Ω. Das System aller Teilmengen von Ω ist ein $\mathfrak{S}$ umfassender σ-Körper. Der Durchschnitt aller $\mathfrak{S}$ umfassenden σ-Körper in Ω ist ein $\mathfrak{S}$ umfassender σ-Körper: der von $\mathfrak{S}$ erzeugte σ-Körper.*

Definition 1.3: 1. Sei $\mathfrak{B}$ ein *Mengenkörper* in Ω. Ist m eine additive reelle Funktion auf $\mathfrak{B}$ mit nichtnegativen Werten, so wird m auch ein *Inhalt* auf $\mathfrak{B}$ genannt. Ist der Inhalt m auf $\mathfrak{B}$ σ-additiv, so wird er auch ein σ-*Inhalt* auf $\mathfrak{B}$ genannt.

2. Ein σ-Inhalt auf einem σ-*Körper* $\mathfrak{B}$ wird auch als ein *Maß* auf $\mathfrak{B}$ bezeichnet. Ist dabei $m(\Omega) = 1$, so sagt man, das Maß m sei *normiert* oder eine *Wahrscheinlichkeitsverteilung*.

Die letztere Bezeichnung werden wir alsbald durch ein Beispiel rechtfertigen.

Wirkliche Leistungen verlangt nun der Beweis von

Satz 1.4: *Sei $\mathfrak{S}$ ein System von Teilmengen der festen Menge Ω und $\mathfrak{B}$ der von $\mathfrak{S}$ erzeugte σ-Körper. Seien m, $'m'$ zwei Maße auf $\mathfrak{B}$, die auf $\mathfrak{S}$ übereinstimmen:*

$$m(E) = m'(E) \qquad (E \in \mathfrak{S}).$$

Dann gilt: Ist $\mathfrak{S}$ durchschnittsstabil, d.h.

$$E \cap F \in \mathfrak{S} \qquad (E, F \in \mathfrak{S}),$$

so gilt $m = m'$, d.h.

$$m(F) = m'(F) \qquad (F \in \mathfrak{B}).$$

2. *Jeder σ-Inhalt auf einem Mengenkörper $\mathfrak{R}$ in Ω läßt sich auf genau eine Weise zu einem Maß auf dem von $\mathfrak{R}$ erzeugten σ-Körper $\mathfrak{B}$ fortsetzen.*

Beweise kann man z. B. bei Bauer [1] (S. 27 ff.), Berberian [2] (S. 19), Halmos [3] (p. 54 f.) nachlesen, allerdings mit etwas anderen Bezeichnungen und z. T. allgemeineren Voraussetzungen. Die Eindeutigkeitsaussage in 2. ist natürlich eine Konsequenz von 1., denn jeder Mengenring $\mathfrak{R}$ ist durchschnittsstabil:

$$E \cap F = (E \cup F) \setminus [((E \cup F) \setminus E) \cup ((E \cup F) \setminus F)] \in \mathfrak{R} \quad (E, F \in \mathfrak{R}).$$

Wir benützen diese Definitionen und Sätze, um vier Beispiele vorzuführen, auf die wir später zurückgreifen wollen.

Beispiel 1.5: Sei $\Omega = \{(x, y) \mid x, y \text{ reell}, 0 \leq x < 1, 0 \leq y < 1\}$ das sog. halboffene *Einheitsquadrat*. Für jedes $r = 0, 1, \ldots$ bezeichnen wir die Mengen

$$Q_{kj}^r = \left\{ (x, y) \mid x, y \text{ reell}, \frac{k}{2^r} \leq x < \frac{k+1}{2^r}, \frac{j}{2^r} \leq y < \frac{j+1}{2^r} \right\}$$

$$(k, j = 0, 1, \ldots, 2^r - 1)$$

als die *dyadischen Quadrate der Ordnung r*. Sie bilden bei festem r eine disjunkte Zerlegung

$$\Omega = \sum_{k, j=0}^{2^r-1} Q_{kj}^r$$

von Ω und das System $\Re^r$ aller disjunkten Vereinigungen dyadischer Quadrate der Ordnung r ist unschwer als ein Mengenkörper in Ω zu erkennen. Überdies gilt $\Re^0 \subseteq \Re^1 \subseteq \cdots$, denn per

(3) $\qquad Q^r_{j,k} = Q^{r+1}_{2j,2k} + Q^{r+1}_{2j+1,k} + Q^{r+1}_{2j,k+1} + Q^{r+1}_{2j+1,\,2k+1}$

kann man jede disjunkte Vereinigung von Quadraten der Ordnung r auch als disjunkte Vereinigung von Quadraten der Ordnung $r+1$ schreiben. Wir setzen nun durch

$$m_r(F) = \frac{\nu}{4^r},$$

falls $F \in \Re^r$ disjunkte Vereinigung von ν Quadraten der Ordnung r ist, und erhalten damit offenbar einen Inhalt m_r auf $\Re^r$. Mittels (3) zeigt man

$$m_{r+1}(Q^r_{j,k}) = m_{r+1}(Q^{r+1}_{2j,2k}) + \cdots + m_{r+1}(Q^{r+1}_{2j+1,2k+1})$$
$$= 4 \cdot \frac{1}{4^{r+1}} = \frac{1}{4^r} = m_r(Q^r_{j,k}),$$

d.h. m_{r+1} setzt m_r fort ($r = 0, 1, \ldots$).

Damit ist auf $\Re = \Re^0 \cup \Re^1 \cup \cdots$ — offenbar ist das wieder ein Mengenkörper in Ω — ein Inhalt m als gemeinsame Fortsetzung aller m_r eindeutig erklärt. Man kann nun beweisen, daß dies m sogar ein σ-Inhalt ist (vgl. Bauer [1] S. 25ff., Berberian [2] S. 22ff., Halmos [3] p. 32ff.). Die zu dem von $\Re$ erzeugten σ-Körper $\mathfrak{B}$ gehörigen Mengen werden auch als *Borel-Mengen* in Ω bezeichnet. Nach Satz 1.4 gibt es genau ein Maß m auf $\mathfrak{B}$, das den Inhalt m auf $\Re$ fortsetzt. Man nennt m das (2-dimensionale) *Lebesgue-Maß* in Ω. Es ist normiert. Ganz analog hätte man im Einheitsintervall $\langle 0, 1 \rangle = \{x \mid x \text{ reell}, \ 0 \leq x < 1\}$ das 1-dimensionale Lebesgue-Maß, im Einheitskubus das 3-dimensionale Lebesgue-Maß erhalten können.

Beispiel 1.6: Sei $\Omega = \{\omega = \omega_0 \omega_1 \ldots \mid \omega_0, \omega_1, \ldots = 0 \text{ oder } = 1\}$ der Raum aller einseitig unendlichen 0-1-Folgen. $000\ldots$, $0101\ldots$ und $01101001\ldots$ sind also Punkte aus Ω, man weiß (Diagonalverfahren!), daß Ω überabzählbarviele Punkte enthält. Für jedes $r = 0, 1, \ldots$ bezeichnen wir die Mengen

$$[a_0 \cdots a_r] = \{\omega = \omega_0 \omega_1 \cdots \mid \omega_0 = a_0, \ldots, \omega_r = a_r\}$$
$$(a_0, \ldots, a_r = 0 \text{ oder } = 1)$$

als die (speziellen) *Zylinder der Ordnung* r. Sie bilden bei festem r eine disjunkte Zerlegung

$$\Omega = \sum_{a_1,\ldots,a_r = 0}^{1} [a_0, \ldots, a_r]$$

von Ω, und das System $\Re'$ aller disjunkten Vereinigungen spezieller Zylinder der Ordnung r ist unschwer als ein Mengenkörper in Ω zu erkennen. Überdies gilt $\Re^0 \subseteq \Re^1 \subseteq \cdots$, denn per

(4) $\qquad [a_0, \ldots, a_r] = [a_0, \ldots, a_r, 0] + [a_0, \ldots, a_r, 1]$

läßt sich jede disjunkte Vereinigung von Zylindern der Ordnung r auch als disjunkte Vereinigung von Zylindern der Ordnung $r+1$ schreiben.

Wir geben uns nun zwei reelle Zahlen $p_0, p_1 \geq 0$ mit $p_0 + p_1 = 1$ und setzen durch

$$m_r(F) = \sum_{[a_0,\ldots,a_r]\subseteq F} p_{a_0} \cdots p_{a_r} \quad (F = \sum_{[a_0,\ldots,a_r]\subseteq F} [a_0, \ldots, a_r]$$

einen Inhalt m_r auf $\Re'$ fest. Mittels (4) zeigt man

$$m_{r+1}([a_0, \ldots, a_r]) = m_{r+1}([a_0, \ldots, a_r, 0]) + m_{r+1}([a_0, \ldots, a_r, 1])$$
$$= p_{a_0} \cdots p_{a_r} p_0 + p_{a_0} \cdots p_{a_r} p_1$$
$$= p_{a_0} \cdots p_{a_r}(p_0 + p_1)$$
$$= p_{a_0} \cdots p_{a_r} = m_r([a_0, \ldots, a_r]),$$

d.h. m_{r+1} setzt m_r fort $(r = 0, 1, \ldots)$.

Damit ist auf $\Re = \Re^0 \cup \Re^1 \cup \cdots$ — offenbar ist das wieder ein Mengenkörper in Ω — ein Inhalt m als gemeinsame Fortsetzung aller m_r eindeutig erklärt. Man kann nun beweisen, daß m sogar ein σ-Inhalt ist (vgl. Bauer [1] S.136ff., Halmos [3] p.157f.). Die zu dem von $\Re$ erzeugten σ-Körper $\mathfrak{B}$ gehörigen Mengen werden auch als *Borel-Mengen* des *Bernoulli-Raums* $\Omega = \{0, 1\} \times \{0, 1\} \times \cdots$ bezeichnet.

Nach Satz 1.4 gibt es genau ein Maß m auf $\mathfrak{B}$, das den σ-Inhalt m auf $\Re$ fortsetzt. Man nennt m das zu zu p_0, p_1 gehörige *Bernoulli-Maß* in Ω. Es ist normiert, also eine Wahrscheinlichkeitsverteilung. Als Modell für die beliebig lang unabhängig wiederholte Ausführung eines Zufallsexperiments mit zwei möglichen Ergebnissen (z.B. Münzwurf) ist es grundlegend für die Wahrscheinlichkeitstheorie. Ganz analog hätte man mit beliebigen endlichen „Alphabeten" $A = \{0, 1, \ldots, a-1\}$ an Stelle von $\{0, 1\}$ Räume

$$\Omega = A \times A \times \cdots = \{\omega = \omega_0 \omega_1 \cdots \mid \omega_0, \omega_1, \ldots \in A\}$$

bilden und mittels a-Tupeln $p_0, \ldots, p_{a-1} \geq 0$ mit $p_0 + \cdots + p_{a-1} = 1$, die zugehörigen Bernoulli-Maße erhalten können. Ferner kann man analog mit dem Raum $\cdots \times A \times \cdots = \{\omega = \cdots \omega_{-1}\omega_0\omega_1 \cdots \mid \omega_0, \omega_{\pm 1}, \ldots \in A\}$ aller zweiseitig unendlichen Folgen arbeiten und dort Bernoulli-Maße gewinnen.

Beispiel 1.7: Sei $\Omega = \{(x, y) \mid x, y \text{ reell}, x^2 + y^2 = 1\}$ die *Einheitskreislinie* in der reellen Ebene. Vermöge $\varphi: \alpha \to (\cos 2\pi\alpha, \sin 2\pi\alpha)$ ist eine eineindeutige Abbildung des Einheits-Intervalls $\langle 0, 1) = \{\alpha \mid \alpha \text{ reell}, 0 \leq \alpha < 1\}$ auf Ω gegeben. Die φ-Bilder dyadischer Intervalle der Ordnung r in $\langle 0, 1)$ bezeichnen wir als *dyadische Bögen der Ordnung r*. Indem wir mit ihnen analog zu Beispiel 1.5 arbeiten, gewinnen wir auf dem σ-Körper $\mathfrak{B}$ aller *Borel-Mengen* in Ω das *(auf den Einheitskreis gelegte) 1-dimensionale normierte Lebesgue-Maß*.

Beispiel 1.8: Sei $\Omega = \{(x, y) \mid x, y \text{ reell}, x^2 + y^2 \leq 1\}$ die *(abgeschlossene) Einheitskreisscheibe* in der reellen Ebene und $\Omega_1 = \{(x, y) \mid x, y \text{ reell}, -1 \leq x \leq 1, -1 \leq y \leq 1\}$ das kleinste Ω enthaltende achsenparallele Quadrat. Analog wie in Beispiel 1.5 gewinnen wir das Lebesgue-Maß auf dem σ-Körper $\mathfrak{B}_1$ aller Borel-Mengen in Ω_1, mit $m_1(\Omega_1) = 4$. Man kann zeigen, daß $\Omega \in \mathfrak{B}_1$ gilt. Durch $\mathfrak{B} = \{F \mid \mathfrak{B}_1 \ni F \subseteq \Omega\}$ ist in Ω ein σ-Körper $\mathfrak{B}$, dessen Mitglieder wir als *Borel-Mengen* in Ω bezeichnen, definiert; er ist ein Teilsystem von $\mathfrak{B}_1$, so daß wir durch Einschränkung von m_1 auf $\mathfrak{B}$ ein Maß m (mit $m(\Omega) = \pi$) gewinnen. Wir bezeichnen es als das (2-dimensionale) *Lebesgue-Maß* in Ω.

§ 2. Dynamische Systeme

In diesem Abschnitt wollen wir ein allgemeines maßtheoretisches Modell für dynamische Vorgänge entwerfen und einige anschauliche Bewegungserscheinungen durch Spezialisierung dieses allgemeinen Modells erfassen.

Sei Ω eine beliebige nichtleere Menge. Dynamik in Ω treiben, heißt, Bewegungen der Punkte von Ω studieren. Wir beschränken die Betrachtung der Einfachheit halber auf den Fall diskreter Zeit, beobachten also die Punkte von Ω in gleichmäßigen Zeitabständen, etwa den Zeiten $0, 1, \ldots$ (gemessen z. B. in Sekunden) oder auch $\ldots, -1, 0, 1, \ldots$. Die Bewegung eines einzelnen Punktes $\omega_0 \in \Omega$ wäre dann etwa durch eine Punktfolge $\omega_0, \omega_1, \ldots$ in Ω zu beschreiben. Ein Bewegungs*gesetz* für alle Punkte angeben, heißt dann für *jeden* Punkt $\omega_0 \in \Omega$ eine mit ω_0 beginnende Punktfolge in Ω angeben. Wenn man dabei die Annahme macht, daß der Übergang $\omega_n \to \omega_{n+1}$ *nicht*

a) von der Vorgeschichte $\omega_0, \ldots, \omega_{n-1}$,
b) von dem Zeitpunkt n, zu dem er stattfindet,

sondern nur von der Lage von ω_n abhängen soll, läuft das ganze Modell auf die Aufgabe einer Abbildung T von Ω in sich hinaus. Die Bewegung eines Punktes $\omega_0 \in \Omega$ ist dann einfach durch die Folge

$$\omega_0, \omega_1 = T\omega_0, \omega_2 = T^2\omega_0, \ldots,$$

die sog. $(T\text{-})Bahn$ des Punktes ω_0 gegeben.

Wir werden uns in diesem Beitrag ausschließlich mit der Wirkung der Potenzen $\mathbf{1} = T^0, T = T^1, T^2, \ldots$ einer einzelnen Abbildung T von Ω in sich beschäftigen. Die Annahme, daß $T : \Omega \to \Omega$ umkehrbar eindeutig mit $T\Omega = \Omega$ (d.h. bijektiv) sei, bedeutet, daß man die (ebenfalls bijektive) Inverse T^{-1} und damit auch alle T^{-n} ($n = 1, 2, \ldots$) bilden kann, d.h. die Bewegung umkehren kann.

Diese Annahme der Reversibilität ist für uns weitgehend unnötig und wir werden es jedesmal ausdrücklich angeben, wenn wir sie machen. Wir denken uns jetzt auf einem σ-Körper $\mathfrak{B}$ von Teilmengen von Ω ein Maß m gegeben. Es ist oft zweckmäßig, sich unter m eine Massenwolke in Ω mit der Gesamtmasse $m(\Omega)$ vorzustellen; für jedes $F \in \mathfrak{B}$ gibt $m(F)$ an, wieviel Masse insgesamt sich in F befindet, das ist also einfach ein Verfahren, die Massenwolke exakt zu beschreiben. Wir lassen jetzt eine Abbildung $T:\Omega \to \Omega$ wirken und wollen sehen, wie sie die Massenwolke verändert. Sehen wir also nach, wieviel Masse sich *nach* Transport mit T in einer Menge $F \subseteq \Omega$ befindet. Dazu muß man nur das „Einzugsgebiet" $T^{-1}F = \{\omega \mid \omega \in \Omega, T\omega \in F\}$ bestimmen und nachsehen, wieviel Masse es *vor* dem Transport enthielt; natürlich müssen wir sicherstellen, daß aus $F \in \mathfrak{B}$ stets $T^{-1}F \in \mathfrak{B}$ folgt; man beachte noch, daß man die *inverse Mengenabbildung* $T^{-1}F$ ohne weiteres auch dann bilden kann, wenn T nicht invertibel ist; im Falle der Existenz einer Inversen T^{-1} ist freilich $T^{-1}F = \{T^{-1}\omega \mid \omega \in F\}$.

Damit haben wir die wesentlichen Motive für die

Definition 2.1: Sei $\mathfrak{B}$ ein σ-Körper in der Menge Ω. Eine Abbildung $T:\Omega \to \Omega$ heißt $\mathfrak{B}$-*meßbar*, wenn

$$T^{-1}F = \{\omega \mid \omega \in \Omega, T\omega \in F\} \in \mathfrak{B} \qquad (F \in \mathfrak{B})$$

gilt.

Satz 2.2: *Sei $T:\Omega \to \Omega$ beliebig.*

1. Dann ist die zugehörige inverse Mengenabbildung

$$T^{-1}: F \to T^{-1}F = \{\omega \mid T\omega \in F\} \ (F \subseteq \Omega)$$

mit sämtlichen Mengenoperationen vertauschbar und führt $\emptyset$ in $\emptyset$, Ω in Ω über. Insbesondere gehen disjunkte Mengen bei T^{-1} in disjunkte Mengen über.

2. Sei $\mathfrak{S}$ ein beliebiges System von Teilmengen von Ω und $\mathfrak{B}$ der von $\mathfrak{S}$ erzeugte σ-Körper in Ω. Gilt dann

(1) $\qquad\qquad T^{-1}F \in \mathfrak{B}, \quad (F \in \mathfrak{S})$

so ist T $\mathfrak{B}$-meßbar.

Beweis: 1. Wir beschränken uns auf die uns später interessierende Operation der abzählbaren Vereinigung. Seien also

$$F, F_2, \ldots \subseteq \Omega, \ F = F_1 \cup F_2 \cup \cdots.$$

Wir haben $T^{-1}F = T^{-1}F_1 \cup T^{-1}F_2 \cup \cdots$ zu beweisen. Nun besteht aber $T^{-1}F$ gerade aus denjenigen Punkten ω, die bei Anwendung von T nach F, also in eines der F_k gehen; ist aber $T\omega \in F_k$, so heißt das gerade $\omega \in T^{-1}F_k$. Man sieht den allgemeinen Charakter dieser Überlegung und wird sie also ohne weiteres zu einem vollständigen Beweis der ersten Aussage des Satzes gestalten. Der Rest ist trivial.

2. Das System $\mathfrak{B}' = \{F \mid F \in \mathfrak{B}, T^{-1}F \in \mathfrak{B}\} \subseteq \mathfrak{B}$ umfaßt $\mathfrak{S}$ wegen (1). Wenn wir zeigen können, daß $\mathfrak{B}'$ ein σ-Körper ist, folgt $\mathfrak{B}' = \mathfrak{B}$, da $\mathfrak{B}$ der kleinste umfassende σ-Körper ist. Es gilt nun (wir benutzen 1.) in der Tat

a) $F_1, F_2, \ldots \in \mathfrak{B}'$ impliziert

$$T^{-1}(F_1 \cup F_2 \cup \cdots) = T^{-1}F_1 \cup T^{-1}F_2 \cup \cdots \in \mathfrak{B},$$

weil $T^{-1}F_1, T^{-1}F_2, \ldots \in \mathfrak{B}$ gilt und $\mathfrak{B}$ gegen abzählbare Vereinigung stabil ist. Also ist $F_1 \cup F_2 \cup \cdots \in \mathfrak{B}'$.

b) $E, F \in \mathfrak{B}'$ impliziert $T^{-1}(E \setminus F) = (T^{-1}E) \setminus (T^{-1}F) \in \mathfrak{B}$, also $E \setminus F \in \mathfrak{B}'$.

c) $T^{-1}\Omega = \Omega$, also $\Omega \in \mathfrak{B}'$.

Wie nun T ein Maß transportiert, zeigt der

Satz 2.3: *Sei m ein Maß auf dem σ-Körper $\mathfrak{B}$ in der Menge Ω und $T: \Omega \to \Omega$ eine $\mathfrak{B}$-meßbare Abbildung. Dann ist durch*

(2) $\qquad (Tm)(F) = m(T^{-1}F) \quad (F \in \mathfrak{B})$

ein Maß Tm auf $\mathfrak{B}$ erklärt; es gilt $(Tm)(\Omega) = m(\Omega)$. Man nennt Tm das aus m durch Transport *mit T entstandene Maß oder kurz: das mit T* transportierte *Maß m.*

Beweis: Die $\mathfrak{B}$-Meßbarkeit von T bedeutet $T^{-1}F \in \mathfrak{B}$ $(F \in \mathfrak{B})$, so daß die rechte Seite in (2) stets sinnvoll ist. Die durch (2) erklärte Funktion Tm auf $\mathfrak{B}$ ist tatsächlich σ-additiv. Sind die Mengen $F_1, F_2, \ldots \in \mathfrak{B}$ paarweise disjunkt, so sind nach Satz 2.2 auch die Mengen $T^{-1}F_1, T^{-1}F_2, \ldots \in \mathfrak{B}$ paarweise disjunkt und aus der σ-Additivität von m folgt, weil — ebenfalls nach Satz 2.2 — das Vereinigen mit T^{-1} vertauschbar ist,

$$\begin{aligned}(Tm)(F_1 + F_2 + \cdots) &= m\bigl(T^{-1}(F_1 + F_2 + \cdots)\bigr) \\ &= m(T^{-1}F_1 + T^{-1}F_2 + \cdots) \\ &= m(T^{-1}F_1) + m(T^{-1}F_2) + \cdots \\ &= (Tm)(F_1) + (Tm)(F_2) + \cdots.\end{aligned}$$

Aus $T^{-1}\Omega = \Omega$ folgt $(Tm)(\Omega)$

$$= m(T^{-1}\Omega) = m(\Omega).$$

Nun kommen wir zu der zentralen

Definition 2.4: Sei m ein Maß auf dem σ-Körper $\mathfrak{B}$ in der Menge Ω und $T: \Omega \to \Omega$ eine $\mathfrak{B}$-meßbare Abbildung.

1. Man sagt, m sei T-*invariant* oder T sei m-*treu* (m-*erhaltend*), wenn
(3) $\qquad Tm = m$, d.h. $m(T^{-1}F) = (F) \quad (F \in \mathfrak{B})$
gilt.

2. Ist m T-invariant, so nennt man das Quadrupel $(\Omega, \mathfrak{B}, m, T)$ ein *dynamisches System*.

Wir wollen nun an Hand einiger Beispiele sehen, daß dynamische Systeme keineswegs eine Seltenheit sind.

Beispiel 2.5: Sei Ω wie in Beispiel 1.5 das *Einheitsquadrat*

$$\{(x, y) \mid 0 \leq x, y < 1\},$$

$\mathfrak{B}$ der vom System aller halboffenen dyadischen Quadrate

$$Q_{kj}^r = \left\{(x, y) \mid \frac{k}{2^r} \leq x < \frac{k+1}{2^r}, \frac{j}{2^r} \leq y < \frac{j+1}{2^r}\right\}$$

$$(r = 0, 1, \ldots; k, j = 0, \ldots, 2^r - 1)$$

erzeugte σ-Körper aller *Borel-Mengen* in Ω, und m das *Lebesgue-Maß* auf $\mathfrak{B}$.
Die durch

$$T(x, y) = \begin{cases} \left(2x, \dfrac{y}{2}\right) & \text{für } 0 \leq x < \dfrac{1}{2} \\ \left(2x, \dfrac{y+1}{2}\right) & \text{für } \dfrac{1}{2} \leq x < 1 \end{cases}$$

erklärte Abbildung $T: \Omega \to \Omega$ ist umkehrbar eindeutig, und wird wegen ihrer anschaulichen Bedeutung auch als die sog. *Blätterteigabbildung* bezeichnet. Man sieht unmittelbar, wie T jedes Q_{kj}^r in die Vereinigung einiger Q_{il}^{r+1} überführt. Damit ist die $\mathfrak{B}$-Meßbarkeit von T nach Satz 2.2, 2. bewiesen. Man sieht ferner, daß T die Q_{jk}^r zwar affin deformiert, aber ihren Flächeninhalt ungeändert läßt. Bezeichnet also R den Körper aller disjunkten Vereinigungen dyadischer Quadrate, so gilt

$$(Tm)(F) = m(F) \quad (F \in R).$$

Die beiden Maße Tm und m stimmen also auf dem durchschnittsstabilen, $\mathfrak{B}$ erzeugenden Mengensystem R überein; nach Satz 1.4 folgt nun $Tm = m$. Damit ist $(\Omega, \mathfrak{B}, m, T)$ ein dynamisches System.

Beispiel 2.6: Seien $p_0, p_1 \geq 0$ mit $p_0 + p_1 = 1$ beliebig gegeben und sei m das zugehörige *Bernoulli-Maß* auf dem σ-Körper $\mathfrak{B}$ aller Borel-Mengen im Bernoulli-Raum

$$\Omega = \{\omega = \omega_0 \omega_1 \cdots \mid \omega_0, \omega_1, \ldots = 0 \text{ oder} = 1\}$$

41

aller 0-1-Folgen (Beispiel 1.6). Auf diesem Ω ist nun auf natürlichste Weise eine Abbildung $T:\Omega \to \Omega$ gegeben, nämlich die sog. *Schiebung*

$$T:\omega = \omega_0\omega_1\cdots \to T\omega = \omega_1\omega_2\cdots \quad (\omega \in \Omega).$$

Wir wollen zeigen, daß $(\Omega, \mathfrak{B}, m, T)$ ein dynamisches System ist. In der Tat ist T $\mathfrak{B}$-meßbar; wir brauchen nach Satz 2.2 nur nachzukontrollieren, daß für die $\mathfrak{B}$ erzeugenden speziellen Zylinder die Relation

(4) $$T^{-1}[a_0\cdots a_r] = [0a_0\cdots a_r] + [1a_0\cdots a_r]$$

gilt; wirklich bedeutet $\omega \in T^{-1}[a_0\cdots a_r]$ ja nichts als

$$T\omega = \omega_1\omega_2\cdots \in [a_0\cdots a_r], \text{ d.h. } \omega_1 = a_0, \ldots, \omega_{r+1} = a_r,$$

wozu die Alternative $\omega_0 = 0$ oder $= 1$ kommt. Ferner ist m T-invariant: aus (4) folgt ja

$$\begin{aligned}(Tm)([a_0\cdots a_r]) &= m(T^{-1}[a_0\cdots a_r])\\&= m([0a_0\cdots a_r]) + m([1a_0\cdots a_r])\\&= p_0 p_{a_0}\cdots p_{a_r} + p_1 p_{a_0}\cdots p_{a_r}\\&= (p_0 + p_1) p_{a_0}\cdots p_{a_r} = p_{a_0}\cdots p_{a_r}\\&= m([a_0\cdots a_r]),\end{aligned}$$

d.h. die Maße Tm und m stimmen auf dem $\mathfrak{B}$ erzeugenden durchschnittsstabilen System aller speziellen Zylinder überein. Nach Satz 1.4 folgt nun $Tm = m$, wie gewünscht. Wir wollen das so entstandene dynamische System $(\Omega, \mathfrak{B}, m, T)$ auch als das (zu p_0, p_1 gehörige, einseitige) *Bernoulli-System* bezeichnen. — An diesem Beispiel sieht man sehr schön, wie das Durchlaufen einer 0-1-Folge durch das Wirken der Schiebung T erfaßt wird: statt der Reihe nach zu den Komponenten $\omega_0, \omega_1, \ldots$ eines $\omega = \omega_0\omega_1\cdots$ zu gehen, läßt man T den Punkt ω subzessive in die Punkte $T\omega = \omega_1\omega_2\cdots$, $T^2\omega = \omega_2\omega_3\cdots$ überführen und sieht sich lediglich deren vorderste (nullte) Komponenten an. — Hätten wir statt dieses einseitigen Bernoulli-Raums den zweiseitigen Bernoulli-Raum $\Omega' = \{\omega' = \cdots\omega_{-1}\omega_0\omega_1\cdots \mid \cdots, \omega_{-1}, \omega_0, \omega_1, \ldots = 0 \text{ oder } = 1\}$ genommen, so würde die dort analog erklärte Schiebung

$$T': \cdots\omega_{-1}\omega_0\omega_1\cdots \to \cdots\omega_0\omega_1\omega_2\cdots$$

invertibel sein. Per Dualbruchentwicklung stellt man übrigens eine nahezu eineindeutige Beziehung zwischen Ω', T' einerseits und der Blätterteigabbildung im Einheitsquadrat her:

$$\omega' = \cdots\omega_{-1}\omega_0\omega_1\cdots \to \left(\frac{\omega_0}{2} + \frac{\omega_1}{2^2} + \cdots, \frac{\omega_{-1}}{2} + \frac{\omega_{-2}}{2^2} + \cdots\right),$$

deren genauere Ausführung wir dem Leser überlassen.

Beispiel 2.7: Sei $\Omega = \{(x, y) \mid x^2 + y^2 = 1\}$ die Einheitskreislinie und $\mathfrak{B}$ der von den dyadischen Kreisbögen erzeugte σ-Körper, schließlich m das auf Ω gelegte Lebesgue-Maß (Beispiel 1.7). Ebenso wie man jedes halboffene Intervall als abzählbare disjunkte Vereinigung dyadischer Intervalle (verschiedener Ordnungen) schreiben kann, bekommt man jeden halboffenen Kreisbogen auf Q als abzählbare disjunkte Vereinigung von dyadischen Kreisbögen; $\mathfrak{B}$ wird also ebensogut vom System $\mathfrak{S}$ aller halboffenen Kreisbögen der Bogenlänge $\leq \pi$ erzeugt; $\mathfrak{S}$ ist offenbar durchschnittsstabil. Ist nun $T:\Omega \to \Omega$ eine starre Drehung um einen Winkel α, so zeigt man, mit $\mathfrak{S}$ analog arbeitend wie etwa mit den speziellen Zylindern im vorigen Beispiel, daß $(\Omega, \mathfrak{B}, m, T)$ ein dynamisches System ist (Details als Übung).

Beispiel 2.8: Sei $\Omega = \{(x, y) \mid x^2 + y^2 \leq 1\}$ die abgeschlossene Kreisscheibe, $\mathfrak{B}$ und n wie in Beispiel 1.8. Der Nachweis, daß jede starre Drehung $T:\Omega \to \Omega$ zu einem dynamischen System $(\Omega, \mathfrak{B}, m, T)$ führt; sei dem Leser als Übung überlassen.

Wir haben diese Beispiele gewählt, weil sie mathematisch einfach zu handhaben sind und dennoch eine genügende Vielfalt bieten. Es sei aber erwähnt, daß am Anfang der historischen Entwicklung eine andere Gruppe von dynamischen Systemen stand, bei denen Ω der Phasenraum eines machanischen N-Punkte-Systems ist und T dadurch entsteht, daß man von einem Phasenpunkt ω längs der von ω ausgehenden Lösung des Hamiltonschen Differentialgleichungssystems um eine Zeiteinheit zum Punkte $T\omega$ weiterläuft. Liouville hat gezeigt, daß diese T invariante Maße besitzen und hier somit dynamische Systeme im Sinne der Definition 2.4 auftreten.

§ 3. Der Wiederkehrsatz von Poincaré

Sei $(\Omega, \mathfrak{B}, m, T)$ ein dynamisches System. Wir wählen eine Menge $E \in \mathfrak{B}$, darin einen Punkt ω und fragen, ob ω beim Durchlaufen seiner Bahn $\omega, T\omega, \ldots$ später noch einmal nach E zurückkehrt. Indem wir

$$T^{-r}E = \{\omega \mid T^r\omega \in E\}$$

setzen, was auf $T^{-r}E = T^{-1}(T^{-(r-1)}E)$ hinausläuft, bedeutet eine Rückkehr $T^r\omega \in E$ also einfach soviel wie $\omega \in T^{-r}E$, wobei uns natürlich nur der Fall $r \geq 1$ interessiert.

$$E_{\text{ret}} = E \cap [T^{-1}E \cup T^{-2}E \cup \cdots]$$

ist also die Menge aller $\omega \in E$, die jemals nach E zurückkehren. Mit

$$G = E \cup T^{-1}E \cup T^{-2}E \cup \cdots$$

kann man also

$$T^{-1}G = T^{-1}E \cup T^{-2}E \cup \cdots \subseteq G$$

und

$$E \setminus E_{\text{ret}} = G \setminus T^{-1}G$$

schreiben; offenbar gehören alle diese Mengen zu $\mathfrak{B}$. Der gesuchte Satz ist der

Satz 3.1 (Poincarés Wiederkehrsatz): *Sei* $(\Omega, \mathfrak{B}, m, T)$ *ein dynamisches System. Dann gilt für jedes* $E \in \mathfrak{B}$

$$m(E \setminus E_{\text{ret}}) = 0.$$

In der „fast-überall-Sprache" der Maßtheorie ausgedrückt: m-*fastjeder Punkt von* E *kehrt wieder nach* E *zurück.*

Beweis: $m(G) = m(T^{-1}G)$, also, wegen $G \supseteq T^{-1}G$,

$$m(E \setminus E_{\text{ret}}) = m(G \setminus T^{-1}G) = m(G) - m(T^{-1}G) = 0.$$

Man kann den Beweis noch etwas anders wenden: die uns interessierende Menge $N = E \setminus E_{\text{ret}}$ liefert paarweise disjunkte Mengen N, $T^{-1}N$, $T^{-2}N$, ..., denn $T^{-t}N$ ist die Menge aller ω, die $T^t\omega \in E$ haben, d.h E zur Zeit t besuchen, danach aber nie wieder nach E kommen: t ist ihr letzter Besuchszeitpunkt in E; es ist klar, daß der letzte Besuchszeitpunkt eindeutig mit ω verknüpft ist, so daß kein ω in $T^{-s}N$ und $T^{-t}N$ mit $s \neq t$ sein kann. Diese paarweise disjunkten Mengen haben aber wegen der m-Treue von T alle denselben Maßwert $m(N)$; ist $m(N) > 0$, so würde aus der σ-Additivität $\infty = m(N) + m(T^{-1}N) + \cdots = m(N + T^{-1}N + \cdots) \leq m(\Omega) < \infty$ also ein Widerspruch folgen.

Es bleibt also nur $m(N) = 0$ übrig. Nennt man eine Menge N *wandernd*, falls die N, $T^{-1}N$, ... paarweise disjunkt sind, so kann man sagen: $m(E \setminus E_{\text{ret}}) = 0$ gilt, weil $N = E \setminus E_{\text{ret}}$ eine wandernde Menge ist und eine wandernde Menge das Maß 0 haben muß, sonst gäbe es eine Explosion in Ω.

Wir wollen diese Schlußweise noch ein wenig ausbauen: nennen wir eine Menge N r-wandernd, wenn die Mengen N, $T^{-r}N$, $T^{-2r}N$, ... paarweise disjunkt sind. Dann kann man sagen: für jedes $E \in \mathfrak{B}$ ist die Menge N_r aller Punkte $\omega \in E$, die nach dem Zeitpunkt $r - 1$ nicht mehr nach E kommen, r-wandernd, denn $T^{-rt}N_r$ ist die Menge aller Punkte, deren letzter Besuch in E im Zeitintervall $\langle t, t + r - 1 \rangle$ stattfindet, und das sind für verschiedene t disjunkte Intervalle. Genau wie vorhin schließen wir aus $m(\Omega) < \infty$, daß jede r-wandernde Menge das Maß 0 hat, also ist $m(N_r) = 0$. (Wir haben wegen $N_r = E \cap (\Omega \setminus T^{-r}E) \cap (\Omega \setminus T^{-(r+1)}E) \cdots \in \mathfrak{B}$ — man überlege sich als Übung, daß ein σ-Körper gegen abzählbare Durchschnittsbildung stabil ist — in der Tat das Recht, $m(N_r)$ zu bilden). Es folgt nun $0 \leq m(N_1 \cup N_2 \cup \cdots) = m(N_1 + (N_2 \setminus N_1) + (N_3 \setminus (N_1 \cup N_2)) + \cdots) \leq m(N_1) + m(N_2) + \cdots \leq 0$, also $m(N_1 \cup N_2 \cup \cdots) = 0$.

Was ist nun $N_1 \cup N_2 \cup \cdots$? Es ist die Menge aller $\omega \in E$, die nach einiger Zeit nicht mehr nach E zurückkehren, also nicht *unendlichoft* nach E zurückkommen. Damit erhalten wir den

Satz 3.2: *Sei* $(\Omega, \mathfrak{B}, m, T)$ *ein dynamisches System und* $E \in \mathfrak{B}$ *beliebig. Dann gehört die Menge* $E_{\infty\text{ret}}$ *aller* $\omega \in E$, *die* ∞- *oft nach* E *zurückkehren, zu* $\mathfrak{B}$ *und es gilt*

$$m(E \setminus E_{\infty\text{ret}}) = 0,$$

d.h. m-fastjeder Punkt von E *kehrt unendlichoft nach* E *zurück.*

Wir wollen uns die Bedeutung des Poincaréschen Satzes an zwei Beispielen klarmachen.

Beispiel 3.3: Wir bilden mit zwei Zahlen $p_0, p_1 \geq 0$, $p_0 + p_1 = 1$ das zugehörige einseitige *Bernoulli-System* $(\Omega, \mathfrak{B}, m, T)$ wie in Beispiel 2.6. Für E wählen wir den speziellen Zylinder $[0]$. Wegen $T^t\omega = \omega_t, \omega_{t+1}, \ldots$ ($\omega = \omega_0\omega_1 \cdots \in \Omega$) bedeutet $T^t\omega \in [0]$ einfach $\omega_t = 0$. Satz 3.2 besagt nun: fast alle ω, die mit 0 beginnen, haben unendlichoft die Komponente 0. Wählt man für E den auf dem „Wort" $a_0 \cdots a_r$ beruhenden Zylinder $[a_0 \cdots a_r]$, so bedeutet $T^t\omega \in [a_0 \cdots a_r]$ einfach die Übereinstimmung der Worte $\omega_t \cdots \omega_{t+r}$ und $a_0 \cdots a_r$, d.h. die Aussage, daß $a_0 \cdots a_r$ in ω an der Stelle t auftritt. Satz 3.2 besagt nun: fast alle ω, die mit dem Wort $a_0 \cdots a_r$ beginnen, enthalten es an unendlichvielen Stellen. Zur Übung möge der Leser folgende Aussage präzisieren und beweisen: fast alle $\omega \in \Omega$ enthalten jedes Wort $a_0 \cdots a_r$ entweder gar nicht oder unendlichoft.

Beispiel 3.4: Wir wählen für $(\Omega, \mathfrak{B}, m, T)$ das dynamische System aus Beispiel 2.7: Kreislinie mit Lebesgue-Maß (1-dimensional), Rotation um einen Winkel α. Wir übernehmen hier einige Ergebnisse aus dem Beitrag „Gleichverteilung mod 1". Ist $\dfrac{\alpha}{2\pi}$ rational, so bewegt sich jeder Punkt $\omega \in \Omega$ unter der Wirkung von T periodisch; es gibt eben ein $n > 0$ für welches $T^n = 1 = $ Identität wird; hier ist die Aussage des Poincaréschen Wiederkehrsatzes sogar für jede Teilmenge E von Ω, ob sie nun meßbar ist oder nicht, erfüllt, wir brauchen nicht einmal von einer „Ausnahme-Menge" $E \setminus E_{\text{ret}}$ zu reden: sie ist nämlich stets leer. — Ist $\dfrac{\alpha}{2\pi}$ dagegen irrational, so ist die Bahn eines jeden Punktes $\omega \in \Omega$ unendlich und liegt in Ω dicht. Wählen wir also für E einen Kreisbogen positiver Länge, so ist $E = E_{\text{ret}}$, einerlei ob wir die Endpunkte mit zum Kreisbogen gezählt haben oder nicht; dies Argument funktioniert ohne alle Maßtheorie, und es klappt auch noch, wenn wir für E eine beliebige Menge, die aber einen vollen, wenn auch noch so kurzen Kreisbogenenthält; hier macht also eine rein topologisch-metrische Überlegung die ganze Maßtheorie überflüssig.

Wählen wir dagegen für E eine beliebige meßbare Teilmenge der Kreislinie Ω, so kommen wir ohne Maßtheorie nicht mehr aus, erhalten mit ihrer Hilfe aber immer noch die Wiederkehr der maßtheoretisch meisten Punkte von E.

Beispiel 3.5: Wir wählen für $(\Omega, \mathfrak{B}, m, T)$ das dynamische System aus Beispiel 2.8: Kreisscheibe mit Lebesgue-Maß (2-dimensional), Rotation um einen Winkel α. Jede der konzentrischen Kreislinien, aus denen sich Ω aufbaut, wird von T in sich starr gedreht und gehorcht daher den in Beispiel 3.4 ermittelten Gesetzen. Wir finden: Ist $E \subseteq \Omega$ offen, oder (schwächer) enthält E aus jeder der konzentrischen Kreislinien entweder gar keinen Punkt oder sogar einen Bogen positiver Länge, so gilt $E = E_{\text{ret}}$, und wir erhalten dies Resultat ohne jede Anwendung von Maßtheorie. Für beliebige meßbare Mengen E führt nur mehr die Maßtheorie zum Erfolg.

§ 4. Der Wiederkehrsatz von Kac

Sei $(\Omega, \mathfrak{B}, m, T)$ ein dynamisches System. Wenn man für eine Menge $E \in \mathfrak{B}$ schon weiß, daß praktisch alle $\omega \in E$ später wieder nach E zurückkehren, möchte man natürlich auch wissen, wie lange sie zur Wiederkehr brauchen. Dieser *Zeitpunkt der ersten Wiederkehr* wird für verschiedene $\omega \in E$ verschieden ausfallen — manche kommen schnell zurück, manche brauchen sehr lange — aber vielleicht kann man etwas über die *mittlere* oder — wahrscheinlichkeitstheoretisch ausgedrückt — *erwartete Wiederkehrzeit* aussagen. Dies tut nun ein Satz von M. Kac [6] in der Tat, und wir werden bei seinem nun zu besprechenden Beweis gleich noch einen zweiten Beweis des Wiederkehrsatzes von Poincaré erhalten.

Zunächst geben wir eine exakte Definition der Wiederkehrzeit. Ist $E \subseteq \Omega$ beliebig, so ist $T^{-t}E$ die Menge aller $\omega \in \Omega$, die $T^t \omega \in E$ erfüllen oder, wie wir sagen wollen, zur Zeit t in E sind. $T^{-t}\complement E$ versammelt also gerade die Punkte, die zur Zeit t im Komplement $\complement E = \Omega \setminus E$ von E, d.h. nicht in E sind. Somit ist

$$E_r = E \cap T_{-1} \complement E \cap \cdots \cap T^{-(r-1)} \complement E \cap T^{-r} E$$

die Menge aller $\omega \in E$, die zur Zeit r zum erstenmal nach E zurückkehren, und

$$N_r = E \cap T^{-1} \complement E \cap \cdots \cap T^{-r} \complement E$$

ist die Menge aller $\omega \in E$, die bis zur Zeit t (einschließlich) noch nicht wieder nach E zurückgekehrt sind. Durch

$$N_\infty = N_1 \cap N_2 \cap \cdots$$

definieren wir also die Menge aller $\omega \in E$, die nie mehr nach E zurückkehren, also

$$N_\infty = E \setminus E_{\text{ret}}.$$

Durch

$$r_E(\omega) = \begin{cases} 1 \text{ für } \omega \in E_1 \\ 2 \text{ für } \omega \in E_2 \\ \cdots\cdots\cdots \\ \infty \text{ für } \omega \in N_\infty \end{cases}$$

ist also auf E eine Funktion r definiert, die man als die *Rückkehrzeit nach E* zu bezeichnen hat. Ist $E \in \mathfrak{B}$, so sind $T^{-t}E$, $T^{-t}\complement E \in \mathfrak{B}$, und da $\mathfrak{B}$ wegen $A \cap B = \complement(\complement A \cup \complement B)$ auch stabil gegen endliche Durchschnittsbildung, und analog auch gegen abzählbare Durchschnittsbildung ist, folgt $E_1, E_2, \ldots \in \mathfrak{B}$, $N_\infty, N_1, N_2, \ldots \in \mathfrak{B}$, so daß die Werte $m(E_1), \ldots, m(N_\infty), m(N_1), \ldots$ wohldefiniert sind. Wir werden nun für $m(E) > 0$

$$\bar{r}_E = \frac{1}{m(E)} = (\infty \cdot m(N_\infty) + m(E_1) + 2m(E_2) + 3m(E_3) + \cdots)$$

als die mittlere *Wiederkehrzeit* nach E definieren. Nur wenn $m(N_\infty) = 0$ ist, d.h. der Wiederkehrsatz von Poincaré gilt, hat r_E eine Chance, endlich zu sein.

Was nun folgt, ist eigentlich nichts als eine quantifizierte Form unserer früheren Betrachtungen über *wandernde Mengen*:

1. Die Mengen $N_r, T^{-1}N_r, \ldots, T^{-r}N_r$ sind paarweise disjunkt. In der Tat besteht $T^{-s}N_r$ aus denjenigen Punkten, die zur Zeit s in E sind, aber dann r Zeitpunkte lang nicht mehr. Ist also $0 \leq s < t \leq r$, so wird kein Punkt von $T^{-s}N_r$ zur Zeit t in E sein, also gehört er bestimmt nicht zu $T^{-t}N_r$.

2. Jetzt erhalten wir gleich wieder einen Beweis für Poincarés Wiederkehrsatz:

$$rm(N_r) = m(N_r) + m(T^{-1}N_r) + \cdots + m(T^{-(r-1)}N_r)$$
$$= m(N_r + \cdots + T^{-(r-1)}N_r)$$
$$\leq m(\Omega),$$

also

$$m(N_\infty) \leq m(N_r) \leq \frac{m(\Omega)}{r},$$

was für $r \to \infty$ das gewünschte Resultat $m(N_\infty) = 0$ liefert.

3. Wegen $m(N_\infty) = 0$ dürfen wir jetzt, etwas kürzer als ursprünglich,

$$\bar{r}_E = \frac{1}{m(E)}\left(m(E_1) + 2m(E_2) + \cdots\right)$$

schreiben.

4. Wir fixieren ein $s > 0$ und beschäftigen uns mit der Menge

$$E^{s-1} = E \cup T^{-1}E \cup \cdots \cup T^{-(s-1)}E$$

aller Punkte, die E im Zeitraum $0, \ldots, (s-1)$ irgendwann einmal besuchen. Wir klassifizieren sie nach dem *letzten* Besuchszeitpunkt und

erhalten die disjunkte Zerlegung
$$E^{s-1} = T^{-(s-1)}E$$
$$+ T^{-(s-2)} E \cap T^{-(s-1)} \complement E$$
$$+ T^{-(s-3)} E \cap T^{-(s-2)} \complement E \cap T^{-(s-1)} \complement E$$
. . . .
$$+ E \cap T^{-1} \complement E \cap \cdots \cap T^{-(s-3)} \complement E \cap T^{-(s-2)} \complement E \cap T^{-(s-1)} \complement E.$$

Aus der Additivität und der T-Invarianz von m folgt

$$m(E^{s-1}) = m(T^{-(s-1)}E) + m(T^{-(s-2)}E \cap T^{-(s-1)} \complement E)$$
$$+ \cdots + m(E \cap T^{-1} \complement E \cap \cdots \cap T^{-(s-1)} \complement E)$$
$$= m(E) + m(E \cap T^{-1} \complement E) + \cdots + m(E \cap T^{-1} \complement E \cap \cdots \cap T^{-(s-1)} \complement E)$$
$$= m(E) + m(N_1) + \cdots + m(N_{s-1}).$$

Nun benutzen wir die disjunkten Zerlegungen
$$E = E_1 + N_1,$$
$$N_1 = E_2 + N_2,$$
$$N_{s-1} = E_s + N_s,$$
und erhalten
$$m(E) = m(E_1) + m(N_1),$$
$$m(N_1) = m(E_2) + m(N_2),$$
$$m(N_{s-1}) = m(E_s) + m(N_s).$$

Durch sukzessives Einsetzen kommt

$$m(\Omega) \geq m(E^{s-1}) = m(E_1) + 2m(N_1) + m(N_2) + \cdots + m(N_{s-1})$$
$$= m(E_1) + 2m(E_2) + 3m(N_2) + m(N_4) + \cdots + m(N_{s-1})$$
$$= m(E_1) + 2m(E_2) + \cdots + sm(E_s) + (s+1)m(N_s)$$
$$= m(E_1) + 2m(E_2) + \cdots + sm(E_s) + (s+1)(m(E_{s+1}) + \cdots),$$

letzteres wegen
$$N_s = (E_{s+1} + E_{s+2} + \cdots) + N_\infty$$
und der σ-Additivität von m, sowie $m(N_\infty) = 0$.

Indem wir die erste Ungleichung benutzen, sehen wir, daß die Reihe $\sum rm(E_r)$ gegen einen endlichen Grenzwert konvergiert. Aus der vorletzten Gleichung entnehmen wir $\lim (s+1) m(N_s) = 0$, so daß wir insgesamt

$$\lim_s m(E^s) = \sum_{r=1}^{\infty} rm(E_r) = m(E)\bar{r}_E$$

erhalten. Bestimmen wir die linke Seite noch etwas näher. Offenbar ist $E^1 \subseteq E^2 \subseteq \cdots$ mit $\bigcup_s E^s = E^\infty = E \cup T^{-1}E \cup \cdots =$ die Menge aller ω, die jemals nach E kommen. Aus der σ-Additivität von m folgt

$$\lim_s m(E^s) = m(E^\infty).$$

(Übung). Damit steht der Beweis von

Satz 4.1 (Kac [6]): *Sei $(\Omega, \mathfrak{B}, m, T)$ ein dynamisches System. Für jedes $E \in \mathfrak{B}$ ist die Menge*

$$E^\infty = E \cup T^{-1}E \cup \cdots$$

aller Punkte, die jemals nach E kommen, wieder in $\mathfrak{B}$, und ebenso gehören die Mengen

$$E_r = E \cap T^{-1} \complement E \cap \cdots \cap T^{-(r-1)} \complement E \cap T^{-r}E \qquad (r = 1, 2, \ldots)$$

zu $\mathfrak{B}$. Im Falle $m(E) > 0$ gilt für die mittlere Wiederkehrzeit

$$\bar{r}_E = \frac{1}{m(E)} \sum_{r=1}^\infty r m(E_r)$$

nach E

$$\bar{r}_E = \frac{m(E^\infty)}{m(E)}.$$

Der Wert $m(E^\infty)$ ist im allgemeinen schwierig zu bestimmen. Unter einer gewissen Zusatzannahme, der sog. *Ergodizität* von $(\Omega, \mathfrak{B}, m, T)$, ist er jedoch stets $= m(\Omega)$.

Definition 4.2: Sei $(\Omega, \mathfrak{B}, m, T)$ ein dynamisches System. Eine Menge $F_r \in \mathfrak{B}$ heißt *(strikt) T-invariant*, wenn $T^{-1}F = F$ gilt. Das dynamische System $(\Omega, \mathfrak{B}, m, T)$ heißt *ergodisch*, wenn für jede strikt invariante Menge $F \in \mathfrak{B}$ entweder $m(F) = 0$ oder $m(F) = 1$ gilt.

Satz 4.3 (Kac [6]): *Sei $(\Omega, \mathfrak{B}, m, T)$ ein ergodisches dynamisches System. Dann gilt für jede Menge $E \in \mathfrak{B}$ mit $m(E) > 0$: die mittlere Wiederkehrzeit nach E ist*

$$\bar{r}_E = \frac{m(\Omega)}{m(E)}.$$

Beweis: Die Menge $E^\infty = E \cup T^{-1}E \cup \cdots$ erfüllt $m(E^\infty) \geq m(E) > 0$, sowie $T^{-1}E^\infty = T^{-1}E \cup T^{-2}E \cup \cdots \subseteq E^\infty$, also gilt $E^\infty \supseteq T^{-1}E^\infty \supseteq \cdots$ Für die Menge $F = E^\infty \cap T^{-1}E^\infty \cap \cdots$ erhalten wir $T^{-1}F = F$, also ist sie strikt invariant. Andererseits gilt

$$E^\infty = F + (E^\infty \setminus T^{-1}E^\infty) + (T^{-1}E^\infty \setminus T^{-2}E^\infty) + \cdots$$

und somit wegen der σ-Additivität von m und $m(T^{-(k-1)}E^\infty \setminus T^{-k}E^\infty)$
$= m(T^{-(k-1)}E^\infty) - m(T^{-k}E^\infty) = 0$

$$m(E^\infty) = m(F) + m(E^\infty \setminus T^{-1}E^\infty) + \cdots$$
$$= m(F) + 0 + 0 + \cdots$$
$$= m(F).$$

Insbesondere ist $m(F) > 0$. Wegen Ergodizität folgt $m(F) = m(\Omega)$, also $m(E^\infty) = m(\Omega)$, und unser Satz ist bewiesen.

Dies Ergebnis besagt, grob gesprochen, daß die Punkte einer Menge E mit $m(E) > 0$ im Mittel um so länger brauchen, um E wiederzufinden, je kleiner $m(E)$ ist. Es ist auch plausibel, daß diese Aussage stark an die Ergodizität von $(\Omega, \mathfrak{B}, m, T)$ geknüpft ist. Was besagt denn Ergodizität? Ist $U \in \mathfrak{B}$ mit $m(U) > 0$, so ist $m(U^\infty) = m(\Omega)$, wie wir gesehen haben, d.h. bis auf die Punkte einer Menge vom Maß 0 (nämlich $\Omega \setminus U^\infty$) kommt jeder Punkt einmal nach U. Läßt man U variieren, so sieht man, daß, grob gesprochen, fast jeder Punkt in Ω überall hin kommt. Insbesondere können die Punkte unserer Menge E nicht auf schnellstem Wege nach E zurückkehren, da sie ja auch entlegene Teile von Ω besuchen müssen. Wir schließen diese Betrachtungen mit der Feststellung, daß die dynamischen Systeme aus den Beispielen 2.5, 2.6 (Blätterteigabbildung, Bernoulli-System) ergodisch sind, und ebenso auch die rotierende Kreislinie aus Beispiel 2.7, falls der Rotationswinkel ein irrationales $\frac{\alpha}{2\pi}$ liefert. Vollständige Beweise erfordern etwas mehr Hilfsmittel aus der Maßtheorie, als wir sie hier einführen wollen. Wir geben eine Beweisskizze für das Bernoulli-System $(\Omega, \mathfrak{B}, m)$. Hier gilt $m(\Omega) = 1$.

Ergodizität folgt sicher aus der sog. *starken Mischung*.

(1) $\qquad \lim\limits_{t \to \infty} m(E \cap T^{-t}F) = m(E)\, m(F) \qquad\qquad (E, F \in \mathfrak{B}).$

Maßtheoretische Hilfsmittel zeigen, daß es genügt, (1) für alle E, F aus einem hinreichend großen System von meßbaren Mengen zu beweisen, und daß es in unserer Situation genügt, sich mit speziellen Zylindern $E = [a_0, \ldots a_r]$, $F = [b_0, \ldots, b_s]$ abzugeben. Nun ist leicht herzuleiten, daß die disjunkte Zerlegung

$$E \cap T^{-t}F = \sum_{c_{r+1},\ldots,c_{t-1}=0,1} [a_0, \cdots a_r\, c_{r+1} \cdots c_{t-1}\, b_0 \cdots b_s]$$

gilt, sobald man $t > r$ hat. Also folgt

$$m(E \cap T^{-t}F) = \sum_{c_{r+1},\ldots,c_{t-1}=0,1} p_{a_0} \cdots p_{a_r}\, p_{c_{r+1}} \cdots p_{c_{t-1}}\, p_{b_0} \cdots p_{b_s}$$
$$= m(E) \left[\sum_{c_{r+1},\ldots,c_{t-r}=0,1} p_{c_{r+1}} \cdots p_{c_{t-1}} \right] m(F)$$
$$= m(E) \cdot 1 \cdot m(F)$$
$$= m(E) \cdot m(F).$$

Also ist das Bernoullische $(\Omega, \mathfrak{B}, m, T)$ stark mischend und damit ergodisch. Auch die Blätterteigabbildung liefert ein stark mischendes $(\Omega, \mathfrak{B}, m, T)$ wie man durch Zurückführung auf zweiseitige Bernoulli-Systeme durch Dualbruchentwicklung sehen kann. Irrationale Kreislinienrotationen sind nicht stark mischend, aber immer noch ergodisch. Wie man durch Betrachtung konzentrischer Kreisscheiben sieht, liegt bei der rotierenden Einheitskreisscheibe aus Beispiel 2.8 keine Ergodizität vor.

Es sei noch bemerkt, daß Wolfowitz [8] im ergodischen Fall auch die sog. höheren Momente $\sum_{r=1}^{\infty} r^n m(E_r)$ der Wiederkehrzeit nach E explizit berechnet hat.

§ 5. Die topologisierte Form des Poincaréschen Wiederkehrsatzes

Der Leser wird sich zweifellos längst fragen, warum hier stets nur von der Wiederkehr *in eine Menge*, nicht aber *in die Nähe der Ausgangslage* die Rede ist. Das letztere ist offenbar eine topologische Aussage. Anschaulich liegt es nahe, „in der Nähe" mittels einer Distanzfunktion durch deren Kleinwerden auszudrücken. Jeder Mathematiker weiß aber, wie sich diese *metrische* Fassung in eine allgemeine Topologie einordnet. in der „in der Nähe" mittels Umgebungen ausgedrückt wird. Umgebungen sind Mengen, und so sehen wir, daß „Rückkehr in die Nähe der Ausgangslage" sich als „Wiederkehr in eine Umgebung der Ausgangslage" zwanglos unseren bisherigen Überlegungen einfügt. Dies wollen wir nun exakt ausführen.

Wir ersparen uns eine komplette Topologietheorie und halten nur den hier benötigten Begriff der Basis einer Topologie fest.

Definition 5.1: Ein System S von Teilmengen einer Menge $\Omega \neq \emptyset$ heißt eine *Basis für eine Topologie*, wenn für jedes $\omega \in \Omega$ das Mengensystem

$$U(\omega) = \{U \mid \omega \in U \in S\}$$

nichtleer ist und folgende Eigenschaft hat:

Zu $U, V \in U(\omega)$ gibt es stets ein $W \in U(\omega)$ mit $W \subseteq U \cap V$. Man nennt dann $U(\omega)$ auch eine *Umgebungsbasis* von ω. Ist $\omega, \omega_1, \omega_2, \ldots \in \Omega$ und gibt es zu jedem $U \in U(\omega)$ ein n_0 derart, daß

$$\omega_k \in U \qquad (k \geq n_0)$$

gilt, so sagt man, die Folge $\omega_1, \omega_2, \ldots$ *konvergiere* gegen ω und schreibt $\omega_k \to \omega$. Gibt es zu $\omega, \eta \in \Omega$ mit $\omega \neq \eta$ stets

$$U \in U(\omega), V \in U(\eta) \text{ mit } U \cap V = \emptyset,$$

so nennt man die Basis S *Hausdorffsch*.

In der Voraussetzung des folgenden Satzes bringen wir Maßtheorie und Topologie zur Zusammenwirkung.

Satz 5.2: *Sei* $(\Omega, \mathfrak{B}, m, T)$ *ein dynamisches System,* $\mathfrak{B}$ *enthalte eine abzählbare Basis* $S = (U_1, U_2, \ldots)$ *einer Topologie. Dann gehört die Menge*

$$\Omega_{\text{rec}} = \{\omega \mid \text{es gibt } 0 < t_1 < \cdots \nearrow \infty \text{ mit } T^{t_k}\omega \to \omega \ (k \to \infty)\}$$

aller sog. rekurrenten Punkte (bezüglich T und S) zu $\mathfrak{B}$ *und es gilt*

$$m(\Omega_{\text{rec}}) = m(\Omega),$$

d.h. bis auf die $\omega \in \Omega \setminus \Omega_{\text{rec}}$ *mit* $m(\Omega \setminus \Omega_{\text{rec}}) = 0$ *sind alle Punkte rekurrent.*

Beweis: Sei $F_k = (U_k)_{\infty\text{ret}}$ die Menge aller nach F_k unendlichoft zurückkehrenden Punkte aus U_k. Nach dem Wiederkehrsatz von Poincaré (Satz 3.2) gilt für die Menge $N_k = U_k \setminus F_k$ die Gleichung $m(N_k) = 0$. Für die Menge $N = N_1 \cup N_2 \cup \cdots$ gilt also

$$m(N) \leq m(N_1) + m(N_2) + \cdots = 0,$$

also ebenfalls $m(N) = 0$. Offenbar ist

(1) $$\Omega \setminus N = \bigcap_{k=1}^{\infty} [F_k + (\Omega \setminus U_k)].$$

Wir wollen nun einsehen, daß dies $= \Omega_{\text{rec}}$ ist; dann folgt aus

$$m(\Omega \setminus N) = m(\Omega) - m(N) = m(\Omega)$$

die Behauptung. Ist ω rekurrent und $\omega \in U_k$, so gibt es eine ganze Teilfolge von $T\omega, T^2\omega, \ldots$, die in U_k liegt, also kehrt ω unendlichoft nach U_k zurück, und wir haben $\omega \in F_k$, also gewiß $\omega \in F_k + (\Omega \setminus U_k)$, ist dagegen $\omega \notin U_k$, so ist erst recht $\omega \in F_k + (\Omega \setminus U_k)$. Dies gilt für $k = 1, 2, \ldots$ Also enthält die rechte Seite von (1) alle rekurrenten Punkte, also die Menge Ω_{rec}. Sei nun umgekehrt ω aus der rechten Seite von (1). Aus der Folge $U_{k_1}, U_{k_2}, \ldots$ aller ω enthaltenden Mitglieder von S können wir eine sog. konfinale monotone Teilfolge $U_{j_1}, U_{j_2}, \ldots$ wählen, d.h. $U_{j_1} \supseteq U_{j_2} \supseteq \cdots$ erreichen und zu jedem n ein r so finden, daß $U_{k_n} \supseteq U_{j_r}$ gilt; man macht das so:

$$U_{j_1} = U_{k_1}, \ U_{j_2} \subseteq U_{j_1} \cap U_{k_2}, \ U_{j_3} \subseteq U_{j_2} \cap U_{k_3}, \ldots$$

Nun ist für jedes r gewiß $\omega \notin \Omega \setminus U_{j_r}$, also $\omega \in F_{j_r}$, d.h. ω kehrt unendlichoft nach U_{j_r} zurück. Nun kann man leicht $0 < t_1 < t_2 < \cdots \nearrow \infty$ mit $T^{t_r}\omega \in U_{j_r}$ ($r = 1, 2, \ldots$) bestimmen und hieraus folgt offenbar $T^{t_j}\omega \to \omega$, d.h. ω ist rekurrent. Damit ist alles bewiesen.

Die Voraussetzungen von Satz 5.2 sind bei den dynamischen Systemen aus Beispiel 2.5–2.8 auf natürliche Weise erfüllt. Bei Beispiel 2.5 (Blätterteig-Abbildung im Einheitsquadrat Ω) nehme man für S etwa das System aller Mengen der Form

$$F = \Omega \cap \{(x, y) \mid a < x < a', \ b < x < b'\}$$

mit rationalen a, a', b, b'; die letztere Annahme garantiert die Abzählbarkeit von S; da jedes solche F offenbar die (abzählbare!) Vereinigung aller in ihm enthaltenen dyadischen halboffenen Quadrate ist, gehört es zu dem von den letzteren erzeugten σ-Körper; Konvergenz bezüglich S bedeutet offenbar gerade die übliche Konvergenz. Bei Beispiel 2.6 wählen wir für S das System aller speziellen Zylinder und sehen: Konvergenz $\omega^k \to \omega$ bezüglich S bedeutet

$$\omega_0^k \to \omega_0, \ \omega_1^k \to \omega_1, \ldots, \text{ d. h. } \omega_0^k = \omega_0 \ (k > n_0), \ \omega_1^k = \omega_1 \ (k > n_1), \ldots,$$

ein naheliegender Konvergenzbegriff; daß ω rekurrent ist, bedeutet offenbar: längere und längere Anfangsstücke von $\omega = \omega_0 \omega_1 \cdots$ wiederholen sich wieder und wieder. Die Bildung eines bequemen S in den Beispielen 2.7 und 2.8 sei dem Leser zur Übung überlassen.

Zum Abschluß besprechen wir noch eine Verallgemeinerung von Satz 5.2, die man etwa als „Erblichkeit der Wiederkehr" bezeichnen könnte.

Den Leser wird es vielleicht schon gewundert haben, daß bei unseren bisherigen Sätzen das Maß m bei Einwirkung von T stillstand, während die Punkte von Ω, wenn auch rekurrent, herumwirbeln dürfen. Wir wollen nun diese Voraussetzung über m abschwächen: auch m soll sich unter der Einwirkung von T bewegen dürfen, allerdings „rekurrent"; der zu beweisende Satz wird besagen, daß sich diese Rekurrenz von m auf die meisten Punkte von Ω vererbt.

Es geht zunächst um eine präzise Fassung des Begriffs „rekurrentes Maß".

Definition 5.3: 1. Sei S eine Basis für eine Topologie in Ω. Eine Menge $G \subseteq \Omega$ heißt *offen* (in der durch S bestimmten Topologie), wenn sich G als Vereinigung von Mengen aus S (es dürfen auch überabzählbarviele sein) darstellen läßt. Das System aller offenen Mengen bezeichnen wir mit $\mathfrak{T}$.

2. Sei m ein auf dem σ-Körper $\mathfrak{B}$ in Ω erklärtes Maß und $T: \Omega \to \Omega$ $\mathfrak{B}$-meßbar. $\mathfrak{B}$ enthalte eine Basis für eine Topologie. Man sagt m sei $(T\text{-})$ *rekurrent*, wenn für jedes $G \in \mathfrak{B} \cap \mathfrak{T}$

(2) $$\liminf_{t \to \infty} (T^t m)(G) \geq m(G)$$

gilt.

In den meisten Anwendungsfällen, insbesondere wenn S abzählbar ist (denn dann kommen bei der Bildung der $G \in \mathfrak{T}$ nur abzählbare Vereinigungen vor, die ja nicht aus $\mathfrak{B}$ herausführen), ist $\mathfrak{T} \subseteq \mathfrak{B}$, also $\mathfrak{T} \cap \mathfrak{B} = \mathfrak{T}$. Wir geben ein

Beispiel 5.4: Sei $\Omega = \{\omega = \omega_0 \omega_1 \cdots \mid \omega_t = 0 \text{ oder } = 1 \ (t = 0, 1, \ldots)\}$ der Bernoulli-Raum aus Beispiel 1.6, $T: \omega_0 \omega_1 \cdots \to \omega_1 \omega_2 \cdots$ die Schiebung und $\mathfrak{B}$ der von den speziellen Zylindern erzeugte σ-Körper. Die speziellen Zylinder bilden eine abzählbare Basis für eine Topologie, hier ist also $\mathfrak{T} \subseteq \mathfrak{B}$. Sei $p^0 = (p_0^0, p_1^0)$, $p^1 = (p_0^1, p_1^1)$, ... eine Folge von reellen Zahlenpaaren mit $p_0^t, p_1^t \geq 0$, $p_0^t + p_1^t = 1$ ($t = 0, 1, \ldots$). Denn gibt es — nach dem Schema von Beispiel 1.6 — genau ein Maß m auf $\mathfrak{B}$, das für spezielle Zylinder die Werte

$$m([a_0 \cdots a_r]) = p_{a_0}^0 \cdots p_{a_r}^r \quad (r \geq 0, a_0, \ldots, a_r = 0, 1)$$

annimmt. Aus $T^{-1}[a_0 \cdots a_r] = [0 a_0 \cdots a_r] + [1 a_0 \cdots a_r]$ entnimmt man

$$(Tm)\,([a_0 \cdots a_r]) = p_0^0 p_{a_0}^1 \cdots p_{a_r}^{r+1} + p_1^0 p_{a_0}^1 \cdots p_{a_r}^{r+1}$$
$$= p_{a_0}^1 \cdots p_{a_r}^{r+1}$$

und allgemein

$$(T^t m)\,([a_0 \cdots a_r]) = p_{a_0}^t \cdots p_{a_r}^{t+r} \quad (t = 0, 1, \ldots).$$

Nun wollen wir sehen, wie wir durch geschickte Wahl der p_k^t erreichen können, daß m rekurrent wird. Eine *Folge* $\alpha_0, \alpha_1, \ldots$ reeller Zahlen heiße *rekurrent*, wenn es eine Folge $0 < t_1 < t_2 < \cdots$ von natürlichen Zahlen mit

(3) $$\lim_k \alpha_{t + t_k} = \alpha_t \qquad (t = 0, 1, \ldots)$$

gibt. Wir wollen unsere Folge (p_0^0, p_1^0), $(p_0^1, p_1^1), \ldots$ von Zahlenpaaren rekurrent nennen, wenn die Komponentenfolgen $p_0^0, p_0^1, \ldots$ und $p_1^0, p_1^1, \ldots$ *gleichzeitig rekurrent* sind, in dem Sinne, daß wir mit derselben Folge $t_1, t_2, \ldots$ für beide zugleich das (3) Entsprechende erreichen.

Rekurrente Folgen $\alpha_0, \alpha_1, \ldots$ sind leicht zu konstruieren: Man nehme etwa periodische Folgen; oder man wähle zwei verschiedene Zahlen $0 < \alpha_0, \alpha_1, < 1$ und wiederhole sie nach dem Schema der Morsefolge (vgl. Selecta Mathematica I) $\alpha_0, \alpha_1, \alpha_1, \alpha_0, \alpha_1, \alpha_0, \alpha_0, \alpha_1, \ldots$; man kommt hier mit $t_k = 2^k$ zum Ziel; oder man beginne damit, einen festen 0-1-Block $b_0 \cdots b_{r_0}$ an den Anfang der positiven Halbachse zu setzen und ihn dann noch unendlichoft, mit gegen ∞ gehenden Abständen, auf derselben zu wiederholen. Nun fülle man die erste Lücke zwischen zwei so hingesetzten Blöcken beliebig mit Symbolen 0, 1 und erhält so einen mit $b_0 \cdots b_{r_0}$ beginnenden und endenden Block am Anfang; diesen „Aufbau" kann man nun noch bei unendlichvielen der weiteren Blöcke $b_0 \cdots b_{r_0}$ wiederholen. So fährtman fort, erhält schließlich eine rekurrente 0-1-Folge $z_0 z_1 \cdots$ und kann beliebig gewählte α_0, α_1 jetzt nach deren Schema wiederholen, um eine rekurrente Folge $\alpha_{z_0}, \alpha_{z_1}, \alpha_{z_2}, \ldots$ zu erhalten. Der Leser ist aufgefordert in diesem Fall $t_1, t_2, \ldots$ so zu finden, daß (3) gilt, und sich weitere, ähnliche Konstruktionsverfahren für rekurrente Folgen $\alpha_0, \alpha_1, \ldots$ reeller Zahlen mit $0 < \alpha_0, \alpha_1, \ldots < 1$ zu überlegen. Eine weitere Möglichkeit bestünde darin, die Folge $p_0^0, p_1^0, \ldots$ von einem der rekurrenten Punkte aus Satz 5.2 „steuern" zu lassen. Mit $p_0^t = \alpha_t$, $p_1^t = 1 - \alpha_t$ ($t = 0, 1, \ldots$) erhält man aus jeder solchen Folge eine rekurrente Folge von Zahlenpaaren für unsere obige Konstruktion eines Maßes m:

$$\left.\begin{array}{l}\lim_k p_0^{t+t_k} = p_0^t \\ \lim_k p_1^{t+t_k} = p_1^t\end{array}\right\} \qquad (t = 0, 1, \ldots).$$

Hieraus ergibt sich sofort, für einen beliebigen speziellen Zylinder $[a_0 \cdots a_r]$

$$\lim_k (T^{t_k}m)([a_0 \cdots a_r])$$
$$= \lim_k p_{a_0}^{k_t} \cdots p_{a_r}^{t_k+r}$$
$$= p_{a_0}^0 \cdots p_{a_r}^r = m([a_0 \cdots a_r])$$

und daraus folgt für jede Menge G, die sich als abzählbare (o. B. d. A. disjunkte (Übung!)) Vereinigung von speziellen Zylindern $Z_1, Z_2, \ldots$ darstellen läßt,

$$\liminf_k (T^{t_k}m)(G)$$
$$= \liminf_k [(T^{t_k}m)(Z_1) + (T^{t_k}m)(Z_2) + \cdots]$$
$$\geq \lim_k (T^{t_k}m)(Z_1) + \lim_k (T^{t_k}m)(Z_2) + \cdots$$
$$= m(Z_1) + m(Z_2) + \cdots$$
$$= m(G),$$

also ist m rekurrent.

Das eigentliche Ziel dieses Abschnitts ist

Satz 5.5 (Jacobs [5]): *Sei m ein auf dem σ-Körper $\mathfrak{B}$ in der Menge Ω erklärtes Maß und $S \subseteq \mathfrak{B}$ eine Basis für eine Topologie. Sei m rekurrent. Dann ist*

$$m(\Omega_{\text{rec}}) = m(\Omega),$$

d.h. die Rekurrenz von m vererbt sich auf alle Punkte von Ω bis auf diejenigen, die zu der Menge $\Omega \setminus \Omega_{\text{rec}}$ vom Maß 0 gehören.

Beweis (nach Strassen): Wie der Beweis von Satz 5.2 lehrt, genügt es, für jedes $U \in S$ die Menge $G = U \cup T^{-1}U \cup \cdots$ zu bilden und $m(T^{-1}G) = m(G)$ zu beweisen. Weil G durch abzählbare Vereinigung von Mengen aus $\mathfrak{B}$ entsteht, sind die hier angeführten m-Werte tatsächlich definiert. Aus $T^{-1}G = T^{-1}U \cup T^{-2}U \cup \cdots$ folgt

$$G \supseteq T^{-1}G \supseteq \cdots$$

und damit $m(G) \geq m(T^{-1}G) \geq \cdots$ Wegen

$$\liminf_t (T^t m)(G) = \inf m(T^{-t}G) \geq m(G)$$

kann diese Folge aber niemals echt fallen, bleibt also konstant, wie behauptet.

Literatur

1. Bauer, H.: Wahrscheinlichkeitstheorie. Berlin: de Gruyter 1968.
2. Berberian, S.: Measure and Integration. New York: MacMillan 1965.
3. Halmos, P. R.: Measure Theory. New York/Toronto/London: von Nostrand 1950.
4. Haupt, O., Aumann, G., Pauc, Chr.: Differential- und Integralrechnung, Bd. III (Integralrechnung), 2. Aufl. Berlin: de Gruyter 1955.
5. Jacobs, K.: On Poincaré's Recurrence Theorem. Proc. V. Berkeley Symp. on Prob. and Stat. 1965, pp. 375–404.
6. Kac, M.: On the Notion of Recurrence in Discrete Stochastic Processes. Bull. Amer. Math. Soc. **53**, 1002–1010 (1947).
7. Poincaré, H.: Les méthodes nouvelles de la mécanique céleste, vol. III. Paris 1899.
8. Wolfowitz, J.: The Moments of Recurrence Time. Proc. Amer. Math. Soc. **18**, 613–614 (1967).

Gleichverteilung mod 1

K. Jacobs

Sei $x_0, x_1, x_2, \ldots$ eine unendliche Folge von Punkten auf der Einheitskreislinie G. Ist $E \subseteq G$, und ist durch $1_E(x) = 1$ für $x \in E$ und $=0$ für $x \in G \setminus E$ die sog. Indikatorfunktion von E auf G definiert, so gibt

$$\frac{1}{t} \sum_{u=0}^{t-1} 1_E(x_u)$$

die relative Häufigkeit an, mit der die ersten t Punkte unserer Folge die Teilmenge E besuchen, denn die Summe zählt gerade für jedes $x_u \in E$ eine Eins.

Wer einmal etwas vom Gesetz der großen Zahl in der Wahrscheinlichkeitstheorie gehört hat, wird es folgendermaßen auf diese Situation anwenden: Wählt man die Punkte $x_0, x_1, \ldots$ in unabhängigen Zufallsexperimenten, und ist „der Zufall in G gleichverteilt", so gilt für jede „vernünftige" Menge $E \subseteq G$

(1) $$\frac{1}{t} \sum_{u=0}^{t-1} 1_E(x_u) \to m(E) \qquad (t \to \infty)$$

mit statistischer Sicherheit (Wahrscheinlichkeit 1). „Vernünftig" bedeutet hier „meßbar" und m ist das auf G gelegte Lebesgue-Maß (was z.B. für einen Bogen E der Länge l einfach $m(E) = \frac{l}{2\pi}$ bedeutet), zugleich das übliche Modell für „Gleichverteilung" auf G.

Was hier der blinde, wenn auch „gleichverteilte" Zufall leistet, könnte man natürlich auch durch eine gewisse Regelmäßigkeit in der Wahl der $x_0, x_1, \ldots \in G$ sozusagen mit Gewalt erzwingen. Aus der folgenden Abbildung liest man leicht eine Regel für die Bildung von $x_0, x_1, \ldots$ ab, die für Kreisbögen E ebenfalls (1) garantiert, falls man t nur die „schnellere" Folge $t_n = 2^n - 1$ durchlaufen läßt. Man kann fragen, welche Regeln (1) garantieren; auch die Klasse derjenigen $E \subseteq G$, für welche (1) gilt, wäre zu bestimmen.

1916 griff H. Weyl in seiner berühmten Arbeit [7] eine Klasse von kontinuierlich vielen Auswahlregeln auf, die schon längere Zeit vor ihm Kronecker [3, 4] untersucht hatte: Wiederholte Drehungen von G um irrationale Winkel. Er bewies, daß in diesem Fall (1) für jede Jordanmeßbare Teilmenge E von G richtig ist und sogar eine gewisse Gleichmäßigkeit der Konvergenz vorliegt: der Weylsche Gleichverteilungssatz. Mit diesem Parallelismus zwischen dem Verhalten ganz deterministischer Folgen und zufälliger Folgen bahnte sich ein Brückenschlag zwischen zwei Erscheinungsbereichen an, an deren Vereinigung die Physiker schon lange interessiert waren: man sollte die in der Erklärung makroskopischer Beobachtungen so erfolgreiche statistische Gastheorie mit der deterministischen Mechanik eines Molekülhaufens in Einklang bringen. Gegenwärtig scheint in der sog. Ergodentheorie dieser Brückenschlag auf Grund der Arbeiten von Arnold, Sinai und anderen seiner Vollendung entgegenzugehen.

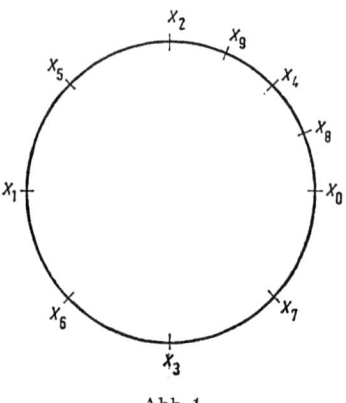

Abb. 1

Nach einigen allgemeinen Bemerkungen über Kreisdrehungen (§ 1), beweisen wir als Satz 2.1. Kroneckers klassisches Ergebnis: das Dichtliegen der Bahnen irrationaler Kreisdrehungen. In § 3 und § 4 folgt ein elementarer und anschaulicher Beweis von Weyls Gleichverteilungssatz, ebenfalls für irrationale Kreisdrehungen. Er besteht — und das ist der Schlüssel zu seiner Verallgemeinerung — aus dem Beweis der Existenz nahezu konstanter Mittelwerte von Verschobenen einer stetigen Funktion, und aus einer Anwendung des Satzes von Kronecker. In § 5 interpretieren wir die Einheitskreislinie — bis auf eine Dehnung um den Faktor 2π — als die reelle Gerade R, mod 1 genommen. Damit tritt die Gruppentheorie in den Kreis der Betrachtungen ein: R mod 1 betrachten heißt die Faktorgruppe der additiven Gruppe R nach der Untergruppe Z aller ganzen Zahlen bilden. Topologische Zusatzüberlegungen zeigen, daß man die Gruppe R mod $1 = R/Z$ als Kompaktum auffassen kann. Wir kommen dadurch in einem typischen Spezialfall in Berührung mit kompakten topologischen Gruppen. In § 6 übertragen wir den Satz von Kronecker auf den r-dimensionalen Torus

$$G^r = G \times \cdots \times G$$

(r Faktoren), führen den Beweis dieses Satzes 6.1. aber nur im Fall $r = 2$ durch, wo sich Gelegenheit bietet, zwischen G^2 und der mod 1 genommenen Ebene $R^2 \bmod 1 = R^2 / Z^2$ (Z^2 ist jetzt die (additive) Untergruppe aller ganzzahligen Punkte: das ebene Einheitsgitter) anschaulich hin und her zu gehen und damit die Überlegungen des § 5 zu vertiefen. Der Leser sollte damit den nötigen Schwung haben, nicht nur den Kroneckerschen Satz, sondern auch den Gleichverteilungssatz von Weyl für einen Torus G^r beliebiger Dimension r selbständig zu beweisen, im Falle $r \geq 2$ sogar für kontinuierliche Drehungen. In § 7 kritisieren wir die bisher verwendeten Methoden und produzieren in § 8 einen Beweis des Gleichverteilungssatzes für G mit Hilfe des sog. Heiratssatzes. Die Verallgemeinerung auf den Torus G^r liegt dann auf der Hand. Sie ist überdies in einer Theorie der Mittelwerte fastperiodischer Funktionen auf beliebigen Gruppen, und speziell der Mittelwerte stetiger Funktionen auf kompakten Gruppen enthalten, die wir in § 9 vorstellen. Das Resultat ist zugleich die Existenz und Eindeutigkeit des Haarschen Maßes auf kompakten Gruppen.

Im Literaturverzeichnis findet sich eine kleine Auswahl bedeutender neuerer Arbeiten zum Thema Gleichverteilung. Besonders sei auf den Bericht von Helmberg-Cigler [2] mit seinem umfassenden Literaturverzeichnis hingewiesen.

§ 1. Drehungen des Einheitskreises

Im folgenden werden Drehungen der Einheitskreislinie G in sich betrachtet. Dabei wollen wir so anschaulich wie möglich vorgehen und auf eine formale Definition von G verzichten. Eine solche wird später in § 5 nachgetragen, wo wir G als $R \bmod 1$ darstellen. Eine andere Möglichkeit ist $G = \{z \mid z \text{ komplex}, |z| = 1\}$, vgl. auch § 9. Die einer Drehung der Einheitskreislinie G um einen Winkel t entsprechende Abbildung von G auf sich wollen wir mit T_t bezeichnen. Dabei ist t eine beliebige reelle Zahl; $t \geq 0$ bedeutet, daß die Drehung im mathematisch positiven Sinne, $t \leq 0$, daß sie im Uhrzeigersinne erfolgt; wir messen die Winkel als $\frac{1}{2\pi} \cdot$ Bogenlänge, erhalten also

$$\cdots = T_{-1} = T_0 = T_1 = \cdots = 1 =$$

die identische Abbildung, und allgemein

$$T_{t+n} = T_t \quad (t \text{ reell}, n \text{ ganz}).$$

Ist t nicht ganz, so ist T_t nicht die Identität. Jedes T_t ist eine starre Drehung, d.h. der Abstand $|x, y| = \frac{1}{2\pi} \cdot$ (Länge des kürzeren der beiden von x und y begrenzten Kreisbogen) bleibt erhalten:

$$|T_t x, T_t y| = |x, y| \qquad (x, y \in G, t \text{ reell}).$$

Für das Hintereinanderschalten von Abbildungen gilt natürlich (∘ bedeutet, daß erst die rechte, dann die linke Abbildung auszuführen ist)

$$T_s \circ T_t = T_{s+t} = T_t \circ T_s \qquad (t, s \text{ reell}).$$

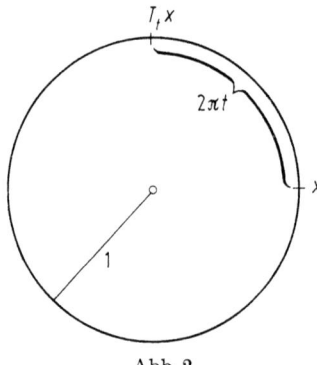

Abb. 2

§ 2. Der Satz von Kronecker

Wir fixieren eine reelle Zahl a und betrachten die Drehungen T_{na} (n ganz). Natürlich gilt $T_{ja} \circ T_{ka} = T_{(j+k)a} = T_{ka} \circ T_{ja}$ (j, k ganz). Ist $x \in G$, so wird

$$\{T_{na} x \mid n \text{ ganz}\}$$

als die a-*Bahn* von x bezeichnet.

Die Menge

$$\{T_{na} x \mid n = 0, 1, \ldots\}$$

bezeichnen wir als die a-*Vorwärtsbahn*,

$$\{T_{-na} x \mid n = 0, 1, \ldots\}$$

als die a-*Rückwärtsbahn* von x.

Die a-Vorwärtsbahn von x fällt also mit der $(-a)$-Rückwärtsbahn von x zusammen. Ist a rational, und etwa $a = \dfrac{b}{c}$ mit ganzen teilerfremden b, c und $c > 0$, so ist $T_{na} = 1$ genau dann, wenn $n \equiv 0 \bmod c$ gilt. Es gibt dann nur endlichviele verschiedene T_{na}. — Insbesondere ist die Bahn jedes Punkts endlich; sie besteht aus den Ecken eines dem Einheitskreis einbeschriebenen regulären c-Ecks. Sie fällt natürlich mit seiner a-Vorwärts- wie auch seiner a-Rückwärtsbahn zusammen.

Interessanter wird es, wenn wir a irrational wählen. Wir beweisen den

Satz 2.1 (Kronecker): *Ist a irrational, so liegt die a-Vorwärtsbahn wie auch die a-Rückwärtsbahn und somit auch die a-Bahn eines jeden Punktes $x \in G$ dicht in G.*

Beweis: 1. Die Punkte $T_{na}x$ (n ganz) sind bei festem x paarweise verschieden, denn a ist irrational, na also für $n \neq 0$ niemals eine ganze Zahl, und somit $T_{ka}x = T_{(k-j+j)a}x = T_{(k-j)a}(T_{ja}x) \neq T_{ja}x$ (j, k ganz, $j \neq k$), weil $T_{(k-j)a}$ eine Drehung $\neq 1$ ist.

2. Wir fixieren ein $x \in G$ und unterteilen nun, für ein fest gewähltes ganzzahliges $N > 0$, den Einheitskreis in N Teil-Bögen gleicher Länge $\frac{2\pi}{N}$, wobei wir — und diese Vereinbarung gilt für diesen ganzen Artikel — jeden Bogen einschließlich seines Uhrzeiger-Endpunktes und ausschließlich des anderen Endpunktes rechnen, also mit sog. *halboffenen Bögen* arbeiten.

G ist damit in N disjunkte Mengen zerlegt. Nach dem Dirichletschen Schubfachprinzip gibt es mindestens einen Teilbogen, in welchem 2 der $N + 1$ Punkte $T_{0 \cdot a} x = x$, $T_{1 \cdot a} x$, ..., $T_{Na}x$, der a-Vorwärtsbahn von x liegen, sagen wir $T_{ja}x$ und $T_{ka}x$, mit $0 \leq j < k \leq N$. Die (voneinander verschiedenen) Punkte $T_{ja}x$ und $T_{ka}x$ haben also einen Abstand $< \frac{2\pi}{N}$.

Die Punkte $T_{n(k-j)a}x$ ($n = 0, 1, ...$) gehören zur a-Vorwärtsbahn von x, und man durchläuft sie in Schrittchen der Bogenlänge $< \frac{2\pi}{N}$. Das bedeutet, daß man sich jedem Punkt von G irgendwann einmal bis auf $< \frac{2\pi}{N}$ nähert. Die a-Vorwärtsbahn von x kommt also jedem Punkt von G bis auf $\frac{2}{N}$ nahe: Da man N beliebig groß wählen kann, liegt die a-Vorwärtsbahn von x in G dicht. Da auch $-a$ irrational und die a-Rückwärtsbahn von x gleich der $(-a)$-Vorwärtsbahn von x ist, liegt auch die a-Rückwärtsbahn von x dicht in G. Damit ist der Satz bewiesen.

Corollar 2.2: *Ist a irrational, so gibt es zu jedem s und jedem $\delta > 0$ eine ganze Zahl $n > 0$ derart, daß*

(1) $\qquad |T_{na}x, T_s x| < \delta \qquad (x \in G)$

gilt.

Beweis: Nach Satz 2.1 kann man bei fest gewähltem $x \in G$ das n so bestimmen, daß (1) gilt. Da alle Drehungen starr sind, gilt (1) dann automatisch auch für alle übrigen $x \in G$.

§ 3. Mittelwerte stetiger Funktionen auf dem Einheitskreis

1. Stetige Funktionen auf dem Einheitskreis

Die in § 1 definierte Bogenlängen-Metrik auf der Einheitskreislinie G gestattet es, von Konvergenz und Stetigkeit in G zu sprechen. Bekanntlich ist G kompakt und jede stetige reelle Funktion f auf G beschränkt und sogar gleichmäßig stetig: zu jedem $\varepsilon > 0$ gibt es ein $\delta > 0$, derart, daß f auf jedem Bogen einer Länge $\leq \delta$ um weniger als ε schwankt. Unterteilen wir also G, wie es im Beweis des Kroneckerschen Satzes 2.1 geschah, in N Bögen gleicher Länge $\frac{2\pi}{N}$, und wählen wir N so groß, daß $\frac{2\pi}{N} < \delta$ ist, so schwankt f auf jedem dieser Teilbögen um weniger als ε. Natürlich hängt N dabei von f (und $\varepsilon > 0$) ab.

Drehungen T_t sind stetige (sogar isometrische) Abbildungen von G auf sich. Für jede stetige reelle Funktion f auf G und jedes reelle t erhalten wir also durch

$$(T_t f)(x) = f(T_t x) \quad (x \in G)$$

eine neue stetige reelle Funktion $T_t f$ auf G; wir bezeichnen sie als die *t-Verschobene* von f. Natürlich gilt

$$T_s(T_t f) = T_{s+t} f = T_t(T_s f) \quad (s, t \text{ reell}).$$

Es ist aus Isometrie-Gründen unmittelbar klar, daß die Menge

$$\{T_t f \mid t \text{ reell}\}$$

aller Verschobenen von f gleichgradig gleichmäßig stetig auf G ist, d.h. wir können (in der obigen Betrachtung) das $\delta > 0$ zu $\varepsilon > 0$ so bestimmen, daß jedes $T_t f$ auf jedem Bogen einer Länge $< \delta$ um weniger als ε schwankt (es genügt, δ für f zu bestimmen, dann leistet es dieselben Dienste für alle $T_t f$).

2. Nahezu konstante Mittelwerte

Für jede reelle Funktion f auf der Einheitskreislinie G definieren wir die besonders regelmäßig gemittelte Funktion

$$f_N = \frac{1}{N} \sum_{\nu=0}^{N-1} T_{\frac{\nu}{N}} f.$$

Satz 3.1: *Sei f eine stetige reelle Funktion auf der Einheitskreislinie G. Dann gibt es zu jedem $\varepsilon > 0$ eine ganze Zahl $N_0 > 0$, derart, daß f_N für jedes $N \geq N_0$ auf ganz G um weniger als ε schwankt.*

Beweis: Für jedes N und $x, y \in G$ betrachten wir in G die beiden Punkt-N-Tupel $x, T_{\frac{1}{N}} x, \ldots, T_{\frac{N-1}{N}} x$ und $y, T_{\frac{1}{N}} y, \ldots, T_{\frac{N-1}{N}} y$. Jedes von ihnen kann man als das Ecken-N-Tupel eines G einbeschriebenen regulären N-Ecks auffassen. Die beiden N-Ecke sind gegeneinander gedreht, aber es ist jedenfalls so, daß jedes $T_{\frac{k}{N}} y$ auf dem Bogen zwischen zwei benachbarten $T_{\frac{j}{N}} x$ liegt. Das bedeutet: liegt y zwischen $T_{\frac{j}{N}} x$

und $T_{\frac{j+1}{N}}x$, so liegt $T_{\frac{1}{N}}y$ zwischen $T_{\frac{j+1}{N}}x$ und $T_{\frac{j+2}{N}}x,\ldots,T_{\frac{N-j-1}{N}}y$ zwischen $T_{\frac{N-1}{N}}x$ und $T_{\frac{N}{N}}x = x$, $T_{\frac{N-j}{N}}y$ zwischen x und $T_{\frac{1}{N}}x,\ldots,T_{\frac{N-1}{N}}y$ zwischen $T_{\frac{j-1}{N}}x$ und $T_{\frac{j}{N}}x$. In dem Schema

(1)
$$y,\ T_{\frac{1}{N}}y,\ \ldots,\ T_{\frac{N-j-1}{N}}y,\ T_{\frac{N-j}{N}}y,\ \ldots,\ T_{\frac{N-1}{N}}y$$
$$T_{\frac{j}{N}}x,\ T_{\frac{j+1}{N}}x,\ \ldots,\ T_{\frac{N-1}{N}}x,\ x,\ \ldots,\ T_{\frac{j-1}{N}}x$$

haben also übereinanderstehende Punkte einen Bogenabstand $<\frac{2\pi}{N}$.
Ist nun N hinreichend groß, so impliziert dies, daß sich in dem Schema (wir kürzen etwas ab)

(2)
$$f(y),\ \ldots, f(T_{\frac{N-1}{N}}y)$$
$$f(T_{\frac{j}{N}}x),\ \ldots, f(T_{\frac{j-1}{N}}x)$$

übereinanderstehende Funktionswerte um $<\varepsilon$ unterscheiden. Diese Aussage überträgt sich auf die arithmetischen Mittel der beiden Zeilen von (2). Aber die erste Zeile hat das arithmetische Mittel $f_N(y)$, und die zweite — man mache die zyklische Vertauschung der Glieder rückgängig — das arithmetische Mittel $f_N(x)$. Wir erhalten also

$$|f_N(y) - f_N(x)| < \varepsilon \quad (x, y \in G),$$

wenn nur N hinreichend groß ist. Damit ist der Satz bewiesen.

3. Mittelwerte längs Vorwärtsbahnen

Wir fixieren jetzt wieder eine Irrationalzahl a und definieren für eine beliebige reelle Funktion f auf der Einheitskreislinie G

$$f^{(n)} = \frac{1}{n}\sum_{k=0}^{n-1} T_{ka}f,$$

$$A_n = A_n(f) = \inf\{f^{(r)}(x) \mid r \geq n, x \in G\},$$
$$B_n = B_n(f) = \sup\{f^{(r)}(x) \mid r \geq n, x \in G\}.$$

Offenbar gilt stets
$$A_1 \leq A_2 \leq \cdots \leq B_2 \leq B_1,$$

d. h. wir haben die Schachtelung der abgeschlossenen Intervalle

$$\langle A_1, B_1 \rangle \supseteq \langle A_2, B_2 \rangle \supseteq \cdots.$$

Unser Ziel ist der

Satz 3.2 (Weyl): *Sei a eine irrationale reelle Zahl. Dann gibt es zu jeder stetigen reellen Funktion f auf der Einheitskreislinie G genau eine reelle Konstante $m_a(f)$, derart, daß*

$$\lim_n f^{(n)} = m_a(f) \quad (gleichmäßig\ auf\ G)$$

gilt.

Beweis: Offenbar haben wir nur $\lim_n (B_n - A_n) = 0$ zu zeigen; $m_a(f)$ ist dann die durch $\langle A_1, B_1 \rangle \supseteq \langle A_2, B_2 \rangle \supseteq \cdots \ni m_a(f)$ eindeutig bestimmte reelle Zahl. Wir wählen uns also ein $\varepsilon > 0$ und bestimmen $N_1 > 0$ derart, daß f_N für $N \geq N_1$ auf G um weniger als ε schwankt. Sodann bestimmen wir $\delta > 0$ so, daß aus $|x, y| < \delta$ stets

$$|f(x) - f(y)| < \varepsilon$$

folgt und benutzen Corollar 2.1, um ganze Zahlen $n_0, \ldots, n_{N-1} > 0$ so zu bestimmen, daß

$$|T_{\frac{k}{N}} x, T_{n_k a} x| < \delta \quad (k = 0, \ldots, N-1;\ x \in G),$$

und somit

$$|f(T_{\frac{k}{N}} x) - f(T_{n_k a} x)| < \varepsilon \quad (k = 0, \ldots, N-1;\ x \in G)$$

gilt. Durch Mitteln folgt

$$\left| \frac{1}{N} \sum_{k=0}^{N-1} f(T_{n_k a} x) - f_N(x) \right| < \varepsilon \qquad (x \in G).$$

Insbesondere schwankt die Funktion

$$f'_N = \frac{1}{N} \sum_{k=0}^{N-1} T_{n_k a} f$$

auf G um weniger als 3ε. Ihre Werte liegen in einem Intervall J der Länge $|J| \leq 3\varepsilon$. Dasselbe Intervall J enthält natürlich auch alle Werte jeder Verschobenen von f'_N, und folglich auch die Werte aller arithmetischen Mittel von solchen; insbesondere liegen die Werte aller Funktionen

$$f_N^{(n)} = \frac{1}{n} \sum_{j=0}^{n-1} T_{ja} f'_N \qquad (n = 1, 2, \ldots)$$

in J. Wenn wir nun zeigen können, daß sich $f^{(n)}$ von $f_N^{(n)}$ für hinreichend große n gleichmäßig auf G um $< \varepsilon$ unterscheidet, folgt $B_n - A_n \leq 5\varepsilon$

für solche n und wir sind fertig. Nun ist aber

$$f^{(n)} - f_N^{(n)} = \frac{1}{n}\sum_{j=0}^{n-1} T_{ja} f - \frac{1}{n}\sum_{j=0}^{n-1} \frac{1}{N}\sum_{k=0}^{N-1} T_{(j+n_k)a} f$$

$$= \frac{1}{N}\sum_{k=0}^{N-1} \frac{1}{n}\left(\sum_{j=0}^{n-1} T_{ja} f - \sum_{j=0}^{n-1} T_{(j+n_k)a} f\right).$$

In der Klammer heben sich nun für $n \geq n_0, \ldots, n_{N-1}$ alle Summanden bis auf die vorderen n_k der ersten und die letzten n_k der zweiten Summe fort. Bezeichnet also C eine Schranke für f, so folgt

$$|f^{(n)}(x) - f_N^{(n)}(x)| \leq \frac{C}{N}\sum_{k=0}^{N-1} \frac{2n_k}{n} < \varepsilon \quad (x \in G)$$

für hinreichend große n. Damit ist alles bewiesen.

Satz 3.3: *Für jedes irrationale a und jede stetige reelle Funktion f auf der Einheitskreislinie G sei $m_a(f)$ gemäß Satz 3.2 definiert. Dann gilt:*

1. $m_a(f)$ ist unabhängig von a. Wir werden daher künftig $m(f)$ statt $m_a(f)$ schreiben.

2. a) $m(1) = 1$,
   b) $m(f) \geq 0$ ($f \geq 0$),
   c) $m(\alpha f) = \alpha m(f)$ (α reell),
   d) $m(f + g) = m(f) + m(g)$ (f, g stetig),
   e) $m(T_t f) = m(f)$ (f stetig, t reell),

3. m ist durch 2.a)–e) eindeutig bestimmt.

Beweis: Wir beginnen mit dem Nachweis, daß 2. a)–e) für jedes m_a gilt und beweisen danach 3. Dann folgt 1. automatisch.

2. a) bis d) sind praktisch triviale Konsequenzen aus der Konvergenzaussage von Satz 3.2. Wählen wir A_n, B_n wie im Beweis von Satz 3.2, so folgt

$$A_n \leq f^{(n)}(x) \leq B_n \quad (x \in G)$$

und damit

$$A_n \leq T_t f^{(n)}(x) \leq B_n \quad (x \in G, \ t \text{ reell}).$$

Wegen $\lim_n (B_n - A_n) = 0$ folgt nun e).

3. Sei jeder stetigen reellen Funktion f auf G eine relle Zahl $m'(f)$ so zugeordnet, daß die 2. a)–e) entsprechenden Aussagen gelten. Man entnimmt aus a)–d), daß aus $A \leq f \leq B$ stets $A \leq m'(f) \leq B$ folgt. Mit Hilfe von e) schließt man nun — mit den A_n, B_n aus dem Beweis von Satz 3.2 — folgendermaßen:

$$A_n \leq f^{(n)} \leq B_n$$

impliziert

$$A_n \leq m'(f)^{(n)} = \frac{1}{n} \sum_{k=0}^{n-1} m'(T_{ka}f) = \frac{1}{n} \sum_{k=0}^{n-1} m'(f)$$

$$= m'(f) \leq B_n,$$

woraus für $n \to \infty$

$$m_a(f) = m'(f)$$

folgt. Damit ist 3., und somit auch 1. bewiesen.

§ 4. Mittelwerte Riemann-integrabler Funktionen

Wir dehnen nun das Ergebnis des vorigen Abschnitts (Satz 3.2 und Satz 3.3) auf eine größere Funktionenklasse aus.

Definition 4.1: Eine reelle Funktion f auf der Einheitskreislinie G heißt Riemann-integrabel, wenn es zu jedem $\varepsilon > 0$ zwei stetige Funktionen f', f'' auf G gibt, derart, daß

$$f' \leq f \leq f''$$

$$m(f'' - f') < \varepsilon$$

gilt. Die Gesamtheit aller Riemann-integrablen Funktionen auf G wird mit $\Re(G)$, die aller reellen stetigen Functionen mit $C(G)$ bezeichnet.

Der gemeinsame Wert von

$$\sup_{C(G) \ni f' \leq f} m(f') = \inf_{f \leq f'' \in C(G)} m(f'')$$

wird mit $m(f)$ bezeichnet.

Die Analogie zum Begriff der Riemann-integrablen Funktion auf der reellen Achse springt in die Augen.

Wir werden jetzt den Raum $\Re(G)$ etwas näher untersuchen. Dabei verwenden wir die üblichen Bezeichnungen für die sog. Verbandsoperationen, nämlich

$f \vee g$ für das Supremum von f und g,

$f \wedge g$ für das Infimum von f und g,

$f_+ = f \vee 0$ für den positiven Teil von f,

jeweils punktweise auf G, für reelle Funktionen f, g auf G. Mit $C(G)$ bezeichnen wir den Raum aller stetigen reellen Funktionen auf G. Es ist bekannt, daß $C(G)$ gegen alle linearen und Verbandsoperationen stabil ist.

Satz 4.2: *Der Raum $\Re(G)$ aller Riemann-integrablen Funktionen auf der Einheitskreislinie G ist gegen alle linearen und Verbandsoperationen stabil, d.h.*

$$\alpha f \in \Re(G) \qquad (\alpha \text{ reell}, f \in \Re(G))$$
$$f + g \in \Re(G) \qquad (f, g \in \Re(G))$$
$$f \vee g, f \wedge g \in \Re(G) \qquad (f, g \in \Re(G))$$
$$f_+, |f| \in \Re(G) \qquad (f \in \Re(G)).$$

Ferner ist $\Re(G)$ verschiebungsinvariant:

$$T_t f \in \Re(G) \qquad (f \in \Re(G), t \text{ reell}).$$

Beweis: Man geht genau so vor wie beim Riemann-Integral auf der reellen Achse. Sind z.B.

$$f, g \in \Re(G), \varepsilon > 0 \text{ und } f', f'', g', g'' \in C(G) \text{ so gewählt, daß}$$

$$f' \leq f \leq f'', \qquad g' \leq g \leq g''$$
$$m(f'' - f') < \varepsilon, \qquad m(g'' - g') < \varepsilon$$

gilt, so gilt

$$f' + g' \leq f + g \leq f'' + g''$$
$$m(f'' + g'' - f' - g') < 2\varepsilon,$$

womit man $f + g \in \Re(G)$ beweist. Unter denselben Voraussetzungen hat man auch

$$f' \vee g' \leq f \vee g \leq f'' \vee g''$$
$$m(f'' \vee g'' - f' \vee g') < 2\varepsilon,$$

womit man $f \vee g \in \Re(G)$ beweist. Der Rest des Beweises sei dem Leser als Übung überlassen.

Satz 4.3: *Die auf $\Re(G)$ definierte reelle Funktion m setzt die gemäß Satz 3.2 auf C(G) definierte Funktion m fort und hat auf ihrem größeren Definitionsbereich dieselben Eigenschaften, nämlich*

a) $m(1) = 1$,

b) $m(f) \geq 0$ \qquad $(\Re(G) \ni f \geq 0)$,

c) $m(\alpha f) = \alpha m(f)$ \qquad $(\alpha \text{ reell}, f \in \Re(G))$,

d) $m(f + g) = m(f) + m(g)$ \qquad $(f, g \in \Re(G))$,

e) $m(T_t f) = m(f)$ \qquad $(f \in \Re(G), t \text{ reell}).$

Beweis: Wir begnügen uns mit dem Nachweis von e): Unter Benutzung von Satz 3.3, 2. e) erhalten wir

$$m(T_t f) = \sup_{C(G) \ni f' \leq T_t f} m(f') = \sup_{C(G) \ni T_t f' \leq T_t f} m(T_t f')$$

$$= \sup_{C(G) \ni f' \leq f} m(f') = m(f).$$

Hierbei wurde $T_t C(G) = C(G)$ verwendet.

Eine Folge von a)–d) ist: sind A, B reelle Konstanten und $f \in \Re(G)$ mit $A \leq f \leq B$, so gilt $A \leq m(f) \leq B$. In der Tat: aus $f - A \cdot 1 \geq 0$, $B \cdot 1 - f \geq 0$ folgt $m(f) - A = m(f) - A \cdot m(1) = m(f - A \cdot 1) \geq 0$ und analog $B - m(f) \geq 0$.

Wir wollen nun die Riemann-Integrabilität einiger spezieller Funktionen untersuchen. Wie üblich definiert $1_E(x) = 1$ für $x \in E$, $= 0$ für $x \notin E$ die Indikatorfunktion 1_E einer Menge $E \subseteq G$.

Satz 4.4: *Ist $N > 0$ eine ganze Zahl und E ein Kreisbogen der Länge $< \frac{2\pi}{N}$, so gilt*

$$m(f) \leq \frac{1}{N}$$

für jede stetige Funktion $f \leq 1_E$.

Beweis: Die Bögen $T_{\frac{k}{N}} E$ ($k = 0, \ldots, N-1$) sind paarweise disjunkt, also gilt

$$\sum_{k=0}^{N-1} 1_{T_{\frac{k}{N}} E} \leq 1,$$

woraus man sofort

$$\sum_{k=0}^{N-1} T_{-\frac{k}{N}} f \leq 1$$

und somit

$$\sum_{k=0}^{N-1} m(T_{-\frac{k}{N}} f) \leq 1$$

schließt. (Man beachte, daß allgemein $1_{T_t E} = T_{-t} 1_E$ gilt). Nun folgt

$$Nm(f) = \sum_{k=0}^{N-1} m(T_{-\frac{k}{N}} f) \leq m(1) = 1.$$

Satz 4.5: *Ist E ein Kreisbogen der Länge $\frac{2\pi}{N}$, so ist 1_E integrabel mit $m(1_E) = \frac{1}{N}$.*

Beweis: Sobald wir die Integrabilität von 1_E bewiesen haben, können wir aus

$$1_E + T_{\frac{1}{N}} 1_E + \cdots + T_{\frac{N-1}{N}} 1_E = 1$$

schließen, daß

$$Nm(1_E) = m(1_E) + m\left(T_{\frac{1}{N}}E\right) + \cdots + m\left(T_{\frac{N-1}{N}}E\right) = m(1) = 1$$

gilt. — Zum Nachweis der Integrabilität von 1_E wählen wir eine ganze Zahl $n > 0$, über die wir später geeignet verfügen werden und bezeichnen den Uhrzeigerendpunkt von E mit x_0. Wir setzen

$$x_k = T_{\frac{k}{nN}} x_0 \quad (k = 0, \ldots, nN - 1),$$

erhalten also x_n als den anderen Endpunkt von E. Nun wählen wir als

E' den Kreisbogen von x_1 bis x_{n-1}

E'' den Kreisbogen von x_{nN-1} bis x_{n+1}

und definieren zwei stetige Funktionen

$$f'(x) = \left(1 - nN \inf_{y \in E'} |x, y|\right)_+,$$

$$f''(x) = \left(1 - nN \inf_{y \in E''} |x, y|\right)_+.$$

Dann gilt offenbar

$$0 \leq 1_{E'} \leq f' \leq 1_E \leq f'' \leq 1_{E''} \leq 1,$$

und man kann $f'' - f' = f_0 + f_1$ mit zwei stetigen Funktionen f_0, f_1 schreiben, die $0 \leq f_i \leq 1_{F_i}$ $(i = 0, 1)$ erfüllen, wobei F_0 den Kreisbogen von x_{nN-1} bis x_1 und F_1 den Kreisbogen von x_{n-1} bis x_{n+1} bedeutet.

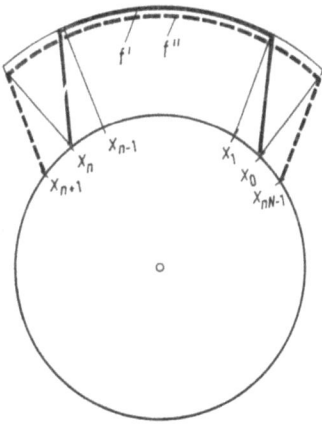

Abb. 3

Wenn n gerade ist, kann man mittels Satz 4.4

$$m(f'' - f') = m(f_0) + m(f_1) \leq \frac{2}{nN} + \frac{2}{nN} = \frac{4}{nN}$$

schließen, und wenn n hinreichend groß ist, wird dies beliebig klein. So folgt die Riemann-Integrabilität von 1_E.

Satz 4.6: *Ist E ein Kreisbogen der Länge $2\pi L$, so ist 1_E Riemann-integrabel mit $m(1_E) = L$.*

Beweis: Wir können $L > 0$ annehmen. Nun wählen wir eine ganze Zahl $N > 0$ und zerlegen G disjunkt in N Bögen $E_0, \ldots, E_{N-1}$ der Länge $\frac{2\pi}{N}$. Von diesen mögen genau r in E enthalten sein. Dann läßt sich E mit höchstens $r + 2$ der E_k überdecken. Wir erhalten also

$$E' \leq E \leq E'',$$

d.h.

$$1_{E'} \leq 1_E \leq 1_{E''},$$

wobei sich E' aus r und E'' aus höchstens $r + 2$ der E_k zusammensetzt. Bezeichnet man mit L' die Länge von E' und mit L'' die Länge von E'', so gilt $L' \leq L \leq L''$ und $L'' - L' \leq 2 \cdot \frac{2\pi}{N}$. Wegen $1_{E'} = \sum_{E_k \subseteq E'} 1_{E_k}$, $1_{E''} = \sum_{E_k \subseteq E''} 1_{E_k}$ und Satz 4.5 sind $1_{E'}$ und $1_{E''}$ Riemann-integrabel mit $m(1_{E'}) = \frac{r}{N}$ und $m(1_{E''}) \leq \frac{r+2}{N}$, also $m(1_{E''} - 1_{E'}) \leq \frac{2}{N}$, und dies kann man durch Wahl von N beliebig klein machen. Unser Satz folgt damit aus

Satz 4.7: *Sei f eine reelle Funktion auf G. Zu jedem $\varepsilon > 0$ gebe es zwei Funktionen $g, h \in \Re(G)$ mit $g \leq f \leq h$ und $m(h - g) < \varepsilon$. Dann ist $f \in \Re(G)$ und*

(1) $$m(f) = \sup_{\Re(G) \ni g \leq f} m(g) = \inf_{f \leq h \in \Re(G)} m(h).$$

Beweis: Die Voraussetzung des Satzes besagt gerade das zweite Gleichheitszeichen in (1). In

$$\sup_{\Re(G) \ni g \leq f} [\sup_{C(G) \ni g' \leq g} m(g')] \leq \sup_{C(G) \ni g' \leq f} m(g') \leq \inf_{f \leq h' \in C(G)} m(h')$$

$$\leq \inf_{f \leq h \in \Re(G)} [\inf_{h \leq h' \in C(G)} m(h')]$$

gilt also überall Gleichheit. Daraus folgt unser Satz.

Zum Abschluß beweisen wir das Analogon zu Satz 3.2, jetzt für Riemann-integrable Funktionen.

Satz 4.8 (Weyl): *Sei a eine irrationale reelle Zahl und f eine Riemannintegrable Funktion auf der Einheitskreislinie G. Dann gilt*

$$\lim_n \frac{1}{n} \sum_{k=0}^{n-1} T_{ka} f = m(f)$$

gleichmäßig auf G. Insbesondere: Ist E ein Kreisbogen der Länge $2\pi L$, so gilt

(2) $$\lim_n \frac{1}{n} \sum_{k=0}^{n-1} 1_E(T_{ka} x) = L$$

gleichmäßig für alle $x \in G$.

Wie wir schon in der Einleitung auseinandergesetzt haben, steht auf der linken Seite ein Ausdruck für die mittlere Verweildauer von x in E (während der Zeit n). Wir bemerken noch, daß (2) nicht nur für halboffene Kreisbogen, sondern auch für offene (ohne die Endpunkte) und abgeschlossene Kreisbogen (einschließlich der Endpunkte) gilt: man analysiere den Beweis von Satz 4.6.

Beweis von Satz 4.8: Sei $\varepsilon > 0$ beliebig gewählt. Wir bestimmen stetige Funktionen f' und f'' mit $f' \leq f \leq f''$ und $m(f'' - f') < \varepsilon$, also $m(f') \leq m(f) \leq m(f'')$ und $m(f') > m(f) - \varepsilon$, $m(f'') < m(f) + \varepsilon$. Nach Satz 3.2 gibt es ein $n_0 > 0$ derart, daß für $n \geq n_0$

$$\left| \frac{1}{n} \sum_{k=0}^{n-1} f''(T_{ka} x) - m(f'') \right| < \varepsilon \qquad (x \in G),$$

also gewiß

$$\frac{1}{n} \sum_{k=0}^{n-1} f''(T_{ka} x) < m(f'') + \varepsilon < m(f) + 2\varepsilon \qquad (x \in G)$$

gilt. Ebenso erhalten wir, indem wir n_0 evtl. nochmals vergrößern, für $n \geq n_0$

$$\frac{1}{n} \sum_{k=0}^{n-1} f'(T_{ka} x) > m(f) - 2\varepsilon \qquad (x \in G).$$

Aus

$$\frac{1}{n} \sum_{k=0}^{n-1} f'(T_{ka} x) \leq \frac{1}{n} \sum_{k=0}^{n-1} f(T_{ka} x) \leq \frac{1}{n} \sum_{k=0}^{n-1} f''(T_{ka} x) \qquad (x \in G)$$

schließen wir nun

$$m(f) - 2\varepsilon < \frac{1}{n} \sum_{k=0}^{n-1} f(T_{ka} x) < m(f) + 2\varepsilon \qquad (n \geq n_0, \ x \in G)$$

wie behauptet.

§ 5. Interpretation mod 1

Wenn man in ein neues Teilgebiet der Mathematik eindringt, ist einem jede Verbindung zu bereits bekannten Dingen eine willkommene Stütze. Es gibt zwei Arten solcher Verbindungen:

1. *Analogie:* Man übernimmt bereits bekannte Ideen, wendet sie aber auf neuartige Gegenstände an, wobei sich die Ideen gewöhnlich ein paar Modifikationen gefallen lassen müssen.

2. *Zurückführung:* Man baut eine logische Brücke vom Bekannten zum Neuen, so daß sich Sätze über die neu erfaßten Gegenstände als Folgerungen aus bekannten Sätzen ergeben. Diese Brücke hat oft die Gestalt einer Abbildung.

Im weiteren Gang der Forschung kombiniert man gern beide Methoden, indem man nach 1. für bisher nur analog nebeneinanderstehende Theorien eine ,,Dach-Theorie'' bildet, aus der man dann jene Einzeltheorien gemäß 2. ableiten kann.

Der Leser wird bemerken, daß wir in den §§ 1—4 dieses Beitrags im wesentlichen Analogien benutzt haben. Der neue Gegenstand war die Kreislinie und ihre Drehungen, und wir haben Methoden, die für stetige und Riemann-integrable Funktionen auf der Zahlengeraden oder auf Intervallen wohlbekannt sind, analog auf diesen Gegenstand angewendet. In Wahrheit gab es aber auch einen Fall von ,,Zurückführung'', nämlich dort, wo von der Bogenlänge die Rede war; sie wird ja durch Rektifizierung, d. h. eine etwas kompliziert (etwa durch Grenzübergang mit Polygonzügen) definierte Abbildung der Kreislinie in die Gerade bestimmt.

In diesem Abschnitt wollen wir nun u.a. sehen, wie die Resultate der §§ 1—4 durch Zurückführung auf Sachverhalte auf der Zahlengeraden zu gewinnen wären. Diese Sachverhalte müßte man bei solchem Vorgehen zuerst auf der Zahlengeraden beweisen und dann durch einen Brückenschlag auf die Kreislinie verlegen. Wie das zu geschehen hätte, kann der Leser aber auch rekonstruieren, wenn wir den umgekehrten Weg gehen: wir deduzieren Aussagen auf der Zahlengeraden, indem wir mit den schon gewonnenen Resultaten von der Kreislinie über die ,,Brücke'' auf die Zahlengerade zurückkehren.

In unserem Fall besteht die ,,Brücke'' einfach aus der durch ,,Aufwickeln'' gewonnenen Abbildung φ der Zahlengeraden R auf die Kreislinie G. Um einfache Bezeichnungen zu erhalten, fassen wir G als Teilmenge der komplexen Ebene auf, schreiben also

$$G = \{z \mid z \text{ komplex}, |z| = 1\}$$
$$= \{z = u + iv \mid u, v \text{ reell}, u^2 + v^2 = 1\}$$
$$= \{e^{i2\pi x} \mid x \text{ reell}\}.$$

Hierbei ist $i^2 = -1$, wie üblich.

Unsere Abbildung φ ist dann durch

$$\varphi: x \to e^{i2\pi x} \quad (x \in R)$$

gegeben. Ist also $x' < x''$ und läuft man mit x von x' mit konstanter Geschwindigkeit c von x' nach x'', so läuft $\varphi(x)$ von $\varphi(x')$ nach $\varphi(x'')$ in mathematisch positivem Sinn mit der konstanten Bogenlängengeschwindigkeit $2\pi c$. Insbesondere ist $\varphi(x') = \varphi(x'')$, wenn x' und x'' sich nur um eine ganze Zahl n unterscheiden: man läuft dann n-mal um den Kreis G herum.

Bezeichnet T_t — außer der Drehung von G um den Winkel t — auch die durch

$$T_t: x \to x + t \quad (x \in R)$$

definierte Translation (Verschiebung) auf R, so ergibt sich sofort

$$\varphi(T_t) = T_t(\varphi) \quad (t \text{ reell}),$$

was man etwa aus

(1) $\qquad e^{i2\pi(x+t)} = e^{i2\pi x} \cdot e^{i2\pi t}$

abliest: Drehung um t bedeutet ja im Komplexen soviel wie Multiplikation mit $e^{i2\pi t}$.

Die beiden Strukturen „Zahlengerade R mit den Translationen T_t (t reell)" und „Kreislinie G mit den Drehungen T_t (t reell)" sind also durch die („Brücken-")Abbildung φ so miteinander verbunden, daß die Translationen T_t in die Drehungen T_t übergehen: Es ist gleichgültig, ob man erst T_t und dann φ ausführt, oder umgekehrt.

Wie wir oben sahen, ist die Abbildung φ nicht eineindeutig: Jeweils eine ganze Äquivalenzklasse $x \bmod 1 = x + Z = \{x + n \mid n \text{ ganz}\}$ von $R \bmod 1$ geht in denselben Punkt von G über. Dieser Sachverhalt ordnet sich folgendermaßen in die Gruppentheorie ein: R ist eine (additive) Gruppe und G ist eine (multiplikative) Gruppe, $\varphi: R \to G$ ist ein Homomorphismus von R auf G, mit der (additiven) Gruppe Z der ganzen Zahlen als Kern. Es kommen aber topologische, d.h. Stetigkeitsbetrachtungen hinzu: φ ist stetig, der Kern Z von φ also abgeschlossen in R, und die Faktorgruppe R/Z, oft auch als $R \bmod 1$ bezeichnet, läßt sich auf natürliche Weise mit einer Topologie versehen, derart, daß der von φ induzierte Isomorphismus $\tilde\varphi: R \bmod 1 \to G$ samt seiner Inversen stetig wird; $R \bmod 1$ ist also (wie G) kompakt. Die Konvergenz

$$x_k + Z \to x + Z$$

n $R \bmod 1$ bedeutet einfach

$$x_k + n_k \to x$$

für eine passende Folge n_k von ganzen Zahlen. Der Leser möge sich die anschauliche Bedeutung dieser Aussage vor Augen führen.

Wir wollen jetzt sehen, welche Sachverhalte in R bzw. R mod 1 den in §§ 1—4 studierten Sachverhalten in G auf dem Wege über die Abbildung φ entsprechen.

Jedem Punkt $z = e^{i2\pi x} \in G$ entspricht eine Restklasse

$$x + Z \in R \bmod 1.$$

Der Vorwärtsbahn $\{z, T_a z, T_{2a} z, \ldots\}$ entspricht die ,,Vorwärtsbahn'' $x + Z$, $x + a + Z$, $x + 2a + Z, \ldots$ Erfaßt man Restklassen mod 1 durch ihre eindeutig bestimmten Repräsentanten im halboffenen Einheitsintervall $\langle 0, 1)$, so hat man $0 \leq x < 1$ und hat $x + na$ mod 1 auf ein $0 \leq x_n < 1$ zu reduzieren. Satz 2.1 (Kronecker) entspricht dann der Aussage: Ist a irrational, so liegt die Folge $x_0, x_1, \ldots$ in $\langle 0, 1)$ dicht. Man sagt auch: na $(n = 0, 1, \ldots)$ überstreicht mod 1 das Intervall $\langle 0, 1)$ dicht.

Das alles heißt soviel wie:

$$\bigcup_{n=0}^{\infty} (na + Z) \text{ ist dicht in } R.$$

Ist f eine reelle Funktion auf G, so ist durch $f'(x) = f\bigl(\varphi(x)\bigr)$ eine Funktion f' auf R definiert, die auf jeder Restklasse mod 1 konstant ist, also die Periode 1 hat. f ist genau dann stetig, wenn f' stetig ist.

Wie steht es nun mit $m_a(f)$ für irrationale a? Wir haben in Satz 3.3 gelernt, daß $m_a(f)$ bei festem f nicht von a abhängt, und wir schreiben daher einfach $m(f)$. In Satz 4.6 haben wir gesehen, daß $m(1_E) = L$ für jeden Kreisbogen E der (Bogen-)Länge $2\pi L$ ist. Für $f = 1_E$ ergibt sich $f' = 1_{E'}$, wobei $E' = \varphi^{-1}(E) = \{x \mid \varphi(x) \in E\}$ ist. Enthält E den Punkt $1 \in G$ nicht, so ist $E' \cap \langle 0, 1)$ ein Intervall der Länge L und $E' = \bigcup_{n \text{ ganz}} (J' + n) = J' + Z$. Da man für $E \neq G$ d.h. $L < 1$ immer $1 \notin E$ durch Drehung erzwingen kann, ist allgemein $E' = J' + Z$ mit einem Intervall J' der Länge L, das aber nicht in $\langle 0, 1)$ enthalten zu sein braucht: $E' \cap \langle 0, 1) = J'_0 \cup J'_1$ mit zwei disjunkten Intervallen, deren Längen sich zu L summieren:

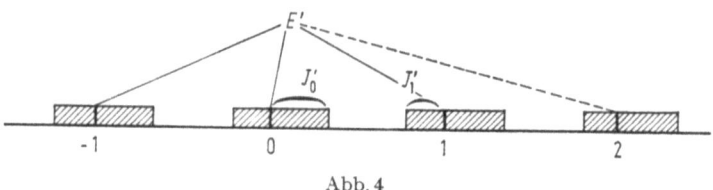

Abb. 4

Jedenfalls ist aber $E'' = E' \cap \langle 0, 1)$ eine Jordan-meßbare Menge mit $m'(E'') = m(1_E)$ $(=L)$, wobei m' das Lebesgue-Maß auf R — es fällt für Jordan-meßbare Mengen mit dem Jordan-Inhalt zusammen — bedeutet. Mittels Einschließung von f in Treppenfunktionen (d.h.

Linearkombinationen von Indikatorfunktionen 1_E von Bögen E) sieht man leicht: f (auf G) ist genau dann Riemann-integrabel, wenn f' (auf R) über $\langle 0, 1)$ Riemann-integrabel ist, und

$$m(f) = \int_0^1 f'(x)\,\mathrm{d}x.$$

Nun nimmt Satz 4.8 (Weyl) folgende Gestalt an: Sei f' eine reelle Funktion auf R, die die Periode 1 hat und auf $\langle 0, 1)$ Riemann-integrabel ist. Dann gilt für jede Irrationalzahl a

$$\lim_{n\to\infty} \frac{1}{n} \sum_{k=0}^{n-1} f'(x + ka) = \int_0^1 f'(y)\,\mathrm{d}y)$$

gleichmäßig für $x \in R$. Ist $f' = 1_{E'}$, mit $E' = J' + Z$ für ein Intervall J' der Länge $L \leq 1$, so bekommt man

$$\frac{1}{n} \sum_{k=0}^{n-1} 1_E(x + ka) = L$$

gleichmäßig in $x \in R$. Man kann dies auch so ausdrücken:

Zu jedem $\varepsilon > 0$ gibt es ein $n_0 > 0$, derart, daß für $n \geq n_0$ folgendes gilt: Reduziert man für irgendein x die x, $x + a$, ..., $x + (n-1)a$ mod 1 auf ein J' enthaltendes Intervall der Länge 1, so liegt, bis auf eine Abweichung $<\varepsilon$, der Bruchteil L der erhaltenen Punkte in J'. Dies macht den für diesen Sachverhalt häufig gebrauchten Namen „Gleichverteilung mod 1" plausibel.

§ 6. Drehungen auf dem r-dimensionalen Torus

In diesem Abschnitt verallgemeinern wir die in den §§ 1—4 gewonnenen Resultate über Drehungen der Einheitskreislinie G auf Drehungen des r-dimensionalen Torus

$$G^r = G \times \cdots \times G \qquad (r \text{ Faktoren}).$$

Die Bezeichnung „Torus" läßt sich folgendermaßen durch Analyse des Falls $r = 2$ rechtfertigen: Wir fixieren im 3-dimensionalen euklidischen

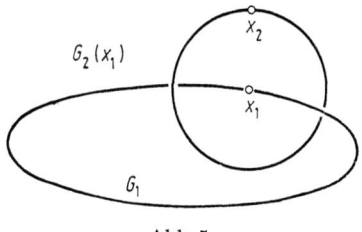

Abb. 5

Raum eine Kreislinie G_1 und fassen sie als ein bis auf Maßstabsänderungen isometrisches Bild von G auf, so daß jedem $x_1 \in G$ eineindeutig ein Punkt auf G_1 entspricht, den wir wieder mit x_1 bezeichnen. Auf die von G_1 in x_1 senkrecht durchstoßene Ebene legen wir nun ein weiteres isometrisches Bild $G_2(x_1)$ von G, so daß x_1 der Mittelpunkt von $G_2(x_1)$ wird, und für jedes $x_2 \in G_2$ der x_2 entsprechende Punkt (x_1, x_2) von $G_2(x_1)$ beim Variieren von x_1 einen zu G_1 parallelen Kreis mit strikt positivem Radius beschreibt. Die letzte Forderung besagt, daß der Radius von $G_2(x_1)$ von x_1 nicht abhängt und kleiner als der Radius von G_1 ist. Dann liegen die (x_1, x_2) auf einer eineindeutig und umkehrbar stetig auf das cartesische Produkt $G \times G$ bezogenen Torusfläche.

Wem dies zu verbal erscheint, kann auch folgende Betrachtung anstellen: Wir haben G in § 5 mit R mod 1 identifiziert, und $\langle 0, 1 \rangle$ war ein Repräsentantensystem für R mod 1. Die Abbildung $\varphi: \langle 0, 1 \rangle \to G$ bedeutet, daß man das Einheitsintervall zum Kreis biegt und 0 mit 1 identifiziert. Macht man dies zweimal gleichzeitig, so hat man $G \times G$ mit dem Einheitsquadrat

$$\langle 0, 1 \rangle \times \langle 0, 1 \rangle = \{x = (x_1, x_2) \mid 0 \leq x_1 < 1, \ 0 \leq x_2 < 1\} \subseteq R^2$$

identifiziert, und bei dem letzteren gegenüberliegende Randpunkte verheftet. Wie die Anschauung zeigt

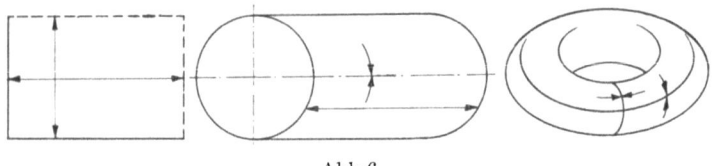

Abb. 6

ist das Resultat nach leichter Deformation tatsächlich eine Ringfläche: ein Torus.

Wir werden also künftig

$$G \times \cdots \times G = G^r = \{x = (x_1, \ldots, x_r) \mid x_1, \ldots, x_r \in G\}$$

als *r-dimensionalen Torus* (kurz: *r-Torus*) bezeichnen. Durch

$$|x, y| = \sum_{\varrho=1}^{r} |x_\varrho, y_\varrho| \qquad (x_1 = (x, \ldots, x_r), y = (y_1, \ldots, y_r) \in G^r)$$

liefert die Metrik in G eine Metrik in G^r, die G^r zu einem kompakten metrischen Raum macht.

Für jedes $t = (t_1, \ldots, t_r) \in R^r$ definiert

$$T_t x = (T_{t_1} x_1, \ldots, T_{t_r} x_r) \quad (x = (x_1, \ldots, x_r) \in G^r)$$

eine isometrische Abbildung T_t von G^r auf sich, die wir als die (Torus)-*Drehung* um t bezeichnen. Addiert man Vektoren t usw. komponentenweise, so gilt wieder die Formel

$$T_s \circ T_t = T_{s+t} = T_t \circ T_s \quad (s, t \in R^r).$$

Wir nennen $a = (a_1, \ldots, a_r) \in R^r$ *r-irrational*, wenn aus

(1) $\quad n_0 + n_1 a_1 + \cdots + n_r a_r = 0, \quad n_0, \ldots, n_r$ ganz

stets $n_0 = n_1 = \cdots = n_r = 0$ folgt. Nicht *r*-irrationale a nennen wir *r-rational*. Man sieht sofort, daß aus der *r*-Irrationalität von

$$a = (a_1, \ldots, a_r)$$

die Irrationalität der einzelnen Komponenten $a_1, \ldots, a_r$ folgt. Andererseits ist z.B. $t = (\pi, \ldots, \pi)$ für $r > 1$ *r*-rational: man wähle

$$n_0 = n_3 = \cdots = n_r = 0, \; n_1 = -n_2 = 1.$$

Es gilt nun der

Satz 6.1 (Kronecker): *Sei* $r \geq 1$ *und* $x = (x_1, \ldots, x_r) \in G^r$ *beliebig. Für jedes* $a = (a_1, \ldots, a_r) \in R^r$ *sind dann folgende Aussagen äquivalent:*

1. *Die sog. a-Vorwärtsbahn*

$$\{T_{na} x \mid n = 0, 1, \ldots\}$$

von x liegt dicht in G^r.

2. *a ist r-irrational.*

Gelten 1. *und* 2., *so liegt die a-Vorwärtsbahn eines jeden Punktes y dicht in* G^r, *und dasselbe gilt auch für seine a-Rückwärtsbahn.*

$$\{T_{-na} x \mid n = 0, 1, \ldots\}$$

und seine a-Bahn

$$\{T_{na} x \mid n \text{ ganz}\}.$$

Der Anschaulichkeit halber wollen wir den Beweis dieses Satzes nur im Falle $r = 2$ voll durchführen und anschließend Hinweise für den allgemeinen Fall geben.

Wie vorhin fassen wir G^2 als die Ebene mod 1 auf.

Bezeichnet $Z^2 = \{g = (g_1, g_2) \mid g_1, g_2 \text{ ganz}\}$ das Gitter der ganzzahligen Punkte im R^2, so können wir jeden Punkt x von G^2 mit einem verschobenen Gitter $x' + Z^2 = \{x' + g \mid g \in Z^2\}$ identifizieren. Es ist anschaulich klar, was die Konvergenz einer Folge von solchen verschobenen Gittern bedeutet; sie entspricht der Konvergenz der entsprechenden Punkte auf dem Torus G^2. Der Drehung T_t auf dem Torus entspricht die Translation um t in der Ebene. Wenn wir $a = (a_1, a_2) \in R^2$ fixieren und die *a*-Vorwärtsbahn von $x \in G^2$ untersuchen, befassen wir uns mit den verschobenen Gittern $x' + na + Z^2$ ($n = 0, 1, \ldots$), und wenn wir die volle *a*-Bahn haben wollen, müssen wir eben n durch alle ganzen Zahlen laufen lassen. Für den $x' = 0$ entsprechenden speziellen Punkt $x \in G^2$ bekommen wir es mit der Untergruppe

(2) $\qquad \{na + g \mid n \text{ ganz}, g \in Z^2\}$

der additiven Gruppe R^2 zu tun. Sie ist die von a und Z^2 erzeugte Untergruppe von R^2. Daß die a-Bahn unseres speziellen Punktes x auf G^2 dicht liegt, bedeutet offenbar gerade, daß der Abschluß U' von (2) die ganze Ebene R^2 ist. Man sieht aus der Stetigkeit der (komponentenweisen) Vektoraddition sofort, daß U' wieder eine Untergruppe von R^2 ist. Es liegt also nahe, sich mit abgeschlossenen Untergruppen der Ebene R^2 zu beschäftigen.

Hier gilt nun folgende Strukturaussage:

Satz 6.2: *Für jede abgeschlossene Untergruppe U' der additiven Gruppe R^2 liegt genau einer der folgenden Fälle vor:*

1. $U' = R^2$.
2. U' *ist ein 1-dimensionaler linearer Teilraum von R^2.*
3. $U' = \{0\}$.
4. *Es gibt einen Vektor $0 \neq e' \in R^2$ mit $U' = \{ne' \mid n \text{ ganz}\}$.*
5. *Es gibt zwei (reell-)linear unabhängige Vektoren e'_1, e'_2 im R^2 mit*

$$U' = \{n_1 e'_1 + n_1 e'_1 \mid n_1, n_2 \text{ ganz}\}.$$

6. *Es gibt einen 1-dimensionalen linearen Teilraum H' von R^2 und einen Vektor $e' \notin H'$ mit*

$$U' = \{ne' + x' \mid n \text{ ganz}, x' \in H'\}.$$

Beweis: Sei U' eine abgeschlossene Untergruppe von R^2 und $H' \subseteq U'$ ein linearer Teilraum maximaler Dimension d.

Für $d = 2$ haben wir Fall 1., für $d = 1$ und $H' = U'$ den Fall 2. und für $d = 0$ und $H' = U'$ den Fall 3. Sei jetzt $d = 1$ und $H' \neq U'$. Für jedes $z' \in U'$ ist $z' + H' \in U'$, d.h. U' läßt sich als Vereinigung von zu H' parallelen Geraden darstellen. Wir wählen ein $y' \in U' \setminus H'$ und haben in $U_0 = \{\alpha \mid \alpha \text{ reell}, \alpha y' \in U'\}$ offenbar eine abgeschlossene Untergruppe der additiven Gruppe R aller reellen Zahlen vor uns. Was jetzt — als Zwischenspiel — kommt, ist das Analogon unseres Satzes für die Dimension eins. Wir setzen $\delta = \inf\{\alpha \mid 0 < \alpha \in U_0\}$. Ist $\delta = 0$, so gibt es zu jedem $\varepsilon > 0$ ein $\alpha \in U_0$ mit $0 < \alpha < \varepsilon$. Die $n\alpha$ (n ganz) kommen also jeder reellen Zahl bis auf ε nahe. Da $\varepsilon > 0$ beliebig war, folgt $U_0 = R$. Dann aber enthält U' a H' noch außer den von y' aufgespannten linearen Raum, und damit auch die lineare Hülle von beiden (sie ist nämlich einfach die Summe), und wir erhalten einen Widerspruch zur Maximalität der Dimension von H'. Also folgt $\delta > 0$, also $(\alpha, \alpha + \delta)$ $\cap U_0 = \emptyset$ für jedes $\alpha \in U_0$. Dagegen ist natürlich $\delta \in U_0$ und man sieht

unmittelbar: $U_0 = \{n\delta \mid n \text{ ganz}\}$, und mit $e' = \delta y'$ gilt
$$U' = \{ne' + x' \mid n \text{ ganz}, \ x' \in H'\},$$
d. h. wir haben Fall 6.

Nun ist noch die Möglichkeit $d = 0$ ins Auge zu fassen. Die Fälle 4. und 5. unseres Satzes implizieren $d = 0$.

Sei nun umgekehrt $d = 0$, ohne daß 4. gilt. Indem wir auf eine beliebige Gerade g durch den Nullpunkt eine oben schon einmal angestellte Überlegung anwenden, erhalten wir auf g einen Punkt x'_g derart, daß $g \cap U' = \{nx'_g \mid \text{ganz}\}$ gilt. Sei δ_g der euklidische Abstand von x'_g vom Nullpunkt des R^2. Es gibt keine Folge $g_1, g_2, \ldots$ mit
$$\delta_{g_1} > \delta_{g_2} > \cdots \searrow 0,$$
denn dies bedeutet, daß auf den g_ν die Punkte von U' immer dichter liegen, und dann müßte man nur durch Übergang zu einer Teilfolge die Geraden(-richtungen) konvergent machen, um im Limes nur eine Gerade g zu erhalten, deren Punkte sämtliche Limites von U' sind. Dies hätte $g \subseteq U'$, also $d \geq 1$ zur Folge. Wir sehen auf diese Weise, daß es um $0 \in R^2$ einen Kreis mit positivem Radius r_1 gibt, in dessen Innerem außer 0 selbst kein Element von U' liegt. Wählen wir r_1 maximal, so liegt auf dem Rande dieses Kreises mindestens ein $e'_1 \in U'$. Sei $U'_1 = \{ne'_1 \mid n \text{ ganz}\}$. Auch unter den (wegen Ausschluß von 4. sicher vorhandenen) Punkten von $U' \setminus U'_1$ gibt es einen, nennen wir ihn e'_2, der von 0 minimalen Abstand hat.

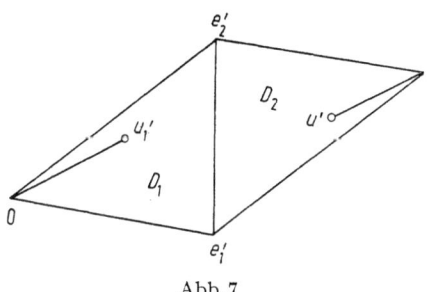

Abb. 7

In der nebenstehenden Abbildung kann nach Konstruktion kein Element von U' im Innern des Dreiecks D_1 liegen. Läge ein $u' \in U'$ im Dreieck D_2, so erhielte man sofort auch ein $u'_1(= e'_1 + e'_2 - u')$ in D_1. Also ist das volle, aus D_1 und D_2 zusammengesetzte Parallelogramm, abgesehen von seinen 4 Ecken, frei von Elementen von U'. Damit schließt man nun leicht, daß 5. vorliegt.

Beweis von Satz 6.1: I. Sei U' der Abschluß der von a und Z^2 erzeugten Untergruppe von R^2. Wegen $U' \supseteq Z^2$ kommen die Fälle 2.—4. aus Satz 6.2 nicht in Frage. Wir zeigen nun: $a = (a_1, a_2)$ ist genau dann 2-rational, wenn Fall 5. oder Fall 6. aus Satz 6.2 vorliegt.

A. Sei a 2-rational und etwa

(2) $$n_0 + n_1 a_1 + n_2 a_2 = 0$$

mit nicht sämtlich verschwindenden ganzen Zahlen n_0, n_1, n_2. Natürlich muß dann $n_1 \neq 0$ oder $n_2 \neq 0$ sein, d. h. die Linearform

(4) $$L(x) = n_1 x_1 + n_2 x_2 \qquad (x = (x_1, x_2) \in R^2)$$

verschwindet nicht identisch. (3) besagt

$$L(a) = -n_0.$$

Natürlich ist $L(g)$ für $g \in Z^2$ stets eine ganze Zahl. Wir sehen also: Für jedes ganze n und $g \in Z^2$ ist $L(na + g) = -nn_0 + L(g)$ eine ganze Zahl, d.h. die Punkte der Form $na + g$ (n ganz, $g \in Z^2$) liegen in der Vereinigung aller Geraden mit Gleichungen der Form $L(x) = k$ (k ganz). Das ist offenbar Fall 5. oder Fall 6. von Satz 6.2.

B. Sei U' von der in Satz 6.2, Fall 6. beschriebenen Gestalt. Indem wir notfalls die Koordinaten vertauschen, können wir annehmen, daß H' die Gerade $x_1 = 1$ in genau einem Punkt $(1, x_2)$ schneidet. Wir zeigen, daß x_2 eine rationale Zahl ist. Wegen $(-1, 0) \in Z^2 \subseteq U'$ ist $(0, x_2) = (1, x_2) + (-1, 0) \in U' \cap H''$, wobei H'' den linearen Teilraum $x_1 = 0$ bezeichnet. Nun ist aber $U' \cap H''$ eine abgeschlossene Untergruppe von H''. Wie im Beweis von Satz 6.2 schließen wir den Fall $U' \cap H'' = H''$ aus und finden ein $y_2 > 0$ mit

$$U' \cap H'' = \{(0, ny_2) \mid n \text{ ganz}\}.$$

Wegen $(0, 1) \in Z^2 \subseteq U'$ muß es ein ganzes n mit $ny_2 = 1$ geben, also ist y_2 rational. Da auch x_2 ein ganzzahliges Vielfaches von y_2 sein muß, folgt die Rationalität von x_2. — Auf H' liegen also die rationalen Punkte $(0, 0)$ und $(1, x_2)$.

Jede nichttriviale Lösung b_1, b_2 von

$$0 \cdot b_1 + 0 \cdot b_2 = 0$$
$$1 b_1 + x_2 b_2 = 0$$

liefert eine Gleichung

$$b_1 x_1 + b_2 x_2 = 0$$

für die Gerade H'. Man sieht, daß $b_1 = x_2$, $b_2 = -1$ eine Lösung ist. Man kann also b_1, b_2 rational, nach Multiplikation mit einem gemeinsamen Nenner von b_1, b_2 also sogar ganzzahlig wählen. Punkte der Form $na + g$ (n ganz, $g \in Z^2$) liegen in H' dicht. Es gibt also ganze Zahlen n, g_1, g_2 mit

$$b_1(na_1 + g_1) + b_2(na_2 + g_2) = 0.$$

Damit ist $a = (a_1, a_2)$ als 2-rational erkannt. Der **Schluß von Fall 5. auf 2-Rationalität** ist noch einfacher und sei dem Leser als Übung überlassen.

II. Die restlichen Aussagen von Satz 6.1 ergeben sich nun ganz leicht. Weil jedes T_t eine isometrische Abbildung von G^r auf sich ist und man jedes $x \in G^r$ durch ein passendes T_t in jedes $y \in G^r$ überführen kann, ist das Dichtliegen von a-Bahnen eine von der Wahl von x unabhängige Aussage.

Das Dichtliegen der a-Bahn eines Punktes $x \in G^r$ ist aber auch zum Dichtliegen seiner a-Vorwärtsbahn äquivalent. Sei $\varepsilon > 0$ beliebig und seien ganze Zahlen $n_1, \ldots, n_s$ so bestimmt, daß die ε-Umgebungen der Punkte $T_{n_1 a} x, \ldots, T_{n_s a} x$ ganz G^r überdecken. Wegen Isometrie gilt dann dasselbe für die Punkte $T_{(n+n_1)a} x, \ldots, T_{(n+n_s)a} x$. Wählt man hier die ganze Zahl n hinreichend groß, so gehören diese s Punkte sämtlich zur a-Vorwärtsbahn von x. Aus diesen Bemerkungen und I. setzt man nun leicht einen vollständigen Beweis von Satz 6.1 im Falle $r = 2$ zusammen.

Wie hat man nun den Beweis für beliebige r zu führen? Es ist nicht schwer, den Struktursatz 6.2 zu verallgemeinern: Für jedes $r \geq 0$ hat jede abgeschlossene Untergruppe U' der additiven Gruppe R^r die Form $\bigcup_k (x^k + H')$, wobei H' ein linearer Teilraum von R^r ist und x^k die Punkte eines (in einem Teilraum unterzubringenden) „Gitters" durchläuft, mit den Extremfällen $H' = \{0\}$ (dann ist U' selbst ein „Gitter"), $H' = R^r$ (dann ist $U' = R^r$), und der Möglichkeit $U' = H'$. Beim Beweis kann man z. B. Induktion nach r anwenden und bekannte algebraische Aussagen über Faktorräume mit topologischen Zusatzüberlegungen versehen. —

Um das Analogon zum obigen Beweisteil I. zu gewinnen, muß man die Gerade $x_1 = 1$ durch passende lineare Mannigfaltigkeiten im R^r ersetzen und ausnützen, daß jeder von rationalen Vektoren aufgespannte lineare Teilraum sich durch rationale Gleichungen beschreiben läßt. Die Durchführung dieser Skizze sei dem Leser zur Übung empfohlen.

Es ist nun ganz leicht, auch den Weylschen Gleichverteilungssatz auf den r-dimensionalen Torus G^r zu übertragen. Wir sahen in § 3, daß sein Beweis im Falle $r = 1$ auf einer Kombination des Satzes von Kronecker mit einem Beweis für die Existenz nahezu konstanter Mittelwerte von Verschobenen einer stetigen Funktion besteht. Da wir den Satz von Kronecker schon auf G^r übertragen haben, handelt es sich nur mehr darum, die nahezu konstanten Mittelwerte zu bekommen. Dies kann z. B. so geschehen: Sei für jedes $N = 1, 2, \ldots$ und $K = N^r$ $t^{N1}, \ldots, t^{NK}$ eine Durchzählung der N^r Punkte der Gestalt $t = (t_1, \ldots, t_r)$ mit $t_s = \dfrac{k}{N}$ ($0 \leq k < N$; $\varrho = 1, \ldots, r$).

Wir setzen

$$f_N = \frac{1}{K} \sum_{K=1}^{K} T_{t^{NK}} f.$$

Indem man die T_{tNK+t} für ein beliebiges $t \in R^r$ und den T_{tNK} passend „verheiratet", zeigt man wie im Beweis von Satz 3.1, daß f_N für hinreichend große N beliebig wenig schwankt.

Auf diese Weise erhalten wir einen Beweis für

Satz 6.3 (Weyl): 1. *Für jedes $r \geq 1$ gibt es auf dem Raum $C(G^r)$ aller stetigen reellen Funktionen auf dem Torus G^r genau eine reelle Funktion m, derart, daß folgendes gilt:*

a) $m(1) = 1$,
b) $m(f) \geq 0$ $(f \geq 0)$,
c) $m(\alpha G) = \alpha m(f)$ $(\alpha \text{ reell})$,
d) $m(f + g) = m(f) + m(g)$ $(f, g \in C(G^r))$,
e) $m(T_t f) = m(f)$ $(t \in R^r, f \in C(G^r))$.

2. *Ist $f \in C(G)$, $\varepsilon > 0$, und $t_1, \ldots, t_N \in R^r$ so, daß die Funktion $\frac{1}{N} \sum_{\nu=1}^{N} T_{t_\nu} f$ auf G^r um weniger als $\varepsilon > 0$ schwankt, so gilt*

$$\left| \frac{1}{N} \sum_{\nu=1}^{N} f(T_{t_\nu} x) - m(f) \right| \leq 2\varepsilon \qquad (x \in G^r).$$

3. *Ist $f \in C(G)$, so gilt für jedes r-irrationale a*

$$\lim_{n \to \infty} \frac{1}{n} \sum_{k=0}^{n-1} f(T_{ka} x) = m(f)$$

gleichmäßig für alle $x \in G$.

Genau wie in § 4 überträgt man 3. auf sog. Riemann-integrable Funktionen, z. B. Indikatorfunktionen von Mengen, die in der Interpretation von G^r als R^r mod 1 Rechtecken entsprechen, und erhält damit eine Aussage über die Konvergenz von mittleren Besuchshäufigkeiten in solchen Mengen.

Eine weitere Ausdehnung der Theorie beschäftigt sich mit der kontinuierlichen Abbildungsschar $(T_{ta})_{t \in R}$ für ein festes a und ersetzt die arithmetischen Mittel durch Integralmittelwerte. Wiederum garantiert die r-Irrationalität von a gleichmäßige Konvergenz gegen dasselbe $m(f)$, das wir in Satz 6.3 erhalten haben.

§ 7. Kritik an den bisherigen Methoden

Alle bisherigen Untersuchungen dieses Beitrags arbeiten mit der Längenmessung auf der Kreislinie G. Sie geht ein in die Metrik auf G, in die Definition der Drehungen als isometrischer Abbildungen, und in das Resultat, daß bei wiederholter Drehung um einen irrationalen Winkel die mittlere Aufenthaltsdauer eines Punkts in einem Kreisbogen proportional zur Länge dieses Kreisbogens ist. Die Länge von Bögen spielt auch eine zentrale Rolle im Beweis von Satz 3.1, wo wir zwei Zerlegungen von G in gleichlange Bögen miteinander „verheiraten". Jene Überlegung nimmt in der schließlich zu Satz 4.6 führenden Theorie eine Schlüsselstellung ein.

Diese Beobachtungen berechtigen zu folgender Kritik an den bisher verwendeten Methoden: Man hat Längenmessung in die Beweise hineingesteckt, um schließlich wieder die Längen zu bekommen. Es liegt freilich kein Zirkelschluß vor, aber man würde doch ganz neue Einsichten über die Rolle der Längenmessung in unserem Zusammenhang erhalten, wenn es gelänge, die Längenmessung aus den Beweisen praktisch ganz zu verdrängen. Man kann dann überdies hoffen, Beweise zu erhalten, die noch in Situationen funktionieren, die jeder Längenmessung unzugänglich sind.

Im folgenden § 8 benutzen wir den sog. Heiratssatz (vgl. etwa Selecta Mathematica I), um den Beweis von Satz 3.2 bzw. 4.6 (Weyl) weitgehend „längen-frei" zu machen. Anschließend skizzieren wir in § 9 eine Verallgemeinerung auf die Theorie des Haarschen Maßes in kompakten Gruppen.

§ 8. Gleichverteilung und Heiratssatz

Wir betrachten wie in den §§ 1−4 die Drehungen T_t (t reell) der Einheitskreislinie G. Alle Drehungen kommen in Wahrheit schon für $0 \leq t < 1$ vor. Wir schließen $\langle 0, 1 \rangle$ in das kompakte Intervall $\langle -1, 2 \rangle$ ein und stellen fest, daß für jedes $f \in C(G)$ die auf dem Kompaktum $G \times \langle -1, 2 \rangle$ definierte reelle Funktion

$$\psi : (x, t) \to f(T_t x)$$

stetig ist. Bekannte Überlegungen aus der metrischen Topologie, führen nun zu der Aussage, daß das System der Verschobenen $T_t f$ ($0 \leq t < 1$) von f gleichgradig gleichmäßig stetig ist. Dies Resultat hatten wir früher schon einmal unter Verwendung der Längenmetrik gewonnen (§ 3.1). Wir legen jetzt aber Wert auf die Beobachtung, daß man es mit jeder äquivalenten Metrik genau so gut bekommt.

Definition 8.1: Sei f eine reelle Funktion auf G. Eine Überdeckung $\mathfrak{T} : R = E_1 \cup \cdots \cup E_N$ (mit den Teilen $E_1, \ldots, E_n \neq \emptyset$ und der Länge N) heißt eine ε-Überdeckung für f, wenn für $\nu = 1, \ldots, N$

$$|f(T_s x) - f(T_t x)| < \varepsilon \quad (s, t \in E_\nu, x \in G)$$

gilt. Wir setzen allgemein $\inf \emptyset = \infty$ und definieren

$N(\varepsilon, f) = \inf \{N \mid \text{es gibt eine } \varepsilon\text{-Überdeckung für } f \text{ mit der Länge } N\}$.

ε-Überdeckungen der Länge $N(\varepsilon, f) < \infty$ heißen *minimal*.

Unser obiges Resultat liefert nun den

Satz 8.2: *Ist f eine stetige Funktion, so ist stets $N(\varepsilon, f) < \infty$: Zu jedem $\varepsilon > 0$ gibt es ε-Überdeckungen für f.*

Der Heiratssatz liefert uns nun den

Satz 8.3: *Seien $R = E_1 \cup \cdots \cup E_N$ und $R = F_1 \cup \cdots \cup F_N$ zwei minimale ε-Überdeckungen (für eine reelle Funktion f auf G). Dann kann man nach eventueller Umnumerierung der $F_1, \ldots, F_n$ stets*
$$E_1 \cap F_1 \neq \emptyset, \ldots, E_N \cap F_N \neq \emptyset$$
annehmen.

Beweis: Wir sagen, der Herr E_j sei mit der Dame F_k befreundet, wenn $E_j \cap F_k \neq \emptyset$ gilt. Offenbar besagt unser Satz, daß man die Herren mit den Damen monogam so verheiraten kann, daß jeder Herr eine *befreundete* Dame heiratet. Dies Resultat liefert uns der Heiratssatz, wenn wir nur nachweisen, daß für $1 \leq r \leq N$ je r beliebige Herren zusammen mindestens r Freundinnen haben. Nach Umnumerierung können wir uns auf die Herren $E_1, \ldots, E_r$ beschränken und annehmen, daß sie zusammen gerade die Freundinnen $F_1, \ldots, F_s$ haben. Das impliziert $E_1 \cup \cdots \cup E_r \subseteq F_1 \cup \cdots \cup F_s$. Wäre nun $s < r$, so wäre $F_1, \ldots, F_s, E_{r+1}, \ldots, E_N$ eine ε-Überdeckung für f, mit der Länge $s + N - r < r + N - r = N$, im Widerspruch zur Minimalität von $N = N(\varepsilon, f)$.

Damit ist unser Satz bewiesen.

Der entscheidende Schritt zum Gleichverteilungssatz 3.2 bestand in der Auffindung einer Funktion $\frac{1}{N} \sum_{\nu=1}^{N} T_{t_\nu}$, die beliebig wenig schwankt. Wir hatten damals — und dies implizierte Längenmessungen in G —
$$t_\nu = \frac{\nu - 1}{N}$$
gewählt. Jetzt werden wir die t_ν den Teilen minimaler ε-Teilungen entnehmen.

Satz 8.4: *Seien $\mathfrak{S}: R = E_1 \cup \cdots \cup E_N$ und $\mathfrak{T}: R = F_1 \cup \cdots \cup F_N$ zwei minimale ε-Teilungen für die Funktion f auf G. Dann gilt für jede Wahl von $s_\nu \in E_\nu$, $t_\nu \in F_\nu$ ($\nu = 1, \ldots, N$)*
$$\left| \frac{1}{N} \sum_{\nu=1}^{N} f(T_{s_\nu} x) - \frac{1}{N} \sum_{\nu=1}^{N} f(T_{t_\nu} x) \right| < 2\varepsilon \quad (x \in G).$$

Beweis: Wegen Satz 8.3 können wir nach passender Numerierung der Teile $u_\nu \in E_\nu \cap F_\nu$ ($\nu = 1, \ldots, N$) wählen. Wir haben dann
$$|f(T_{s_\nu} x) - f(T_{t_\nu} x)| \leq |f(T_{s_\nu} x) - f(T_{u_\nu} x)| + f(T_{u_\nu} x) - f(T_{t_\nu} x)|$$
$$< \varepsilon + \varepsilon = 2\varepsilon \qquad (x \in G),$$
woraus sich durch Mitteln die Behauptung ergibt.

Satz 8.5: *Sei $\mathfrak{T}: R = E_1 \cup \cdots \cup E_N$ eine minimale ε-Überdeckung zu der reellen Funktion f auf G. Dann schwankt für jede Wahl von $t_\nu \in E$ ($\nu = 1, \ldots, N$) die Funktion $\frac{1}{N} \sum_{\nu=1}^{N} T_{t_\nu} f$ auf G um höchstens 2ε.*

Beweis: Durch Translation auf R um t entsteht aus einer minimalen ε-Überdeckung $E_1, \ldots, E_N$ für G wieder eine minimale ε-Überdeckung $E_1 + t, \ldots, E_N + t$. In der Tat ist für $u, v, \in E_\nu$, also

$$u + t, \; v + t \in E_\nu + t,$$

wieder

$$|f(T_{u+t} x) - f(T_{v+t} x)|$$
$$= |(fT_u(T_t x)) - f(T_v(T_t x))| < \varepsilon.$$

Nach dem vorigen Satz erhalten wir also

$$\left| \frac{1}{N} \sum_{\nu=1}^{N} f(T_{t_\nu}(T_t x)) - \frac{1}{N} \sum_{\nu=1}^{N} f(T_{t_\nu} x) \right|$$
$$= \left| \frac{1}{N} \sum_{\nu=1}^{N} f(T_{t_\nu + t} x) - \frac{1}{N} \sum_{\nu=1}^{N} f(T_{t_\nu} x) \right| \leq 2\varepsilon.$$

Da $T_t x$ ganz G durchläuft, wenn t ganz R durchläuft, folgt die Behauptung.

Satz 8.6: *Seien f eine reelle Funktion auf G und $\varepsilon > 0$, $s_1, \ldots, s_M \in R$ und $t_1, \ldots, t_N \in R$ derart, daß jede der Funktionen $\frac{1}{M} \sum_{\mu=1}^{M} T_{s_\mu} f$, $\frac{1}{N} \sum_{\nu=1}^{N} T_{t_\nu} f$ auf G um höchstens ε schwankt. Dann gilt*

$$\left| \frac{1}{M} \sum_{\mu=1}^{M} f(T_{s_\mu} x) - \frac{1}{N} \sum_{\nu=1}^{N} f(T_{t_\nu} y) \right| \leq 2\varepsilon \quad (x, y \in G).$$

Beweis: Seien $J, K \subseteq R$ abgeschlossene Intervalle der Länge ε, derart, daß J sämtliche Werte von $\frac{1}{M} \sum_{\mu=1}^{M} T_{s_\mu} f$ und K sämtliche Werte von $\frac{1}{N} \sum_{\nu=1}^{N} T_{t_\nu} f$ enthält. Dann liegt für jedes $x \in G$ die reelle Zahl

$$\frac{1}{MN} \sum_{\mu=1}^{M} \sum_{\nu=1}^{N} f(T_{s_\mu + t_\nu} x)$$

1. in J, denn sie ist ein Mittelwert aus Funktionswerten

$$\frac{1}{M} \sum_{\mu=1}^{M} f(T_{s_\mu}(T_{t_\nu} x)),$$

von denen wir wissen, daß sie in J liegen;

2. in K, denn sie ist ein Mittelwert von Funktionswerten

$$\frac{1}{N} \sum_{\nu=1}^{N} f(T_{t_\nu}(T_{s_\mu} x)),$$

die in K liegen.

Aus $J \cap K \neq \emptyset$ folgt die Behauptung.

Der folgende Beweis enthält einige Resultate, die wir aus § 3 schon kennen, nun aber mit neuen Beweisen.

Satz 8.7: 1. *Es gibt genau eine auf dem Raum $C(G)$ der stetigen reellen Funktionen auf G definierte reelle Funktion $m: f \to m(f)$ ($f \in C(G)$) mit folgenden Eigenschaften*:

a) $m(1) = 1$,
b) $m(f) \geq 0$ ($f \geq 0$),
c) $m(\alpha f) = \alpha m(f)$ (α reell),
d) $m(f + g) = m(f) + m(g)$ ($f, g \in C(G)$),
e) $m(T_t f) = m(f)$ (t reell).

2. *Ist $f \in C(G)$, $\varepsilon > 0$, $t_1, \ldots, t_N \in R$ und schwankt $\frac{1}{N} \sum_{\nu=1}^{N} T_{t_\nu} f$ auf G um höchstens ε, so ist*

$$\left| \frac{1}{N} \sum_{\nu=1}^{N} f(T_{t_\nu} x) - m(f) \right| \leq \varepsilon \quad (x \in G).$$

Beweis: Wir konstruieren m mittels 2.: Für eine stetige Funktion f auf G gibt es nach Satz 8.2 zu jedem $n > 0$ eine minimale $\frac{1}{n}$-Überdeckung und somit eine durch Mitteln von Verschobenen von f gebildete Funktion f_n, die auf ganz G um höchstens $\frac{2}{n}$ schwankt. Wählt man irgendein $x \in G$, so ist nach Satz 8.6 die reelle Zahlenfolge $f_1(x), f_2(x), \ldots$ konvergent. Es gilt nämlich $|f_n(x) - f_k(x)| \leq \frac{4}{n}$ für $n \leq k$. Änderung von x ändert $f_n(x)$ mit höchstens $\frac{1}{n}$, und Ersetzung von f_n durch eine andere analog gebaute Funktion, die ebenfalls nur um $\frac{1}{n}$ schwankt, ändert $f_n(x)$ (wieder nach Satz 8.6) auch nur um höchstens $\frac{2}{n}$.

Wir sehen also, daß $\lim_n f_n(x)$ nicht von der Wahl von f_n und x im Rahmen unserer Bedingungen abhängt. Wir setzen nun

$$m(f) = \lim_n f_n(x).$$

Wir wollen nun zeigen, daß dies m den Bedingungen 1. a)—e) genügt. Das ist mit Ausnahme von d) so leicht, daß wir es dem Leser als Übung überlassen (man nütze z.B. die oben diskutierte Freiheit, die f_n und x abzuändern, aus). Beweisen wir also jetzt d).

Wir haben irgendwelche $f, g \in C(G)$ und wählen die f_n, g_n als Mittelwerte von Verschobenen von f, g so, daß sie auf G jeweils um höchstens $\frac{1}{n}$ schwanken. Sei etwa

$$f_n = \frac{1}{M} \sum_{\mu=1}^{M} T_{s_\mu} f, \qquad g_n = \frac{1}{N} \sum_{\nu=1}^{N} T_{t_\nu} f.$$

Dann bilden wir

$$f'_n = \frac{1}{MN} \sum_{\mu,\nu} T_{s_\mu+t_\nu} f = \frac{1}{N} \sum_{\nu=1}^{N} T_{t_\nu} f_n,$$

$$g'_n = \frac{1}{MN} \sum_{\mu,\nu} T_{s_\mu+t_\nu} g = \frac{1}{M} \sum_{\mu=1}^{M} T_{s_\mu} g_n.$$

Dies zeigt: Da die Werte von f'_n aus Werten von f_n durch Mitteln entstehen, schwankt auch f'_n um höchstens $\frac{1}{N}$, und aus demselben Grunde ist dies auch für g'_n der Fall. Durch erlaubte Abänderung können wir also $M = N$, $s_1 = t_1, \ldots, s_N = t_N$ erzwingen. Dann aber ist $f_n + g_n$ ein Mittelwert aus Verschobenen von $f + g$, nämlich

$$f_n + g_n = \frac{1}{N} \sum_{\nu=1}^{N} T_{t_\nu}(f + g)$$

und schwankt natürlich höchstens um $\frac{2}{n}$, man hat also bei beliebiger Wahl von x

$$\lim_n (f_n(x) + g_n(x)) = m(f + g)$$

aber natürlich auch

$$\lim_n f_n(x) = m(f), \qquad \lim_n g_n(x) = m(g),$$

woraus

$$m(f + g) = m(f) + m(g)$$

folgt, wie behauptet.

Nun haben wir 2. für dies m zu beweisen. Das folgt aber leicht aus 1. a)—e):

Ist $A \leq \frac{1}{N} \sum_{\nu=1}^{N} T_{t_\nu} f \leq A + \varepsilon$, so folgt

$$A = m(A) \leq m\left(\frac{1}{N} \sum_{\nu=1}^{N} T_{\nu_t} f\right) = \frac{1}{N} \sum_{\nu=1}^{N} m(T_{t_\nu} f) = \frac{1}{N} \sum_{\nu=1}^{N} m(f)$$

$$= m(f) \leq m(A + \varepsilon) = A + \varepsilon$$

und damit 2.

Der Umstand, daß 2. allein aus 1. a)—e) folgt, zeigt, daß *jedes m'* mit diesen fünf Eigenschaften ebenfalls 2. erfüllt und daher mit dem vorhin konstruierten m zusammenfällt.

Kehren wir jetzt wieder zu unserem ursprünglichen Ziel — der Konvergenz von Mittelwerten längs Vorwärtsbahnen also zu § 3.3, insbesondere Satz 3.2 — zurück. Eine Analyse der damals gegebenen Beweise zeigt, daß nur mehr das Dichtliegen der a-Vorwärtsbahnen für irrationale a (also der Satz 2.1 von Kronecker) und die gleichgradig gleichmäßige Stetigkeit aller Verschobenen $T_t f$ einer stetigen Funktion f benutzt wird, sobald man erst einmal beliebig wenig schwankende Mittelwerte von Verschobenen von f in der Hand hat.

Wir hätten also, um einen „längen-freien" Beweis von Satz 3.2 zu liefern, lediglich die explizite Verwendung von Längen aus dem Beweis des Satzes 2.1 (Kronecker) zu verdrängen.

Dies ist m. W. bisher nicht gelungen (vgl. immerhin Furstenberg [1], Satz 1.3).

Es sieht also so aus, als sei nur Satz 8.7 der in der hier gewünschten Richtung verallgemeinerungsfähige Teil des Weylschen Gleichverteilungssatzes. Seine Verallgemeinerung ist der Gegenstand des nächsten Paragraphen.

§ 9. Das Haarsche Maß auf kompakten Gruppen

Für Leser, die Vorkenntnisse in allgemeiner Topologie haben, geben wir hier in kurzen Zügen einen Beweis für die Existenz und Eindeutigkeit des Haarschen Maßes auf kompakten Gruppen. Die vorangehenden Abschnitte liefern Beispiele abelscher kompakter Gruppen. Wir werden sehen, wie leicht man sich von der Kommutativität frei machen kann.

Definition 9.1: Sei G eine Gruppe und $\mathfrak{U}$ eine Hausdorffsche Topologie in G. Das Paar $(G, \mathfrak{U})$ heißt eine *topologische Gruppe*, wenn die Abbildung

$$(x, y) \to xy^{-1}$$

von $G \times G = \{(x, y) \mid x, y \in G\}$ in G stetig ist.

Überlegungen aus den vorangehenden Abschnitten lassen sich so zusammenfassen: $G = R \bmod 1$ und der r-dimensionale Torus G^r sind abelsche kompakte topologische Gruppen.

Beispiel 9.2: Sei $n = 1$ und G die Menge aller orthogonalen n-reihigen reellen Matrizen $x = (x_{jk})_{j,h=1,\ldots,n}$. Mit der üblichen Matrizenmultiplikation ist G bekanntlich eine Gruppe. Sie ist für $n = 1$ abelsch, für $n = 2$ aber bereits nichtabelsch (wegen des Auftretens vieler Spiegelungen), erst recht also nichtabelsch für $n \geq 3$. Geht man zur Untergruppe G_+ aller $x \in G$ mit positiver Determinante über, so bekommt man für $n = 2$ noch die Gruppe aller Drehungen der Ebene, ohne die Spiegelungen, also eine zu R mod 1 isomorphe abelsche Gruppe, die man auch mit der multiplikativen Gruppe $\{z \mid z$ komplex, $|z| = 1\}$ identifizieren kann. Für $n \geq 3$ wird aber auch G_+ nichtabelsch. —

Da Inversion und Multiplikation von Matrizen $x \in G$ in den Komponenten x_{jk} ($j, k = 1, \ldots, n$) stetige Operationen sind, ist G, als Teilmenge von R^{n^2} aufgefaßt und mit der von dort induzierten Topologie der komponentenweisen Konvergenz versehen, eine topologische Gruppe. Da die Forderung der Orthogonalität die Komponenten auf das Intervall $\langle -1, 1 \rangle$ beschränkt und der Limes von orthogonalen Matrizen stets wieder eine orthogonale Matrix ist, ist G — und ebenso G_+ — eine kompakte Gruppe.

In diesem Beispiel war schon von Isomorphie die Rede, und der Leser wird bemerken, daß alle auftretenden Isomorphismen zugleich umkehrbar stetige Abbildungen sind. Es ist nicht schwierig, die einfachen gruppentheoretischen Überlegungen, die zu den Homomorphiesätzen führen, unter Beschränkung auf *stetige* Abbildungen zu wiederholen. Als Beispiel für das Hinzukommen topologischer Betrachtungen erwähnen wir: die Abbildung

$$x \to e^{i2\pi x}$$

der additiven topologischen Gruppe R aller reellen Zahlen auf die multiplikative topologische Gruppe $G = \{z \mid z$ komplex, $|z| = 1\}$ ist homomorph und stetig, mit der abgeschlossenen Gruppe Z aller ganzen Zahlen als Kern. Der resultierende Isomorphismus $R / Z \to G$ kann dazu dienen, die kompakte Topologie von G nach $R / Z = R$ mod 1 zu übertragen. Das Resultat fällt mit dem in § 5 Geleisteten zusammen, wenn wir G mit der Einheitskreislinie identifizieren. —

Diese Bemerkungen sind als Anreiz für den Leser gedacht, werden aber im folgenden nicht mehr benötigt.

Definition 9.3: Sei G eine Gruppe. Für jedes $t \in G$ bezeichnen wir die durch

$$L_t x = tx \quad (x \in G)$$

definierte eineindeutige Abbildung L_t von G auf sich als die *Linkstranslation* (Linksverschiebung) um t, und definieren analog die *Rechtstranslation* (Rechtsverschiebung) R_t um t durch

$$R_t x = xt \quad (x \in G).$$

Ist $L_t = R_t$ — was genau dann der Fall ist, wenn t im Zentrum der Gruppe G liegt, also genau für abelsche Gruppen G für alle $t \in G$ gilt — so schreiben wir auch T_t statt L_t oder R_t und sprechen von der *Translation* (Verschiebung) um t schlechthin.

Läßt man Abbildungen $T: G \to G$ nach der Regel
$$(Tf)(x) = f(Tx) \quad (x \in G)$$
auf Funktionen f auf G wirken, so ist klar, was man unter den *Verschobenen* $L_t f$, $R_t f$, $T_t f$ von Funktionen zu verstehen hat. Folgende Rechenregeln gelten für Verschiebungen bei Anwendung auf Punkte in G wie auf Funktionen auf G:

$$\left. \begin{array}{l} L_s \circ L_t = L_{st} \\ R_s \circ R_t = R_{ts} \\ L_s \circ R_t = R_t \circ L_s \end{array} \right\} \quad (s, t \in G).$$

Bezeichnet e das Einselement von G, so ist $L_e = R_e = 1$, die identische Abbildung.

Der Leser wird nun leicht bestätigen, daß sich die in den §§ 1—8 untersuchten Abbildungen T_a usw. als Translationen in Gruppen einordnen lassen.

Definition 9.4: Sei f eine reelle Funktion auf der Gruppe G. 1. Sei $\varepsilon > 0$ beliebig. Eine endliche Überdeckung $T: G = E_1 \cup \cdots \cup E_N$ von G mit nichtleeren Mengen heißt eine ε-*Überdeckung* für f, wenn
$$|f(sxt) - f(syt)| < \varepsilon \quad (s, t \in G)$$
für jede Wahl von $\nu = 1, \ldots, N$ und $x, y \in E_\nu$ gilt. N heißt die *Länge* und $E_1, \ldots, E_N$ heißen die *Teile* von T. Indem wir wie üblich inf $\emptyset = \infty$ setzen, definieren wir

$N(\varepsilon, f) = \inf \{N \mid$ es gibt eine ε-Überdeckung für f mit der Länge $N\}$.

Eine ε-Überdeckung für f von der Länge $N(\varepsilon, f)$ wird als minimale ε-Überdeckung für f bezeichnet.

2. Ist $N(\varepsilon, f) < \infty$ ($\varepsilon > 0$), so wird f als *fastperiodisch* bezeichnet. Eine ε-Überdeckung $G = E_1 \cup \cdots \cup E_N$ für f ist also dadurch gekennzeichnet, daß jede Verschobene von f auf jedem E um weniger als ε schwankt.

Konstante Funktionen sind trivialerweise fastperiodisch. Eine Menge nichttrivialer Beispiele liefert der

Satz 9.5: *Jede stetige reelle Funktion auf einer kompakten topologischen Gruppe ist fastperiodisch.*

Beweis: Sei f eine stetige reelle Funktion auf der kompakten topologischen Gruppe G. Wir fixieren $\varepsilon > 0$ und $x \in G$ und bestimmen zu jedem $s, t \in G$ eine offene Umgebung

$U_{s,t}(x)$ von x,

$V(s)$ von s,

$W(t)$ ˙von t

so, daß für $y \in U$, $s' \in V$, $t' \in W$ stets

$$|f(s'yt') - f(sxt)| < \frac{\varepsilon}{4}$$

gilt. Aus Stetigkeitsgründen geht das. Da G kompakt ist und $G = \bigcup_{s \in G} V(s)$, $G = \bigcup_{t \in G} W(t)$ offene Überdeckungen von G sind, kann man je endlichviele $s_1, \ldots, s_p \in G$, $t_1, \ldots, t_q \in G$ so bestimmen, daß

$$G = V(s_1) \cup \cdots \cup V(s_p), \quad G = W(t_1) \cup \cdots \cup W(t_q)$$

gilt. $U(x) = \bigcap_{j=1}^{p} \bigcap_{k=1}^{q} U_{s_j, t_k}(x)$ ist dann immer noch eine offene Umgebung von x. Wählt man nun $y \in U(x)$ und s, t beliebig, so liegt etwa s in $V(s_j)$, $t \in W(t_k)$ und wir bekommen

$$|f(syt) - f(s_j x t_k)| < \frac{\varepsilon}{4}.$$

Das gilt insbesondere für $y = x$:

$$|f(sxt) - f(s_j x t_k)| < \frac{\varepsilon}{4}.$$

Zusammen erhalten wir nun

$$|f(sxt) - f(syt)| < \frac{\varepsilon}{2} \quad (s, t \in G,\ y \in U(x)).$$

Weil G kompakt ist, kann man endlichviele $x_1, \ldots, x_s \in G$ so bestimmen, daß $G = U(x_1) \cup \cdots \cup U(x_s)$ gilt. Wir zeigen, daß dies eine ε-Überdeckung für f ist. In der Tat: sind $x, y \in U(x_\sigma)$, so gilt

$$|f(sxt) - f(xyt)| \leq |f(sxt) - f(sx_\sigma t)| + |f(sx_\sigma t) - f(syt)|$$
$$< \frac{\varepsilon}{2} + \frac{\varepsilon}{2} = \varepsilon.$$

Mit einigem Aufwand kann man übrigens zeigen, daß Satz 9.5 im Grunde *sämtliche* Beispiele fastperiodischer Funktionen liefert.

Satz 9.6: *Sei f eine fastperiodische Funktion auf der Gruppe G, $\varepsilon > 0$ und $G = E_1 \cup \cdots \cup E_N$ eine minimale ε-Überdeckung für f. Dann gilt für jede Wahl von $x_1 \in E_1, \ldots, x_N \in E_N$*

$$\left| \frac{1}{N} \sum_{\nu=1}^{N} f(sx_\nu t) - \frac{1}{N} \sum_{\nu=1}^{N} f(ux_\nu v) \right| < 2\varepsilon \quad (s, t, u, v \in G).$$

Beweis: 1. Wie im Beweis von Satz 8.2 zeigt man mit Hilfe des Heiratssatzes, daß man je zwei minimale ε-Überdeckungen für f miteinander „verheiraten" kann: nach passender Umnumerierung haben gleichnumerierte Teile nichtleeren Durchschnitt.

2. Ist $G = E_1 \cup \cdots \cup E_N$ eine minimale ε-Überdeckung für f, so sind beliebige $s, t, u, v \in G$ auch $G = sE_1t \cup \cdots \cup sE_Nt$ und

$$G = uE_1v \cup \cdots \cup uE_Nv$$

minimale ε-Überdeckungen für f. Man bekommt nun die gewünschte Ungleichung genau wie im Beweis von Satz 8.6. Wir haben also auf $G \times G = \{(s, t) \mid s, t \in G\}$ Funktionen der Form $\frac{1}{N} \sum_{\nu=1}^{N} f(sx_\nu t)$ erhalten, die beliebig wenig schwanken. Ist $\frac{1}{M} \sum_{\mu=1}^{M} f(sy_\mu t)$ eine weitere derartige Funktion, so sieht man leicht, daß sich beide Funktionen in der Nähe der reellen Zahl $\frac{1}{MN} \sum_{\mu,\nu} f(y_\mu x_\nu)$ halten. Damit ist die Bahn frei für eine nahezu wörtliche Übertragung der in § 8 für den Fall der Einheitskreislinie entwickelten Theorie. Wir überlassen die Details dem Leser und formulieren als Ergebnis den

Satz 9.7: *Sei G eine kompakte topologische Gruppe.* 1. *Es gibt genau eine auf dem Raum $C(G)$ aller stetigen reellen Funktionen auf G definierte reelle Funktion $m: f \to m(f)$ mit folgenden Eigenschaften:*

a) $m(1) = 1$,
b) $m(f) \geq 0$ ($f \geq 0$),
c) $m(\alpha f) = \alpha m(f)$ (α *reell*),
d) $m(f + g) = m(f) + m(g)$ ($f, g \in C(G)$),
e) $m(L_s f) = m(f) = m(R_t f)$ ($s, t \in G$).

2. *Ist $f \in C(G)$, $\varepsilon > 0$, $t_1, \ldots, t_N \in R$ und schwankt die auf*

$$G \times G = \{(s, t) \mid s, t \in G\}$$

definierte Funktion

$$\frac{1}{N} \sum_{\nu=1}^{N} f(sx_\nu t),$$

insgesamt um $< \varepsilon$, so ist

$$\left| \frac{1}{N} \sum_{\nu=1}^{N} f(sx_\nu t) - m(f) \right| \leq \varepsilon \quad (s, t \in G).$$

Der Leser wird bei der Ausführung des Beweises die Möglichkeit sehen, einen analogen Satz für den Raum $\mathfrak{F}(G)$ aller fastperiodischen Funktionen auf einer beliebigen Gruppe G zu beweisen. Wir haben diesen abstrakteren Satz hier nur deshalb nicht formuliert, um uns den (übrigens leichten) Nachweis, daß $\mathfrak{F}(G)$ ein linearer Raum ist, zu ersparen.

Wer mit der Theorie der Radon-Maße auf kompakten Räumen G vertraut ist, spricht eine Funktion $m: C(G) \to R$ mit den in Satz 9.7

1. a) bis d) formulierten Eigenschaften sofort als ein normiertes Radon-Maß an, und e) als die Eigenschaft, gegen Links- wie Rechtsverschiebungen invariant zu sein. Ein Maß mit diesen Eigenschaften wird als Haarsches Maß auf der kompakten Gruppe G bezeichnet. Satz 9.7 1. besagt also die Existenz und Eindeutigkeit des Haarschen Maßes auf kompakten Gruppen, und 2. gibt einen Hinweis auf seine Berechnung.

Literatur

1. Furstenberg, H.: Strict Ergodicity and Transformation of the Torus. Amer. J. Math. **83**, 573−601 (1961).
2. Helmberg, G., Cigler, J.: Neuere Entwicklungen der Theorie der Gleichverteilung. Jber. DMV **64**, 1−50 (1961).
3. Kronecker, L.: Die Periodensysteme von Funktionen reeller Variablen. Kgl. Preuß. Akad. Wiss. Berlin 1884, S.1071−1080, oder: Werke Bd.III, S.31−46.
4. − Näherungsweise ganzzahlige Auflösung linearer Gleichungen. Kgl. Preuß. Akad. Wiss. Berlin 1884, S.1179−1193 und S.1271−1299, oder: Werke Bd.III, S.47−109.
5. Maak, W.: Der Kronecker-Weylsche Gleichverteilungssatz für beliebige Matrizengruppen. Hamb. Abh. **17**, 91−94 (1951).
6. Veech, W. A.: Strict Ergodicity in Zero Dimensional Dynamical Systems and the Kronecker-Weyl theorem mod 2. Trans. Amer. Math. Soc. **140**, 1−33 (1969).
7. Weyl, H.: Über die Gleichverteilung von Zahlen mod Eins. Math. Ann. **77**, 313−352 (1916).

Markov-Prozesse mit endlichvielen Zuständen

K. Jacobs

Sicher hat jeder schon einmal einen Diffusionsvorgang zur Kenntnis genommen: die allmähliche Ausbreitung von Milch in Kaffee, Abwässern in einem See, Ideen in einer sozialen Gruppe.

All diese Vorgänge haben eins gemeinsam: ein Konzentrat wird in ein Medium gebracht und breitet sich dort allmählich aus, bis sich eine unveränderliche Limes-Verteilung eingestellt hat, die z. B. die Gleichverteilung sein kann. Will man dem Vorgang auf den Grund gehen, so wird man in einer Serie von Experimenten jedesmal eine Einheitspackung des Konzentrats an einer bestimmten Stelle in das Medium setzen, eine Zeiteinheit warten, und die Verteilung bestimmen, die das Konzentrat dann in dem Medium erreicht hat. Das letztere geschieht, indem man für jede Portion E des Mediums feststellt, welches Quantum $p(E)$ des Konzentrats sie enthält. Der Kundige wird sofort bemerken, daß hier eine Mengenfunktion vorliegt; somit bietet sich die sog. Maßtheorie als Werkzeug zur Aufstellung eines mathematischen Modells für unseren Diffusionsvorgang an.

Wir wollen, um den technischen Apparat der Maßtheorie einzusparen, die Situation etwas vereinfachen. Dazu denken wir uns das Medium in endlichviele Zellen eingeteilt, die wir etwa mit den Nummern $k = 1, \ldots, a$ bezeichnen. Setzt man das Quantum 1 unseres Konzentrats in die Zelle Nr. j, so möge sich nach einer Zeiteinheit etwa ein Quantum P_{jk} des Konzentrats in der Zelle Nr. k befinden. Da keine Masse verlorengehen soll, müssen sich diese Größen

(1) $\qquad P_{jk} \geq 0 \qquad (j, k = 1, \ldots, a)$

bei gegebenem j zu der Gesamtmasse 1 summieren:

(2) $\qquad \sum_{k=1}^{a} P_{jk} = 1 \qquad (j = 1, \ldots, a).$

Wir wollen ferner annehmen, daß die Ergebnisse der Diffusion aus verschiedenen Anfangszellen sich bei gleichzeitiger Durchführung linear überlagern: bringt man zu Beginn die Masse p_j in die Zelle j ($j=1,\ldots,a$), so findet man nach einer Zeiteinheit die Masse $p_1 P_{1k} + \cdots + p_a P_{ak}$, also

(3) $\qquad \sum_{j=1}^{a} p_j P_{jk}$

in der Zelle k.

Wir könnten, wie gesagt, mit Hilfe maßtheoretischer Techniken ein mathematisches Modell für Diffusionsvorgänge bauen, das nicht nur Übergänge zwischen endlichvielen Zellen, sondern auch die Ausbreitung eines Konzentrats in einem kontinuierlichen Medium nachzeichnet. Es würden dann Integrale an die Stelle der obigen Summen treten. Auf einer Zwischenstufe, die noch ohne Maßtheorie auskommt, kann man mit abzählbarvielen Zellen arbeiten und hätte dann unendliche Reihen an Stelle endlicher Summen (vgl. Chung [12], Feller [19]). Unser endliches Modell ist jedoch nicht nur mathematisch bereits hinreichend interessant, es erfaßt auch Erscheinungen, die von praktischer Bedeutung sind, wenn sie auch nicht gleich wie Diffusionsvorgänge aussehen. Wir bleiben daher in diesem Beitrag bei Modellen mit endlichvielen Zellen oder, wie man auch sagt, Zuständen.

Jeder weiß, daß hinter einer makroskopischen Diffusionserscheinung mikroskopisch die zufällige Bewegung einer großen Zahl von Molekülen steht. Die Masse P_{jk}, die wir in der Zelle k beobachteten, gibt auf Grund des Gesetzes der großen Zahl annähernd die Wahrscheinlichkeit wieder, mit der ein Molekül in einer Zeiteinheit von der Zelle j zur Zelle k übergeht. Unser finites Modell eignet sich zur Wiedergabe aller Vorgänge, bei denen solche Übergangswahrscheinlichkeiten zwischen endlichvielen Zellen, Zuständen o. dgl. eine Rolle spielen. Wir wollen einige Beispiele kennenlernen.

Beispiel 1 (Atomspektren): Nach dem Bohrschen Modell des H-Atoms stehen dem um ein Proton kreisenden Elektron abzählbarviele Bahnen zur Verfügung. Vereinfachen wir uns dies Modell einmal mittels der Annahme, es gebe nur die endlichvielen Bahnen $k = 1, \ldots, a$. Durch Adsorption oder Emission von Lichtquanten springt das Elektron zwischen diesen Bahnen oder Zuständen hin und her. Diese Sprünge können in sehr rascher Folge stattfinden, aber wir wollen annehmen, daß wir eine Zeiteinheit wählen können, innerhalb welcher nur höchstens ein Sprung vorkommen kann. Bedeutet P_{jk} für diese Zeiteinheit die Wahrscheinlichkeit des Übergangs $j \to k$, so wird bei Beobachtung einer großen Zahl N von H-Atomen, von denen sich der Bruchteil p_j im Zustand j befindet nach dem Gesetz der großen Zahl ungefähr der Bruchteil $p_j P_{jk}$ den Übergang $j \to k$ vollziehen. Bedeutet E_k die Energie der Bahn k und h die Plancksche Konstante, so wird beim Übergang $j \to k$ die Frequenz $v_{jk} = \frac{1}{h}(E_k - E_j)$ im Falle $E_k > E_j$ emittiert und die Frequenz $v_{jk} = \frac{1}{h}(E_j - E_k)$ im Falle $E_k < E_j$ adsorbiert. Das bedeutet auf der Frequenz v_{jk} die Gesamtenergie $N p_j P_{jk} \frac{1}{h}(E_k - E_j)$ bei Emission, entsprechend bei Adsorption. Mit einem Spektrographen kann man diese Größen photographieren.

Beispiel 2 (Erneuerungstheorie): Bekanntlich haben Glühbirnen eine endliche Lebensdauer. Wir vereinfachen uns die Situation etwas, indem wir die Lebensalter nur nach Tagen rechnen und sie nach oben beschränken. Lassen wir also $k = 0, 1, \ldots, a$ Tage als mögliche Lebensalter einer Glühbirne zu. Eine Birne, die j Tage alt ist, kann den Übergang zum Alter $k = j + 1$ vollziehen oder aber kaputtgehen, dann wird sie erneuert, geht also in eine neue Birne vom Alter $k = 0$ über.

Die Übergangswahrscheinlichkeit für $j \to j + 1$ sei q_j, dann muß die Übergangswahrscheinlichkeit $j \to 0$ also $1 - q_j$ sein. Wir erhalten damit

$$P_{jk} = \begin{cases} q_j & \text{für } k = j + 1 \leq a \\ 1 - q_j & \text{für } k = 0 \\ 1 & \text{für } j = a, k = 0 \\ 0 & \text{sonst.} \end{cases} \quad (0 \leq j < a)$$

Wenn wir diese Größen zu einer Matrix zusammenfassen, erhalten wir folgendes Bild:

$$\begin{pmatrix} P_{00} & \cdots & P_{0a} \\ \cdots & \cdots & \cdots \\ P_{a0} & \cdots & P_{aa} \end{pmatrix} = \begin{pmatrix} 1 - q_0 & q_0 & 0 & \cdots & 0 \\ 1 - q_1 & 0 & q_1 & \cdots & 0 \\ 1 - q_{a-1} & 0 & 0 & \cdots & q_{a-1} \\ 1 & 0 & 0 & 0 \end{pmatrix}$$

Stellt der Hausmeister eines großen Gebäudes also an einem Tage fest, daß der Bruchteil p_j seiner Glühbirnen j Tage alt ist, so wird er nach dem Gesetz der großen Zahl am nächsten Tage etwa den Bruchteil

$$p'_k = \sum_{j=0}^{a} p_j P_{jk} = \begin{cases} p_{k-1} q_{k-1} & \text{für } 0 < k \leq a \\ \sum_{j=0}^{a-1} p_j (1 - q_j) + p_a & \text{für } k = 0 \end{cases}$$

im Alter k vorfinden. Es stört gewiß niemanden, daß die Nummern jetzt einmal von 0 bis a statt von 1 bis a laufen.

Ersetzt man „Glühbirnen" durch „Lebewesen" und „erneuern" durch „sich fortpflanzen", so erhält man ein primitives Modell aus der sog. Populationsdynamik. Während wir jedoch bei den Glühbirnen „durchbrennen" und „erneuern" strikt gekoppelt haben, muß man bei Lebewesen z.B. damit rechnen, daß sie sich fortpflanzen, ohne dabei zu sterben. Dies schlägt sich in der Forderung nieder, die sich zu 1 ergänzenden Zahlen q_j, $1 - q_j$ durch zwei beliebige Zahlen zwischen 0 und 1 zu ersetzen, und damit den für diesen Beitrag gesteckten Rahmen zu verlassen (vgl. Moran [31], S. 7ff.; auf S. 35f. werden dort auch genetische Übergänge diskutiert; für ein komplizierteres Modell, das auch den Vorgang der Partnerwahl einbezieht, vgl. Kesten [27]).

Beispiel 3 (Sprachstatistik): Die Kette der einzelnen Laute, die ein längeres Gebilde der französischen Sprache ausmachen, folgt bekanntlich gewissen Wohllautgesetzen, die bestimmte Übergänge wenn schon nicht ausschließen so doch sehr selten machen. Wenn man die Grammatik (für die es auch eine mathematische Theorie gibt, vgl. Hopcroft-Ullman [21] und den Übersichtsartikeln von Aho-Ullman [1], und vor allem das sehr gut verständliche Lehrbuch Gross-Lentin [19a]) vernachlässigt und sich rein auf Häufigkeitserscheinungen konzentriert, wird man die vorkommenden Laute oder besser Symbole (einschließlich des Symbols „Zwischenraum") mit $j = 1, \ldots, a$ numerieren und in einem längeren Sprachgebilde

1. die relativen Häufigkeiten p_j des Auftretens des Symbols Nr. j,
2. für jedes Symbolpaar j, k den Bruchteil P_{jk} der j, auf die k folgt,

auszählen. Für die französische Sprache findet man z. B. für die Buchstaben c und y nach Sacco [31] (Table 4)

$$p_c = 0{,}025, \quad p_y = 0{,}0006$$

und für die Übergänge $c \to r, c \to z$

$$P_{cr} = 0{,}027, \quad P_{cz} = 0{,}000.$$

Die Kenntnis solcher statistischer Daten einer Sprache kann z. B. beim Entziffern von verschlüsselten Texten, deren Code man nicht kennt, von Nutzen sein (vgl. Herdan [20], Sacco [34] oder auch die Ansätze Evreinov-Kosarev-Ustinov [18], Sobolev [36] zur Entzifferung von Maya-Texten (und die Kritik von Schlenther [35])).

Das letzte Beispiel legt den Gedanken nahe, nicht nur Übergänge $j \to k$ von einem Zustand in einen andern, sondern auch Übergänge $(j_1, \ldots, j_r) \to k$ von einer Kette vorheriger Zustände in einen darauffolgenden Zustand ins Auge zu fassen, denn für den Wohllaut eines Sprechtextes ist nicht nur das Zusammenpassen zweier aufeinanderfolgender Laute entscheidend: Zunge und Ohr haben ein etwas längeres Gedächtnis. Dieser Gedanke drängt sich noch mehr auf, wenn man etwa Lernvorgänge in der Verhaltensforschung betrachtet: Ratten, die Ketten von Alternativen lernen, tun dies auf Grund eines langen Gedächtnisses. Die hier einschlägigen Modelle fügen sich teilweise in den in diesem Beitrag eingehaltenen Rahmen, teils sind sie auf ihn reduzierbar, oder doch nahe verwandt (vgl. Suppes-Atkinson [37], ferner Arrow-Karlin-Suppes [3], Bush-Estes [10], Bush-Mosteller [11], Estes [17], Kemeny-Snell-Thompson [26] Ciucu-Theodorescu [13].

Wir werden uns hinfort auf die mathematische Seite der angerissenen Probleme konzentrieren und fassen unsere diesbezüglichen Daten (1), (2) und (3) zusammen: Wir beschäftigen uns mit einer durch die Relationen (1) und (2) definierten Klasse von quadratischen (a-reihigen) reellen Matrizen

$$P = (P_{jk})_{j,k=1,\ldots,a} = \begin{pmatrix} P_{11} & \cdots & P_{1a} \\ P_{a1} & \cdots & P_{aa} \end{pmatrix};$$

diese werden *stochastische oder Markovsche Matrizen* (das Adjektiv „stochastisch" besagt, daß wahrscheinlichkeitstheoretische Motive im Hintergrund stehen) genannt; wir lassen sie gemäß (3) von rechts auf Vektoren $p = (p_j)_{j=1,\ldots,0} = (p_1, \ldots, p_a)$ wirken. Dabei denken wir natürlich zunächst an Vektoren mit nichtnegativen Komponenten, aber wie immer, wenn das Thema „Lineare Algebra" angeschlagen ist, werden wir uns jede Freiheit von dieser Beschränkung gestatten, wenn es mathematisch zweckmäßig erscheint. Wir müssen nur darauf achten, am Schluß wieder bei Resultaten über nichtnegative Vektoren zu landen. Jedenfalls sind wir an das zweite Thema „Positivität", also „Anordnung" eng gebunden, und damit hängt wiederum die Theorie der *konvexen Mengen* zusammen. Die eingangs aufgebrachte Idee der *Konvergenz* gegen eine gleichmäßige Verteilung wird uns überdies veranlassen, mit topologischen Mitteln zu arbeiten. Der Leser möge sich also darauf einstellen, daß er es hier nicht mit der reingezüchtet-algebraischen analytischen Geometrie, sondern mit mathematischen Gebilden, in denen sich mehrere Strukturen durchdringen, zu tun bekommt. In dieser gemischten und reicheren Form ist die lineare Algebra heute in zahlreiche Erfahrungswissenschaften (z. B. Ökonomie, Biologie, Datenverarbeitung) eingegangen. Die hier behandelten Vorgänge werden in der Wahrscheinlichkeitstheorie als *Markovsche Prozesse* mit endlichem Zustandsraum (nach A. A. Markov, der um 1900 die ersten grundlegenden Arbeiten [28], [29] auf diesem Gebiet schrieb) bezeichnet. Wir untersuchen sie hier ausschließlich „makroskopisch". Die „mikroskopische" Theorie würde einen größeren wahrscheinlichkeitstheoretischen Aufwand verlangen. Zum weiteren Studium seien vor allem die Bücher Kemeny-Snell-Thompson [26] und Feller [19] empfohlen. Für die maßtheoretische Ausgestaltung der Markov-Theorie vgl. Dynkin [15, 16], Blumenthal-Getoor [6], Meyer [30], Breiman [7], Jacobs-Krengel [25].

Wir merken noch an, daß in diesem Artikel nicht zwischen Punkten und Vektoren unterschieden wird. Je nachdem ob mehr die geometrische Anschauung oder die lineare Algebra im Vordergrund steht, bevorzugen wir die eine oder die andere Sprechweise.

Das Ziel dieses Beitrags ist eine makroskopische Dynamik derjenigen Modelle für Diffusionsvorgänge, die mit endlichvielen Zuständen („Zellen") arbeiten, der sog. Markov-Prozesse mit endlichem Zustandsraum. Wir wollen herausfinden, wie sich diese Prozesse asymptotisch, für gegen ∞ gehende Zeit, verhalten. Wir werden finden, daß im allgemeinen asymptotische Periodizität, manchmal auch schlichte Konvergenz (als Spezialfall der asymptotischen Periodizität) vorliegt. In § 1 stellen wir die grundlegenden Eigenschaften der wesentlichen Bausteine unserer Modelle, nämlich der sog. stochastischen Matrizen, zusammen und beweisen in § 2 u.a. einen Ergodensatz für stochastische Matrizen, die Existenz von Fixvektoren und ein Kriterium für die Konvergenz gegen eine feste Endverteilung. Die dabei verwendeten Methoden bilden ein einfaches Präludium zu den vollständigen und systematischen Studien der §§ 3, 4 und 5, deren jeder einen Beweis der asymptotischen Periodizität, aber jedesmal mit einer anderen Methode, enthält. In § 3 wenden wir die Methode der invarianten Mengen an; sie steht der Anschauung am nächsten. In § 4 führen wir die Methode der kompakten Halbgruppen vor; sie gibt zugleich einen exemplarischen Einblick in ein gegenwärtig aktives Gebiet der Funktionalanalysis. In § 5 beweisen wir unser Hauptergebnis zum drittenmal mit Hilfe von Eigenwertmethoden. Weiterführende Literatur ist jeweils an Ort und Stelle angegeben.

§ 1. Stochastische Matrizen und Abbildungen

Definition 1.1: Eine a-reihige quadratische reelle Matrix

$$P = (P_{jk})_{j,k=1,\ldots,a} = \begin{pmatrix} P_{11} & \cdots & P_{1a} \\ \cdots & & \cdots \\ P_{a1} & \cdots & P_{aa} \end{pmatrix}$$

wird *stochastisch* oder *Markovsch* genannt, wenn sie die Bedingungen

(1) $\quad P_{jk} \geq 0 \quad (j, k = 1, \ldots, a)$,

(2) $\quad \sum_{k=1}^{a} P_{jk} = 1 \quad (j = 1, \ldots, a)$

erfüllt. Die Menge aller stochastischer (a-reihigen) Matrizen wird mit $\boldsymbol{P}_a$ oder kurz $\boldsymbol{P}$ bezeichnet.

Für $a = 2$ ist jede stochastische Matrix von der Form

$$\begin{pmatrix} \alpha & 1-\alpha \\ 1-\beta & \beta \end{pmatrix}.$$

Für $a = 3$ sind

$$\begin{pmatrix} 1 & 0 & 0 \\ 0 & 1 & 0 \\ 0 & 0 & 1 \end{pmatrix} \quad \begin{pmatrix} 1 & 0 & 0 \\ 0 & \frac{1}{2} & \frac{1}{2} \\ 0 & \frac{1}{2} & \frac{1}{2} \end{pmatrix} \quad \begin{pmatrix} 0 & 1 & 0 \\ 0 & 0 & 1 \\ 1 & 0 & 0 \end{pmatrix} \quad \begin{pmatrix} \frac{1}{3} & \frac{1}{3} & \frac{1}{3} \\ \frac{1}{2} & \frac{1}{4} & \frac{1}{4} \\ \frac{1}{4} & \frac{1}{4} & \frac{1}{2} \end{pmatrix}$$

Beispiele stochastischer Matrizen. Man führe sich den jeweiligen Diffusionsvorgang vor Augen.

Wir wollen die Menge P aller stochastischen Matrizen der fest gewählten Reihenzahl a etwas anders beschreiben. Seien

$$e^{(1)} = (1, 0, 0, \ldots, 0)$$

$$e^{(2)} = (0, 1, 0, \ldots, 0)$$

$$\ldots\ldots\ldots\ldots\ldots\ldots\ldots$$

$$e^{(a)} = (0, 0, 0, \ldots, 1)$$

die Einheitsvektoren im a-dimensionalen reellen Raum R^a. Man erhält also jeden Vektor $x = (x_1, \ldots, x_a) \in R^a$ auf genau eine Weise als Linearkombination

$$x = x_1 e^{(1)} + \cdots + x_a e^{(a)}$$

dieser Einheitsvektoren: sie bilden eine Basis des R^a. Das Linearkombinieren $\lambda_1 y^{(1)} + \cdots + \lambda_n y^{(n)}$ von Vektoren $y^{(1)}, \ldots, y^{(n)}$ (aus einem beliebigen reellen linearen Raum) mit Koeffizienten $\lambda_1, \ldots, \lambda_n$ heißt *konvex*, wenn die Koeffizienten nichtnegativ sind und sich zu 1 summieren:

$$\lambda_1, \ldots, \lambda_n \geq 0,$$

$$\lambda_1 + \cdots + \lambda_n = 1.$$

Die Menge aller Vektoren, die man aus einer Menge M von Vektoren eines linearen Raumes durch Bilden endlicher konvexer Linearkombinationen aus Vektoren von M gewinnen kann, heißt die *konvexe Hülle* conv (M) von M. Ist conv $(M) = M$, so heißt M *konvex*. conv (M) ist, wie man leicht sieht, stets konvex. Man sieht ebenfalls leicht, daß der Durchschnitt eines beliebigen Systems konvexer Mengen in einem reellen linearen Raum wieder konvex ist, und daß conv (M) der Durchschnitt aller M enthaltenden konvexen Mengen (zu denen z. B. auch der ganze Raum gehört) ist.

Die folgende Definition beschreibt offenbar die konvexe Hülle der speziellen Menge $M = \{e^{(1)}, \ldots, e^{(a)}\} \subseteq R^a$.

Definition 1.2: Ein Vektor $p = (p_1, \ldots, p_a) \in R^a$ heißt *stochastisch* oder ein *Wahrscheinlichkeitsvektor*, wenn er die Bedingungen

(3) $$p_j \geq 0 \quad (j = 1, \ldots, a)$$

(4) $$\sum_{j=1}^{a} p_j = 1$$

erfüllt. Die Menge aller Wahrscheinlichkeitsvektoren im R^a wird mit V bezeichnet. Hat der Vektor $x \neq 0$ lauter nichtnegative Komponenten, so gibt es ein $\alpha > 0$ mit $x \in V$ (Aufnormierung).

Man kann jetzt sagen: eine a-reihige Matrix $P = (P_{jk})_{j,k=1,\ldots,a}$ is genau dann stochastisch, wenn ihre Zeilenvektoren $P_{j\cdot} = (P_{j1}, \ldots, P_{ja}$ stochastisch sind. Erinnern wir uns daran, daß eine a-reihige Matrix P auf Vektoren $p \in R^a$ gemäß

$$pP = \left(\sum_{j=1}^{a} p_j P_{j1}, \ldots, \sum_{j=1}^{a} p_j P_{ja} \right)$$

als lineare Abbildung wirken kann, wobei $e^{(1)}P, \ldots, e^{(a)}P$ gerade die Zeilenvektoren von P ergeben, so kann man sagen: P ist genau dann stochastisch, wenn $e^{(1)}P, \ldots, e^{(a)}P \in V$ gilt. Eine lineare Abbildung P führt natürlich konvexe Linearkombinationen in konvexe Linearkombinationen über, was conv $(M)P = $ conv (MP) (da wir Matrizen auf Vektoren von rechts anwenden, schreiben wir sie konsequenterweise auch rechts neben Mengen von Vektoren, auf die sie wirken) liefert. Damit wird wegen $V = $ conv $(\{e^{(1)}, \ldots, e^{(a)}\})$ die simple Relation

$$VP \subseteq V$$

zu einem Äquivalent der Aussage „P ist eine stochastische Matrix". Hier haben wir stillschweigend schon immer getan, was wir im folgenden auch beibehalten wollen: dasselbe Symbol bezeichnet eine Matrix wie auch die von ihr bezüglich der ausgezeichneten Basis $e^{(1)}, \ldots, e^{(a)}$ definierte lineare Abbildung. Dementsprechend ist es klar, was eine *stochastische* oder *Markovsche Abbildung* ist, und natürlich schreiben wir das Produkt zweier Matrizen genau so wie die Hintereinanderausführung der zugehörigen linearen Abbildungen. Aus

$$VP \subseteq V, \quad VQ \subseteq V$$

folgt so

$$VPQ \subseteq VQ \subseteq V$$

und damit

Satz 1.3: *Das Produkt aus zwei stochastischen Matrizen (Abbildungen) ist wieder eine stochastische Matrix (Abbildung). Anders ausgedrückt: die stochastischen Matrizen (Abbildungen) bilden eine Halbgruppe.*

Das hätte man natürlich auch direkt aus der Definition 1.1 nachrechnen können (Übung!).

Wir wollen uns nun einige Mitglieder dieser Halbgruppe genauer ansehen. Da wären zunächst einmal sämtliche Matrizen, deren Zeilen sogar Einheitsvektoren sind. Jede solche Matrix entspricht genau einer Abbildung $\tau: \{1, \ldots, a\} \to \{1, \ldots, a\}$ vermöge

$$e^{(j)}P = P_{j\cdot} = e^{(\tau(j))} \quad (j = 1, \ldots, a),$$

d. h.

$$P_{jk} = \delta_{\tau(j),k}$$

(wobei $\delta_{jk} = 0$ für $j \neq k$, $\delta_{jk} = 1$ für $j = k$ das übliche Kronecker-Symbol bedeutet). Wir wollen $P^{(\tau)}$ für die so zu τ gehörige Matrix schreiben. Natürlich entspricht die Hintereinanderausführung $\sigma\tau$ zweier solcher Abbildungen σ, τ (in dieser Reihenfolge) der Matrizenmultiplikation:

$$P^{(\sigma\tau)} = P^{(\sigma)} P^{(\tau)},$$

d. h. $\tau \to P^{(\tau)}$ bildet die Halbgruppe der τ homomorph in eine Unterhalbgruppe von P ab. Dabei geht die identische Abbildung **1** in die Einheitsmatrix $E = P^{(1)}$ über, und man kann damit schließen: der Gruppe der Permutationen τ von $\{1, \ldots, a\}$ entspricht die Unter*gruppe* der sog. *Permutationsmatrizen* in **P**, das sind gerade diejenigen, deren Zeilen eine Permutation der Einheitsvektoren sind, oder, äquivalent: die in jeder Zeile wie auch in jeder Spalte genau eine Eins und sonst lauter Nullen haben. Diese Matrizen haben damit die zusätzliche Eigenschaft, daß auch ihre *Spalten*summen gleich 1 sind. Sie fallen daher unter folgende

Definition 1.4: Eine stochastische (a-reihige) Matrix $P = (P_{jk})_{j,k=1,\ldots,a}$ heißt *doppelt-stochastisch*, wenn sie die Bedingungen

$$\sum_{j=1}^{a} P_{jk} = 1 \qquad (k = 1, \ldots, a)$$

erfüllt. Die Menge aller doppelt-stochastischen (a-reihigen) Matrizen (Abbildungen) wird mit **D** bezeichnet.

Für $a = 2$ ist jede doppelt-stochastische Matrix von der Form

$$\begin{pmatrix} \alpha & 1 - \alpha \\ 1 - \alpha & \alpha \end{pmatrix} \qquad (0 \leq \alpha \leq 1).$$

Von den nach Definition 1.1 gegebenen Beispielen mit $a = 3$ sind die ersten drei doppelt-stochastisch, die letzte jedoch nicht.

Durch Übergang zu transponierten Matrizen beweist man sofort den

Satz 1.5: *Die doppelt-stochastischen Matrizen bilden eine Unterhalbgruppe* **D** *der Halbgruppe* **P** *aller stochastischen Matrizen.*

Wenn man mit Matrizen komponentenweise linear rechnet, kann man sie als Vektoren im R^{a^2} ansehen. Man erhält dann sofort den

Satz 1.6: **P** *und* **D** *sind konvexe Mengen im* R^{a^2}.

Immer wenn von konvexen Mengen die Rede ist, wird man routinemäßig nach ihren sog. *Extremalpunkten* fragen.

Definition 1.7: Sei K eine konvexe Teilmenge eines reellen linearen Raumes. Ein Punkt x von K heißt ein *Extremalpunkt* von K, wenn aus

$$x = \alpha y + \beta z, \quad y, z \in K, \quad \alpha, \beta > 0, \quad \alpha + \beta = 1$$

stets $x = y = z$ folgt, oder kurz: wenn $K \setminus \{x\}$ noch immer konvex ist.

Man sieht sofort, daß in der konvexen Menge V aller Wahrscheinlichkeitsvektoren im R^a gerade die Einheitsvektoren $e^{(1)}, \ldots, e^{(a)}$ die Extremalpunkte bilden (Übung!). Daraus leitet man durch zeilenweises Zusammensetzen sofort ab, daß in der konvexen Menge P aller stochastischen a-reihigen Matrizen die Matrizen der Form $P^{(\tau)}$ gerade die Extremalpunkte bilden. Mit Hilfe des sog. Heiratssatzes (vgl. etwa Selecta Mathematica I) beweist man die weit schwierigere Aussage: Die Extremalpunkte der Menge D aller doppelt-stochastischen a-reihigen Matrizen sind gerade die Permutationsmatrizen (vgl. Selecta Mathematica III).

Wir sehen uns jetzt die Halbgruppen P und D noch unter topologischen Gesichtspunkten an. Bei der dem Begriff der komponentenweisen Konvergenz entsprechenden Topologie im R^a ist jede Linearform L auf R^a stetig, weil sie sich in der Gestalt

$$L(x) = L_1 x_1 + \cdots + L_a x_a \quad (x = (x_1, \ldots, x_a) \in R^a)$$

auf die stetigen Operationen der Addition und Multiplikation der Komponenten von Vektoren — und durch die Konvergenz der Komponenten ist ja die Konvergenz von Vektoren definiert — zurückführen läßt. Es folgt, daß jede Menge der Form $\{x \mid L(x) = \alpha\}$ oder $\{x \mid L(x) \geq \alpha\}$ (L Linearform, α reell) abgeschlossen ist. Durchschnitte solcher Mengen sind natürlich auch abgeschlossen. Mit Hilfe der Linearformen

$$L_k(x) = x_k \quad (k = 1, \ldots, n),$$
$$L(x) = x_1 + \cdots + x_n$$

kann man

$$V = \{x \mid L(x) = 1\} \cap \bigcap_{k=1}^{a} \{x \mid L_k(x) \geq 0\}$$

schreiben. Somit ist die konvexe Menge $V \subseteq R^a$ abgeschlossen. Da die Komponenten von Vektoren aus V auf das kompakte Intervall $\langle 0, 1 \rangle$ beschränkt sind, ist V auch kompakt.

Gehen wir jetzt zum Raum R^{a^2} aller reellen a-reihigen Matrizen $X = (x_{jk})_{j,k=1,\ldots,a}$ über und betrachten wir dort ebenfalls die Topologie der komponentenweisen Konvergenz. Mittels der Linearformen

$$\left. \begin{array}{l} L_{jk}(X) = x_{jk} \\ L_{j\cdot}(X) = x_{j1} + \cdots + x_{ja} \\ L_{\cdot k}(X) = x_{1k} + \cdots + x_{ak} \end{array} \right\} \quad (j, k = 1, \ldots, a)$$

kann man dann

$$P = \bigwedge_{j=1}^{a} \{X \mid L_{j.}(X) = 1\} \wedge \bigwedge_{j,k=1}^{a} \{X \mid L_{jk}(X) \geq 0\},$$

$$D = P \wedge \bigwedge_{k=1}^{a} \{X \mid L_{.k}(X) = 1\}$$

schreiben und sieht auf diese Weise, daß P und D abgeschlossen und sogar kompakt sind. Da sich die Multiplikation von Matrizen auf endlichviele Additionen und Multiplikationen von Matrizenkomponenten zurückführen läßt, ist sie eine stetige Operation: Ist P (in allen Komponenten) nur wenig verschieden von P' und Q nur wenig verschieden von Q', so ist PQ nur wenig verschieden von $P'Q'$. Mit entsprechender Begründung sieht man, daß alle linearen Abbildungen im R^a stetig sind.

In einer üblichen Terminologie faßt man diese Beobachtungen so zusammen: P und D sind kompakte topologische Halbgruppen von stetigen Abbildungen im R^a.

Diese Aussagen sollte man im folgenden stets zusammen mit der Konvexität von P und D vor Augen haben.

Wir bemerken noch, daß D in Gestalt der Permutationsmatrizen eine zur symmetrischen Gruppe vom Grade a isomorphe Untergruppe enthält und somit für $a \geq 3$ nichtabelsch ist. Für $a = 2$ ist jede doppeltstochastische Matrix von der Form

$$P = \begin{pmatrix} \alpha & 1 - \alpha \\ 1 - \alpha & \alpha \end{pmatrix}$$

mit $0 \leq \alpha \leq 1$. Multipliziert man P mit

$$Q = \begin{pmatrix} \beta & 1 - \beta \\ 1 - \beta & \beta \end{pmatrix},$$

so ergibt sich

$$PQ = \begin{pmatrix} \alpha\beta + (1-\alpha)(1-\beta) & \alpha(1-\beta) + (1-\alpha)\beta \\ (1-\alpha)\beta + \alpha(1-\beta) & (1-\alpha)(1-\beta) + \alpha\beta \end{pmatrix}$$

$$= \begin{pmatrix} 2\alpha\beta + 1 - \alpha - \beta & \alpha + \beta - 2\alpha\beta \\ \alpha + \beta - 2\alpha\beta & 2\alpha\beta + 1 - \alpha - \beta \end{pmatrix}$$

$$= QP,$$

d.h. D ist für $a = 2$ abelsch. Daß P für $a > 2$ nicht abelsch ist, möge der Leser durch ein Beispiel belegen.

§ 2. Das asymptotische Verhalten Markovscher Prozesse: Vorstudien

Wir kehren zu unserem endlichen Modell eines Diffusionsvorganges zwischen a Zellen zurück. Der wichtigste Bestandteil dieses Modells ist eine stochastische Matrix P von a Reihen, deren Zeile P_j. angibt, wie sich die Masse 1, in Zelle j gesetzt, nach einer Zeiteinheit verteilt hat. Lag zu Beginn die Masse p_j in Zelle j, ist uns also die Anfangssituation durch einen Vektor $p = (p_1, \ldots, p_a)$ mit nichtnegativen Komponenten gegeben, so hat man nach einer Zeiteinheit — durch Überlagerung — die Situation

$$p_1 P_1. + \cdots + p_a P_a. = pP.$$

Läßt man noch eine Zeiteinheit verstreichen, so entsteht $(pP)P = pP^2$. Man sieht: die Entwicklung, die p im Laufe der (in diskreten Einheiten fortschreitenden) Zeit nimmt, ist durch die Folge

$$p, pP, pP^2, \ldots$$

von Vektoren im R^a gegeben. Wir stellen uns die Aufgabe, den Verlauf dieser Entwicklung allgemein aufzuklären. Um zu vernünftig gestellten Problemen und aussichtsreichen Vermutungen zu kommen, sehen wir uns vor allen Dingen erst einmal eine Reihe spezieller stochastischer Matrizen P an.

Ist $P = I$ die Einheitsmatrix, so ist stets $p = pP = pP^2 = \cdots$ und trivialerweise liegt Konvergenz vor; und alle Vektoren aus V treten als Limites auf: $pP^t \to p$ ($p \in V$).

Sind alle Zeilenvektoren von P gleich, etwa $P_j. = q$ ($j = 1, \ldots, a$), so ist $pP = pP^2 = \cdots = q$ für jedes $p \in V$. Man hat also stets Konvergenz, und für $p \in V$ kommt nur dies eine universelle q als Limes der Folge pP^t in Frage.

Ist $P = P^{(\tau)}$ eine Permutationsmatrix, so ist für jeden Basisvektor $e^{(j)}$ die Folge $e^{(j)}, e^{(j)}P, e^{(j)}P^2, \ldots$ gleich der Folge $e^{(j)}, e^{(\tau(j))}, e^{(\tau^2(j))}, \ldots$ Ist die Permutation τ zyklisch, so durchläuft diese Folge die Basisvektoren periodisch. Setzt sich τ aus mehreren Zyklen zusammen, so gehört j zu einem dieser Zyklen und unsere Folge durchläuft diejenigen Basisvektoren, deren Nummern zu diesem Zyklus gehören, periodisch. Nur wenn der Zyklus die Länge 1 hat, was z. B. für $P = I$ stets der Fall ist, handelt es sich um eine konvergente, nämlich konstante Folge.

Sehen wir uns nun einmal für $a = 2$ und $0 < \alpha < 1$ die Matrix

$$P = \begin{pmatrix} \alpha & 1 - \alpha \\ 0 & 1 \end{pmatrix}$$

an. Man sieht sofort, daß

$$P^t = \begin{pmatrix} \alpha^t & 1 - \alpha^t \\ 0 & 1 \end{pmatrix} \qquad (t = 0, 1, \ldots)$$

gilt. Wegen $0 < \alpha^t < 1$ entleert sich Zelle 1 mit exponentieller Gedigkeit in die „adsorbierende" Zelle 2 und stets gilt

$$pP^t \to (0, 1).$$

Etwas komplizierter ist die Situation für die Matrix

$$P = \begin{pmatrix} \alpha & \dfrac{1-\alpha}{2} & \dfrac{1-\alpha}{2} \\ 0 & 0 & 1 \\ 0 & 1 & 0 \end{pmatrix}$$

Hier hat man

$$P^t = \begin{pmatrix} \alpha^t & \dfrac{1-\alpha^t}{2} & \dfrac{1-\alpha^t}{2} \\ 0 & 1 & 0 \\ 0 & 0 & 1 \end{pmatrix} \qquad (t \text{ gerade}),$$

$$P^t = \begin{pmatrix} \alpha^t & \dfrac{1-\alpha^t}{2} & \dfrac{1-\alpha^t}{2} \\ 0 & 0 & 1 \\ 0 & 1 & 0 \end{pmatrix} \qquad (t \text{ ungerade})$$

und der Diffusionsvorgang sieht so aus: Zelle 1 gibt $1 - \alpha$ ihres Inhalts zu gleichen Teilen an die Zellen 2 und 3 ab. Zelle 2 und Zelle 3 tauschen ihre Bestände vollständig aus. Man rechnet für beliebiges $p = (p_1, p_2, p_3)$ leicht nach:

$$pP^t = \begin{cases} \left(\alpha^t p_1, p_2 + \dfrac{1-\alpha^t}{2} p_1, p_3 + \dfrac{1-\alpha^t}{2} p_1\right) & (t \text{ gerade}) \\ \left(\alpha^t p_1, p_3 + \dfrac{1-\alpha^t}{2} p_1, p_2 + \dfrac{1-\alpha^t}{2} p_1\right) & (t \text{ ungerade}). \end{cases}$$

Stellt man $p = (p_1, p_2, p_3)$ den Vektor $q = \left(0, p_2 + \dfrac{p_1}{2}, p_3 + \dfrac{p_1}{2}\right)$ zur Seite, so kommt

$$qP^t = \begin{cases} q & (t \text{ gerade}) \\ \left(0, p_3 + \dfrac{p_1}{2}, p_2 + \dfrac{p_1}{2}\right) & (t \text{ ungerade}). \end{cases}$$

Das ist eine rein periodische Bewegung und man sieht: im Falle $\alpha < 1$ gilt

$$pP^t - qP^t \to 0 \quad (t \to \infty)$$

mit exponentieller Geschwindigkeit.

Die in diesen Beispielen gewonnenen Eindrücke kann man etwa so zusammenfassen: ein beliebiger Vektor $p \in V$ schmiegt sich längs seiner „Bahn" p, pP, pP^2, ... mit exponentieller Geschwindigkeit einem ihm zugeordneten, rein periodisch — oder sogar konstant — laufenden Vektor q an. Es ist unser Ziel, zu zeigen, daß dies Bild für beliebige stochastische Matrizen P richtig ist. Nur unter speziellen Voraussetzungen wird also die Folge p, pP, pP^2, ... konvergieren.

Die in der Einleitung angestellten heuristischen Betrachtungen legen es freilich nahe, Bedingungen für die Existenz eines $\lim pP^t$ besonders aufzuspüren und nach Fixvektoren, d.h. Vektoren $q = qP$ zu suchen. Beide Fragen hängen eng zusammen: aus $pP^t \to q$ folgt aus Stetigkeitsgründen $pP^{t+1} \to qP$, also wegen der Eindeutigkeit des Limes $q = qP$.

Während das oben erwähnte allgemeine Resultat („exponentiell-asymptotische Periodizität") längere Untersuchungen erfordert, die wir in den §§ 3, 4 und 5 auf drei im Ergebnis äquivalente, aber in sich grundverschiedene Arten vortragen werden, kann man zu Spezialergebnissen über Fixvektoren und Konvergenz schon auf etwas einfachere Weise kommen. Wir nehmen diese einfacheren Überlegungen vorweg, um einen ersten Einblick in die Methodik zu bekommen.

1. Die Existenz von Fixvektoren

Manchen stochastischen Matrizen P sieht man sofort einige Fixvektoren an. Sind z.B. alle Zeilenvektoren von P gleich q, so ist q der einzige Fixvektor. Ist P doppelt-stochastisch, so ist die Gleichverteilung $q = \left(\dfrac{1}{a}, \ldots, \dfrac{1}{a}\right)$ ein Fixvektor:

$$\sum_{j=1}^{a} \frac{1}{a} P_{jk} = \frac{1}{a} \sum_{j=1}^{a} P_{jk} = \frac{1}{a} \qquad (k = 1, \ldots, a).$$

Wie die Einheitsmatrix $P = I$ zeigt, können doppelt-stochastische Matrizen noch massenhaft weitere Fixvektoren haben.

Um für eine beliebige stochastische Matrix P zu einem Resultat zu kommen, betrachten wir einmal einen beliebigen Wahrscheinlichkeitsvektor $p \in V$.

Die Vektoren p, pP, pP^2, ..., und damit auch deren konvexe Linearkombinationen

$$\frac{1}{t} \sum_{u=0}^{t-1} pP^u \qquad (t = 1, 2, \ldots)$$

liegen sämtlich in der kompakten Menge V. Wir können also durch (a-maligen) Übergang zu einer Teilfolge Konvergenz erzwingen:

(1) $$\frac{1}{t_k} \sum_{u=0}^{t_k-1} pP^u \to q$$

für eine passende Teilfolge $1 \leq t_1 < t_2 < \cdots$ und einen passenden Vektor $q \in V$ (die Konvergenz geht wie immer komponentenweise). Weil die Abbildung $P: R^a \to R^a$ stetig ist, folgt aus (1)

$$\frac{1}{t_k} \sum_{u=1}^{t_k} pP^u \to qP.$$

Durch Subtraktion — hier kürzen sich links $t_k - 2$ Summanden fort — erhält man

(2) $$\frac{1}{t_k}(p - pP^{t_k}) \to q - qP.$$

Da die Komponenten von $p - pP^{t_k}$ beschränkt bleiben und $t_k \to \infty$ strebt, geht die linke Seite von (2) gegen 0. Also ist $q - qP = 0$ und wir haben den

Satz 2.1: *Für jede stochastische Matrix P gibt es mindestens einen P-fixen Wahrscheinlichkeitsvektor q:*

$$qP = q.$$

Bedenkt man, daß V ein konvexes Kompaktum und die Einschränkung von P auf V eine stetige Abbildung von V in V ist, so hätte man dies Ergebnis auch aus dem Brouwerschen Fixpunktsatz (vgl. etwa Alexandrov-Hopf [2] S. 376ff., Burger [9] (Anhang)) gewinnen können. Der Beweis des Fixpunktsatzes von Brouwer ist jedoch ungleich komplizierter als unser einfacher Beweis von Satz 2.1.

2. Der Ergodensatz für stochastische Matrizen

Der Beweis von Satz 2.1 beruhte — außer einem „Kürzungsstrick" — im wesentlichen auf der Kompaktheit von V. Verallgemeinern wir diese Überlegungen einmal folgendermaßen:

Wendet man auf einen beliebigen Vektor $x = (x_1, \ldots, x_a) \in R^a$ die stochastische Matrix $Q = (Q_{jk})_{j,k=1,\ldots,a}$ an, so entsteht ein Vektor

$$\left(\sum_j x_j Q_{j1}, \ldots, \sum_j x_j Q_{ja}\right),$$

dessen Komponenten wegen $0 \leq Q_{jk} \leq 1$ $(j, k = 1, \ldots, a)$ alle dem Betrage nach kleiner gleich der Konstanten $a \sup |x_j|$ sind. Konvexe Linearkombinationen derartiger Vektoren erfüllen natürlich noch immer diese Schrankenbedingung, und sie bleibt auch bei Konvergenz (komponentenweise) erhalten. Wenden wir dies mit $Q = I, P, P^2, \ldots$ an, so sehen wir: Bezeichnet $K(x)$ den Abschluß der konvexen Hülle der „Bahn" $x, xP, \ldots$ eines beliebigen Vektors $x \in R^a$, so ist $K(x)$ kompakt: durch a-malige Teilfolgenbildung kann man jede Folge von Vektoren aus $K(x)$ komponentenweise konvergent machen. Da für jedes x die

Folge

(3) $$\frac{1}{t} \sum_{u=0}^{t-1} x P^u \qquad (t = 1, 2, \ldots)$$

in der kompakten Menge $K(x)$ liegt, kann man den zu Satz 2.1 führenden Schluß anwenden und sieht, daß jeder Limespunkt der Folge (3), d. h. jeder Limes einer Teilfolge von (3) ein Fixpunkt von P ist: jedes $K(x)$ enthält mindestens einen Fixpunkt.

Wir stellen nun die Frage nach der Eindeutigkeit dieses Fixpunkts. Sie hängt aufs engste mit der Frage zusammen, ob man sich den Übergang zu Teilfolgen sparen kann, d. h. ob die Folge (3) schon selbst konvergent ist. Man weiß ja aus allgemeinen Gründen: stimmen sämtliche Limespunkte von (3) überein, so ist (3) selbst konvergent gegen diesen einzigen Limespunkt.

Wir definieren zwei Teilmengen von R^a:

$$F = \{y \mid yP = y\},$$
$$N = \{x \mid 0 \in K(x)\}.$$

Unser obiges Resultat läßt sich dann so aussprechen:

$$K(x) \cap F \neq \emptyset \qquad (x \in R^a).$$

Sei nun $y \in K(x) \cap F$. Es gibt also eine Folge $M_1, M_2, \ldots$ von Matrizen der Form

$$M = \alpha_1 P^{u_1} + \cdots + \alpha_r P^{u_r}, \quad \alpha_1, \ldots, \alpha_r \geq 0, \quad \alpha_1 + \cdots + \alpha_r = 1.$$

— r, die „konvexen" Koeffizienten α_ϱ und die Exponenten u variieren mit dem Index n, den man M gibt — derart, daß

(4) $\qquad\qquad\qquad x M_n \to y \quad (n \to \infty)$

gilt. Wir hatten z. B. vorhin ein $y \in K(x) \cap F$ mittels passender

$$M_n = \frac{1}{t_n} \sum_{u=0}^{t_n - 1} P^u$$

(also mit $r = t_n$, $\alpha_\varrho = \frac{1}{t_n}$, $u_\varrho = \varrho - 1$) gewonnen, aber es könnte sein, daß wir jetzt ein anderes y in Händen haben, bei dem das so speziell nicht geht. Auf jeden Fall resultiert aber aus $yP^{u_\varrho} = y$

$$y M_n = y \qquad (n = 1, 2, \ldots)$$

und das liefert zusammen mit (4)

$$M_n(x - y) \to 0 \quad (n \to \infty),$$

d. h. $x - y \in N$. Jedes $y \in K(x) \cap F$ gibt also Anlaß zu einer Zerlegung

(5) $\qquad\qquad\qquad x = y + f, \quad y \in F, f \in N.$

Wenn wir zeigen können, daß jedes $x \in R^a$ nur eine solche Zerlegung besitzt, sind wir fertig: es gibt dann nur einen Fixpunkt in jedem $K(x)$, und die Folge (3) muß gegen diesen konvergieren.

Es ist klar, daß F ein linearer Teilraum von R^a ist: aus $yP = y$ und $y'P = y'$ resultiert $(\alpha y + \alpha' y')P = \alpha y + \alpha' y'$ $(\alpha, \alpha' \in R)$. Aber auch N ist ein linearer Teilraum: Seien $x, x' \in N$ und etwa

$$xM_n \to 0$$
$$xM'_n \to 0$$
$(n \to \infty).$

Da die Koeffizienten der (stochastischen!) Matrizen M_n, M'_n alle zwischen 0 und 1 liegen, stören sie eine vorhandene Konvergenz gegen 0 nicht, wenn man die Matrizen multipliziert:

$$xM_nM'_n \to 0$$
$$x'M'_nM_n \to 0$$
$(n \to \infty).$

Ferner sieht man, daß sie kommutieren, weil es die beteiligten P-Potenzen tun, also ist

$$M_nM'_n = M'_nM_n,$$

und man findet für beliebige $\alpha, \alpha' \in R$

$$(\alpha x + \alpha' x') M_nM'_n$$
$$= \alpha(xM_nM'_n) + \alpha'(M'_nM_n) \to 0 \quad (n \to \infty),$$

d. h. $0 \in K(\alpha x + \alpha' x')$, also $\alpha x + \alpha' x' \in N$; also ist N ein linearer Unterraum.

Für $x \in F$ ist $K(x) = \{x\}$, und $x \in N$, d. h., $0 \in K(x)$ ist nur im Falle $x = 0$ möglich:

$$F \cap N = \{0\}.$$

Angenommen, ein $x \in R^a$ hat außer (5) noch eine weitere Zerlegung

$$x = y' + f', \ y' \in F, \ f' \in N,$$

dann folgt durch Subtraktion

$$y - y' = f' - f.$$

Da $y - y' \in F$ und $f' - f \in N$ ist, hat man $y - y' = f' - f \in F \cap N$, also $y - y' = f' - f = 0$, und damit stimmen beide Zerlegungen überein.

Fassen wir zusammen, so erhalten wir den

Satz 2.2 (Ergodensatz für stochastische Matrizen): *Ist P eine stochastische a-reihige Matrix, so gibt es zu jedem $x \in R^a$ genau ein $y \in R^a$ mit*

$$\frac{1}{t} \sum_{u=0}^{t-1} xP^u \to y = yP \quad (t \to \infty).$$

Dieser „Ergodenlimes" y *ist der einzige P-Fixpunkt im Abschluß* $K(x)$ *der konvexen Hülle der Bahn* $\{x, xP, \ldots\}$ *von* x.

Ein wesentliches Beweismittel war die Beschränktheit der Koeffizienten aller $I, P, P^2, \ldots$ Dies ist auch für andere Matrizenklassen richtig (z. B. für orthogonale Matrizen) und man erhält auch für diese denselben Ergodensatz auf dieselbe Weise. Man kann dieselben Überlegungen sogar auf den komplexen C^a übertragen. Von derartigen Verallgemeinerungsmöglichkeiten werden wir in § 5 Gebrauch machen.

Der Umstand, daß wir durch Übergang von V in den vollen Raum R^a und volles Ausschöpfen der linearen Struktur (z. B. von F und N) ein auch für $x \in V$ neues Resultat gewonnen haben, zeigt, wie zweckmäßig es sein kann, den mit einer Problemstellung ursprünglich gegebenen mathematischen Rahmen zu erweitern.

3. Ein Kriterium für Konvergenz von $p, pP, \ldots$ gegen einen universellen Punkt

Unsere Beispiele haben gezeigt, daß für einen Vektor $p \in V$ die Folge $p, pP, \ldots$ nicht zu konvergieren braucht, und daß der Limes auch im Falle der Konvergenz für verschiedene $p \in V$ verschieden ausfallen kann. Wir wollen nun ein Kriterium dafür kennenlernen, daß die Folge $p, pP, \ldots$ für alle $p \in V$ gegen denselben Limes konvergiert. Dies entspricht vielen Erfahrungsvorgängen, bei denen sich durch Diffusion aus einem beliebigen Anfangszustand stets derselbe Endzustand — etwa die Gleichverteilung $\left(\dfrac{1}{a}, \ldots, \dfrac{1}{a}\right)$ — einstellt.

Aus
$$VP \subseteq V$$
können wir durch Iteration jedenfalls
$$V \supseteq VP \supseteq VP^2 \supseteq \cdots$$
herleiten. Das ist eine absteigende Folge nichtleerer konvexer kompakter Mengen, und sie besitzt somit eine nichtleere konvexe kompakte Menge $V_0 = V_0 P$ als Durchschnitt. Besteht V_0 aus einem einzigen Vektor q, so ist natürlich $qP = q$ und $pP^t \to q$ $(t \to \infty)$ $(p \in V)$. Gilt umgekehrt diese letztere Konvergenz (mit demselben Limes q für alle $p \in V$!), so ist natürlich $V_0 \supseteq \{q\}$ und es gilt sogar Gleichheit; denn sonst gäbe es ein $q' \neq q$ in V_0, also zu jedem t ein $p^{(t)} \in V$ mit $q' = p^{(t)} P^t$. Läßt man eine Teilfolge $p^{(t_k)} \to p' \in V$ konvergieren, so findet man (wegen der Beschränktheit aller beteiligten Matrixkoeffizienten sind die benötigten Grenzwertvertauschungen kein Problem) $p'P^t \to q' \neq q$ im Widerspruch zur Annahme, q sei der einzig mögliche Limes.

Unser Problem ist also gleichbedeutend mit der Frage: Wann ziehen sich die Mengen $V \supseteq VP \supseteq VP^2 \supseteq \cdots$ auf einen Punkt q zusammen?

Eine notwendige Bedingung dafür erhält man folgendermaßen: Sei $V_0 = \{q\}$; da $q \in V$ ist, gibt es eine Komponente $q_{k_0} > 0$. Wenn $e^{(j)} P^t \to q$ für jedes $j = 1, \ldots, a$ gilt, muß es ein $t_0 > 0$ mit

$$|(e^{(j)} P^t)_{k_0} - q_{k_0}| < \frac{q_{k_0}}{2} \qquad (t \geq t_{k_0}, j = 1, \ldots, a),$$

also gewiß

(6) $\qquad (e^{(j)} P^t)_{k_0} > 0 \qquad (t \geq t_0, j = 1, \ldots, a)$

(gemeint sind die k_0-ten Komponenten der Vektoren $e^{(j)} P^t$) geben. Ist

$$P^t = (P_{jk}^{(t)})_{j,k=1,\ldots,a},$$

so bedeutet (6)

$$\inf_{j=1,\ldots,a} P_{jk_0}^{(t)} > 0 \qquad (t \geq t_0).$$

Von einem gewissen Zeitpunkt t_0 an besteht also die Spalte k_0 von $P^{(t)}$ aus lauter strikt positiven Elementen: einerlei, wie die Anfangsverteilung aussah, vom Zeitpunkt t_0 ab enthält die Zelle k_0 stets Masse.

Wir schwächen diese Aussage durch Beschränkung auf einen einzigen Zeitpunkt t_0 ab und treffen die

Definition 2.3: Sei P eine stochastische a-reihige Matrix. Eine Zelle k_0 heißt *attraktiv*, wenn es ein $t_0 \geq 0$ gibt, derart, daß

$$\inf_{j=1,\ldots,a} P_{jk_0}^{(t_0)} > 0$$

gilt.

Beispielsweise besitzt die früher untersuchte Matrix

$$P = \begin{pmatrix} \alpha & \dfrac{1-\alpha}{2} & \dfrac{1-\alpha}{2} \\ 0 & 0 & 1 \\ 0 & 1 & 0 \end{pmatrix}$$

keine attraktive Zelle. Bei ihr war die Folge P^t auch nicht konvergent, sondern asymptotisch periodisch.

Es gilt nun der

Satz 2.4: *Sei P eine stochastische a-reihige Matrix. Dann sind folgende Aussagen äquivalent:*

1. *Es gibt einen Vektor $q \in V$ mit*

$$pP^t \to q \qquad (p \in V, t \to \infty).$$

2. *Es gibt eine attraktive Zelle.*

Beweis: 1. ⇒ 2. wurde schon gezeigt.
2. ⇒ 1. — Wir führen im R^a die Norm

$$||x|| = \sum_{k=1}^{a} |x_k| \qquad (x = (x_1, \ldots, x_a) \in R^a)$$

ein. Da sie die von einer Norm üblicherweise verlangten Eigenschaften

a) $||x|| \geq 0$, mit $= 0$ genau wenn $x = 0$,

b) $||\alpha x|| = |\alpha| \cdot ||x||$ \qquad ($\alpha \in R$, $x \in R^a$),

c) $||x + y|| \leq ||x|| + ||y||$ \qquad ($x, y \in R^a$)

besitzt, kann man sie zur Definition eines Abstands $||x - y||$ von Punkten im R^a verwenden. Sie beschreibt offenbar gerade die Topologie der komponentenweise Konvergenz im R^a. Unter anderem wegen der folgenden Interpretation ist sie für unsere gegenwärtigen Zwecke besser geeignet als etwa die euklidische Norm $\sqrt{x_1^2 + \cdots + x_a^2}$, die dieselbe Topologie beschreibt.

Betrachtet man die Komponenten x_k eines Vektors x als positive bzw. negative Ladungen, die in den Zellen k sitzen, so kann man $||x||$ als die Gesamtladung (betragsmäßig) der Ladungsverteilung $x = (x_1, \ldots, x_a)$ auffassen. Zwei Vektoren $p', p'' \in V$ bringen in die Differenz $p' - p''$ jede denselben Ladungsbetrag 1 ein, und es wird $||p' - p''|| = 2$ genau dann, wenn die Ladungen von p' und p'' getrennt liegen (man kann dies durch $p'_k \cdot p''_k = 0$ ($k = 1, \ldots, a$) ausdrücken). Es wird $||p' - p''|| < 2$ genau in dem Ausmaß, in dem Ladungen von p' und $-p''$ in derselben Zelle zusammentreffen und sich dadurch auslöschen.

Rechnerisch kann man das so erfassen: Sind α', $\alpha'' \geq 0$ reelle Zahlen, so gilt

$$|\alpha' - \alpha''| = \alpha' + \alpha'' - 2 \min [\alpha', \alpha''].$$

Komponentenweise auf zwei Vektoren $p', p'' \in V$ angewendet, liefert das

$$||p' - p''|| = ||p'|| + ||p''|| - 2 \sum_{k=1}^{a} \min [p'_k, p''_k].$$

Gibt es also eine Komponente k_0 mit $p'_{k_0}, p''_{k_0} \geq \delta > 0$, so ergibt sich

$$||p' - p''|| \leq 2 - 2\delta.$$

Wählen wir insbesondere $p' = e^{(i)}Q$, $p'' = e^{(j)}Q$ mit $Q \in P$, also die i-te und j-te Zeile der stochastischen Matrix Q, so liefert die Voraussetzung

$$\inf_{j=1,\ldots,a} Q_{jk_0} = \delta > 0$$

die Abschätzung
$$\|e^{(i)}Q - e^{(j)}Q\| \leq 2 - 2\delta.$$
Für $i \neq j$ ist $2 = \|e^{(i)} - e^{(j)}\|$ und man sieht
$$\|e^{(i)} - e^{(j)}Q\| = \|e^{(i)}Q - e^{(j)}Q\| \leq \|e^{(i)} - e^{(j)}\|(1-\delta) \qquad (i \neq j).$$
Vektoren der Form $e^{(i)} - e^{(j)}$ ($i \neq j$) sind spezielle Vektoren der Form $x = (x_1, \ldots, x_a)$ mit $x_1 + \cdots + x_a = 0$, $\|x\| = 2$. Wir wollen sehen, wie sich $\|xQ\|$ für solche x verhält. Wir können nach Umnumerierung der Komponenten annehmen, daß $x_1, \ldots, x_b \geq 0$ und $x_{b+1}, \ldots, x_a < 0$ gilt. Wir haben also, wenn wir $y_k = -x_k$ ($k > b$) setzen,
$$x_1, \ldots, x_b \geq 0 \quad y_{b+1}, \ldots, y_a > 0$$
$$\sum_{i \leq b} x_i = 1 = \sum_{j > b} y_j$$
und
$$\|xQ\| = \|\sum_{i \leq b} x_i e^{(i)} Q - \sum_{j > b} y_j e^{(j)} Q\|$$
$$= \|\sum_{j > b} y_j \sum_{i \leq b} x_i e^{(i)} Q - \sum_{i \leq b} x_i \sum_{j > b} y_j e^{(j)} Q\|$$
$$= \|\sum_{\substack{i \leq b \\ j > b}} x_i y_j (e^{(i)} - e^{(j)}) Q\|$$
$$\leq \sum_{\substack{i \leq b \\ j > b}} x_i y_j \|(e^{(i)} - e^{(j)}) Q\|$$
$$\leq \sum_{\substack{i \leq b \\ j > b}} x_i y_j \|e^{(i)} - e^{(j)}\|(1 - \delta).$$

Zum Vergleich rechnet man nach
$$\|x\| = \sum_{i \leq b} x_i + \sum_{j > b} y_j$$
$$= 2 \sum_{\substack{i \leq b \\ j > b}} x_i y_j$$
$$= \sum_{\substack{i \leq b \\ j > b}} x_i y_j \|e^{(i)} - e^{(j)}\|$$
und erhält somit

(7) $$\|xQ\| \leq \|x\|(1 - \delta).$$

Da derselbe konstante Faktor, links und rechts je an x angebracht, diese Ungleichung erhält, kann man die Nebenbedingung $\|x\| = 2$ fallen lassen und sieht: (7) ist allgemein für $x = (x_1, \ldots, x_a)$ mit

$x_1 + \cdots + x_a = 0$, also z.B. für $x = r' - r''$, $r', r'' \in V$ richtig. Insbesondere gilt

$$\|r'Q - r''Q\| \leq \|r' - r''\| (1 - \delta) \qquad (r', r'' \in V)$$

und daher per Iteration

$$\|r'Q^n - r''Q^n\| \leq \|r' - r''\| (1 - \delta)^n \quad (r', r'' \in V, \ n \geq 0).$$

Jetzt nehmen wir an, Aussage 2 unseres Satzes sei richtig und bestimmen für eine attraktive Zelle k_0 ein $t_0 > 0$ mit

$$\inf_{j=1,\ldots,a} P_{jk_0}^{(t_0)} = \delta > 0.$$

Setzen wir $Q = P^{t_0}$, so kommt zunächst

$$\|r'P^{nt_0} - r''P^{nt_0}\| \leq \|r' - r''\| (1 - \delta)^n \quad (r', r'' \in V, \ n \geq 0).$$

Die Menge VP^{nt_0} hat also einen Durchmesser $\leq 2(1 - \delta)^n$, und dies geht für $n \to \infty$ mit exponentieller Geschwindigkeit gegen 0. Eine absteigende Folge von Mengen, in der die Durchmesser einer Teilfolge gegen 0 gehen, hat natürlich insgesamt gegen 0 gehende Durchmesser, zieht sich also auf höchstens einen Punkt zusammen. Da alle VP^t kompakt sind, gibt es wirklich einen solchen Durchschnittspunkt q. Setzt man $r'' = q$, also $qP^t = q$ ($t = 0, 1, \ldots$) und wählt man für r' einen beliebigen Vektor $p \in V$, so erhält man für $t = nt_0 + s$, $0 \leq s < t_0$

$$\|pP^t - q\| = \|pP^t - qP^t\|$$

$$\leq \text{Durchmesser von } VP^{nt_0}$$

$$\leq 2(1 - \delta)^n$$

$$= 2(1 - \delta)^{\frac{nt_0+s}{t_0} - \frac{s}{t_0}}$$

$$= 2(1 - \delta)^{-\frac{s}{t_0}} \left[(1 - \delta)^{\frac{1}{t_0}}\right]^t$$

$$\leq \frac{2}{1 - \delta} \left[(1 - \delta)^{\frac{1}{t_0}}\right]^t$$

$$= A\vartheta^t$$

mit passenden $A > 0$, $0 < \vartheta < 1$. Dies ist per definitionem die Aussage

$$pP^t \to q \qquad (t \to \infty, \text{ exponentiell}).$$

Damit haben wir Aussage 1 unseres Satzes sogar mit einer zusätzlichen Geschwindigkeitsaussage erhalten.

§ 3. Die Methode der invarianten Mengen

Wir stellen uns jetzt die Aufgabe, für eine beliebig vorgegebene stochastische a-reihige Matrix $P = (P_{jk})_{j,k=1,\ldots,a}$ das Verhalten der Folge $I, P, P^2, \ldots$, insbesondere in ihrer Wirkung auf Vektoren $p \in V$ (Wahrscheinlichkeitsvektoren) in voller Allgemeinheit aufzuklären.

Von den drei Methoden, die wir — mit dem gleichen Endresultat: exponentiell-asymptotische Periodizität — in den folgenden drei Abschnitten vorführen wollen, bleibt die erste, die wir in diesem Abschnitt behandeln, am nächsten an der anschaulichen Vorstellung eines Diffusionsvorganges.

Wenn nicht ausdrücklich anders vermerkt, liegt den folgenden Definitionen und Sätzen stets die gleiche, fest gewählte a-reihige stochastische Matrix P zugrunde.

Wir haben in § 2 bereits gelernt, für einen beliebigen Vektor $x \in R^a$ die Menge $\{x, xP, xP^2, \ldots\}$ als seine *Bahn* (unter der Wirkung von P) im R^a zu bezeichnen. Nun ist der R^a ja gewissermaßen ein komplizierterer — aber wegen seiner Linearitätsstruktur auch sehr angenehmer — Überbau über dem Grundgebilde $\{1, \ldots, a\}$ aller Zellen, dem unser eigentliches Interesse gilt. Wir bleiben also näher am eigentlichen Gegenstand, wenn wir folgendermaßen definieren:

Definition 3.1: Sei $x = (x_1, \ldots, x_a) \in R^a$ beliebig.

1. Die Menge
$$\mathrm{Tr}(x) = \{k \mid x_k \neq 0\}$$
wird als der *Träger von x* bezeichnet.

2. Die Menge
$$\mathrm{Sp}(x) = \bigcup_{t=0}^{\infty} \mathrm{Tr}(xP^t)$$
wird als die *Spur von x* (unter der Einwirkung von P) bezeichnet. Die Spur des Basisvektors $e^{(k)}$ wird auch als die *Spur* $\mathrm{Sp}(k)$ *der Zelle k* bezeichnet.

3. Eine Menge $M \subseteq \{1, \ldots, a\}$ heißt $(P\text{-})invariant$, wenn
$$\mathrm{Sp}(k) \subseteq M \quad (k \in M)$$
gilt.

4. Eine invariante Menge $\emptyset \neq M \subseteq \{1, \ldots, a\}$ heißt *minimal-invariant* (bezüglich P), wenn sie keine nichtleere echte Teilmenge enthält, die invariant ist.

Durch eine nahezu triviales Absteigeverfahren erhält man die erste Aussage von

Satz 3.2: 1. *Jede nichtleere P-invariante Menge enthält mindestens eine minimal-invariante Menge. Da $\{1, \ldots, a\}$ invariant ist, gibt es mindestens eine minimal-invariante Menge.*
2. *Der Durchschnitt invarianter Mengen ist invariant.*
3. *Ist M invariant und M' minimal-invariant, so ist $M' \subseteq M$ oder $M \cap M' = \emptyset$.*
4. *Zwei minimal-invariante Mengen sind entweder disjunkt oder identisch.*

Beweis: 2. Wir begnügen uns mit dem Durchschnitt von zwei invarianten Mengen, der allgemeine Fall geht analog. Seien also M und M' invariant. Für jedes $k \in M \cap M'$ gilt $\mathrm{Sp}(k) \subseteq M$ und $\mathrm{Sp}(k) \subseteq M'$, also $\mathrm{Sp}(k) \subseteq M \cap M'$, d.h. $M \cap M'$ ist invariant.

3. folgt aus 2.: Ist M invariant und M' minimal-invariant, so ist $M \cap M'$ leer, oder aber eine nichtleere invariante Teilmenge von M', also $= M'$, mithin folgt $M' = M \cap M'$, d.h. $M' \subseteq M$.

4. folgt aus 3.

Um etwas mehr über invariante Mengen zu erfahren, beschäftigen wir uns mit Spuren von (komponentenweise) nichtnegativen Vektoren. Wir schreiben zur Abkürzung $x \leq y$, wenn $x_k \leq y_k$ ($k = 1, \ldots, a$) gilt.

Satz 3.3: 1. *Ist $0 \leq x \leq y \in R^a$, so ist*

$$\mathrm{Tr}(x) \subseteq \mathrm{Tr}(y),$$
$$\mathrm{Sp}(x) \subseteq \mathrm{Sp}(y).$$

2. *Ist $0 < \alpha \in R$ und $0 \leq x \in R^a$, so ist*

$$\mathrm{Tr}(\alpha x) = \mathrm{Tr}(x),$$
$$\mathrm{Sp}(\alpha x) = \mathrm{Sp}(y).$$

Beweis: Die Aussagen über Träger sind jeweils trivial. Aus ihnen folgen die Aussagen über Spuren, weil wegen der Nichtnegativität aller P_{jk}

$$xP^t \leq yP^t \qquad (t = 0, 1, \ldots; x \leq y)$$

und wegen der Linearität von $P: R^a \to R^a$

$$(\alpha x)P^t = \alpha(xP^t) \qquad (t = 0, 1, \ldots; \alpha \in R, x \in R^a)$$

gilt.

Diese Hilfsmittel liefern sofort den

Satz 3.4: 1. *Ist $0 \leq x \in R^a$ und $0 \leq y \leq \alpha x P^{t_0}$ für passendes $0 < \alpha \in R$ und $t_0 \geq 0$, so ist*

$$\mathrm{Tr}(yP^t) \subseteq \mathrm{Tr}(xP^{t_0+t}) \qquad (t \geq 0),$$
$$\mathrm{Sp}(y) \subseteq \mathrm{Sp}(xP^{t_0}) \subseteq \mathrm{Sp}(x).$$

2. Ist $0 \leq x \in R^a$, so gilt

$$\text{Sp}(x) = \bigcup_{k \in \text{Tr}(x)} \text{Sp}(k) = \bigcup_{k \in \text{Sp}(x)} \text{Sp}(k).$$

Beweis: 1. Wir können nach dem vorigen Satz gleich $a = 1$ annehmen. Aus $0 \leq y \leq x P^{t_0}$ folgt $0 \leq y P^t \leq x P^{t_0+t}$ $(t \geq 0)$ und damit $\text{Tr}(y P^t) \subseteq \text{Tr}(x P^{t_0+t})$ $(t \geq 0)$, woraus durch Vereinigen $(t = 0, 1, \ldots)$ die Behauptung folgt.

2. $\text{Sp}(x) \supseteq \bigcup_{k \in \text{Tr}(x)} \text{Sp}(k)$ folgt aus 1. Vermöge $0 \leq x \leq \alpha \sum_{k \in \text{Tr}(x)} e^{(k)}$ beweist man $\subseteq$. Die andere Gleichung folgt analog.

Die zweite Aussage dieses Satzes impliziert unmittelbar die erste Aussage des nächsten:

Satz 3.5: 1. *Für jeden Vektor $0 \leq x \in R^a$ ist $\text{Sp}(x)$ eine P-invariante Menge.*

2. Jede Menge der Form $\text{Sp}(x)$ mit $0 \leq x \in R^a$ enthält mindestens eine minimal-invariante Teilmenge.

Die zweite Aussage folgt aus 1. vermöge Satz 3.2.

Definition 3.6: Eine Menge $M \subseteq \{1, \ldots, a\}$ heißt *adsorbierend* (bezüglich P), wenn folgendes gilt

1. M ist P-invariant,
2. $M \cap \text{Sp}(k) \neq \emptyset$ $(k = 1, \ldots, a)$.

Satz 3.7: *Die Vereinigung aller minimal-invarianten Teilmengen von $\{1, \ldots, a\}$ — es gibt deren mindestens eine, aber nur endlichviele, und sie sind paarweise disjunkt — ist eine adsorbierende Menge.*

Beweis: Sei M diese Vereinigung. Ist k beliebig, und M' eine in $\text{Sp}(k)$ nach Satz 3.5 enthaltene minimal invariante Menge, so ist

$$M \cap \text{Sp}(k) \supseteq M' \neq \emptyset.$$

Also ist M adsorbierend.

Aussage 2 des folgenden Satzes besagt, daß eine adsorbierende Menge den Rest von $\{1, \ldots, a\}$ mit exponentieller Geschwindigkeit „leersaugt".

Satz 3.8: *Sei M eine adsorbierende Menge. Dann gilt*

1. M enthält alle minimal-invarianten Mengen. Insbesondere ist die Vereinigung aller minimal-invarianten Mengen die kleinste adsorbierende Menge.

2. Für jede Teilmenge $J \subseteq \{1, \ldots, a\}$ und jeden Vektor $x \in R^a$ sei

$$x_J = \sum_{k \in J} x_k$$

Es gibt Konstante $A > 0$ *und* $0 < \vartheta < 1$ *mit*

$$(pP^t)_J \leq A\vartheta^t \quad (p \in V, \ J = \{1, \ldots, a\} \setminus M).$$

Beweis: 1. Sei M' eine minimal-invariante Menge. Ist M' nicht in M enthalten, so muß nach Satz 3.2 $M' \cap M = \emptyset$ gelten. Für $k \in M'$ folgt $\mathrm{Sp}(k) \cap M \subseteq M' \cap M = \emptyset$, also kann M nicht adsorbierend sein. Es kommt also nur $M' \subseteq M$ in Frage.

2. Da M invariant ist, ist für jeden Vektor $p \in V$ die Folge $(pP^t)_M$ monoton wachsend. In der Tat gilt für $q \in V$ stets

$$\begin{aligned}(qP)_M &= \sum_{k \in M}(qP)_k = \sum_{j=1}^{a}\sum_{k \in M} q_j P_{jk} \\ &\geq \sum_{j \in M} q_j \sum_{k \in M} P_{jk} \\ &= q_M,\end{aligned}$$

weil aus $\mathrm{Tr}(e^{(j)}P) \subseteq M$ ja $\sum_{k \in M} P_{jk} = 1$ oder, äquivalent, $(e^{(j)}P)_J = 0$ folgt. Wendet man die erhaltene Ungleichung sukzessive auf $q = pP^t$ an, so folgt die behauptete Monotonie. Da die Komponentensumme von pP^t stets 1 bleibt, muß wegen $J = \{1, \ldots, a\} \setminus M$

$$p_J \geq (pP)_J \geq (pP^2)_J \geq \cdots$$

gelten. Diese Aussage verschärfen wir nun quantitativ. Wegen

$$\mathrm{Sp}(k) \cap M \neq \emptyset$$

muß es z. B. für jedes $k \in J$ ein $t(k)$ mit $\mathrm{Tr}(e^{(k)}P^{t(k)}) \cap M \neq \emptyset$, also $(e^{(k)}P^{t(k)})_M > 0$ geben. Damit folgt wegen der genannten Monotonie auch $(e^{(k)}P^t)_M \geq \alpha > 0$ für $t \geq t_0 = \max\{t(k) \mid k \in J\}$. Ist $p \in V$ beliebig, so folgt für $t \geq t_0$

$$\begin{aligned}(pP^t)_J &= \sum_{j=1}^{a} p_j(e^{(j)}P^t)_J \\ &= \sum_{j \in J} p_j(e^{(j)}P^t)_J + \sum_{j \in M} p_j(e^{(j)}P^t)_J \\ &= \sum_{j \in J} p_j(e^{(j)}P^t)_J \\ &= \sum_{j \in J} p_j[1 - (e^{(j)}P^t)_M] \\ &\leq \sum_{j \in J} p_j(1-\alpha) \\ &= p_J(1-\alpha),\end{aligned}$$

also insbesondere

$$(pP^{t_0})_J \leq p_J(1-\alpha).$$

Ersetzt man p durch pP^{t_0}, so folgt

$$(pP^{2t_0})_J \leq p_J (1-\alpha)^2$$

und allgemein

$$(pP^{nt_0})_J \leq p_J (1-\alpha)^n \qquad (n = 0, 1, 2, \ldots).$$

Wie man von hier auf die Behauptung schließt, haben wir beim Beweis von Satz 2.4 schon gelernt.

Wir sehen somit, daß der durch die Matrix P beschriebene Diffesionsprozeß alle Masse mit exponentieller Geschwindigkeit in die Vereinigungsmenge aller minimal-invarianten Mengen hineinschiebt. Dort verteilt sie sich irgendwie auf die minimal-invarianten Mengen; ist sie in einer solchen erst einmal drin, so kommt sie nicht mehr heraus. Wir müssen also nur noch untersuchen, wie sich ein $p \in V$ verhält, dessen Träger in einer minimal-invarianten Menge liegt. Wir können dann offenbar alle außerhalb dieser Menge liegenden Zellen vernachlässigen, d.h. ohne Beschränkung der Allgemeinheit annehmen, $\{1, \ldots, a\}$ sei bereits minimal-invariant. Dies wollen wir nun bis gegen Ende dieses Paragraphen tun.

Unser nächstes Ziel besteht im Herauspräparieren einer gewissen Periodizität (die im Spezialfall eine Konstanz sein kann) folgender Art: Wir wollen die Zellen $1, \ldots, a$ in disjunkte Klassen $D_0, \ldots, D_{d-1} \neq \emptyset$ einteilen, derart, daß sich D_0 in D_1, D_1 in D_2, ..., D_{d-2} in D_{d-1}, und schließlich D_{d-1} in D_0 entleert. Dies bedeutet

$$\operatorname{Tr}(e^{(k)}P) \subseteq D_{\nu+1} \qquad (k \in D_\nu,\ \nu = 0, \ldots, d-1),$$

wobei wir, wie im folgenden stets, D_d mit D_0 identifizieren, also Indices mod d rechnen.

Um dies Ziel zu erreichen, definieren wir

$$Z_{jk} = \{t \mid k \in \operatorname{Tr}(e^{(j)}P^t)\} \qquad (j, k = 1, \ldots, a),$$

und bemerken, daß wegen der Minimalität von $\{1, \ldots, a\}$ sämtliche Z_{jk} nichtleer sind (von jeder Zelle aus kommt man irgendwann einmal in jede andere). Wir beweisen als erstes den

Satz 3.9: 1. *Für beliebige $i, j, k = 1, \ldots, a$ gilt*

$$Z_{ij} + Z_{jk} \subseteq Z_{ik},$$

d.h.

$$s + t \in Z_{ik} \qquad (s \in Z_{ij},\ t \in Z_{jk}).$$

2. *Insbesondere ist Z_{jj} für jedes $j = 1, \ldots, a$ eine Halbgruppe (bezüglich der Addition):*

$$Z_{jj} + Z_{jj} \subseteq Z_{jj}$$

und überdies $0 \in Z_{jj}$.

Beweis: 1. Sei $s \in Z_{ij}$, $t \in Z_{jk}$. Aus $j \in \text{Tr}(e^{(i)}P^s)$ folgt $\alpha e^{(j)} \leq e^{(i)}P_s$ für passendes $\alpha > 0$, und hieraus $k \in \text{Tr}(e^{(j)}P^t) \subseteq \text{Tr}(e^{(i)}P^{s+t})$, d.h. $s + t \in Z_{ik}$, nach Satz 3.4.

2. folgt aus 1. Wegen $P^0 = I$ folgt $0 \in Z_{jj}$.

Diesen Beweis kann man auch durch direkte Betrachtung von Matrizengliedern sehr schnell führen (Übung).

Wir untersuchen jetzt die Halbgruppen Z_{jj} etwas genauer.

Satz 3.10: 1. *Für jede Halbgruppe G von nichtnegativen ganzen Zahlen gibt es genau ein $d > 0$ und mindestens ein $\varrho_0 \geq 0$ derart, daß*

(1) $$G \subseteq \{0 \cdot d, 1 \cdot d, 2 \cdot d, \ldots\},$$

(2) $$G \supseteq \{\varrho_0 \cdot d, (\varrho_0 + 1)\, d, \ldots\}.$$

2. *Für sämtliche Halbgruppen $Z_{11}, \ldots, Z_{aa}$ ist die gemäß 1. bestimmte Zahl d dieselbe.*

Beweis: 1. Sei $G = \{t_0, t_1, \ldots\}$ eine Durchzählung von G und $d_n > 0$ der größte gemeinsame Teiler von $t_0, \ldots, t_{n-1}$. Dann ist $d_1 \geq d_2 \geq \cdots \geq 1$. Wir setzen $d = \lim d_n$ und bestimmen ein n mit $d_n = d$. Trivialerweise gilt nun (1). Nach dem euklidischen Algorithmus finden wir eine Darstellung

$$d = m_0 t_0 + \cdots + m_{n-1} t_{n-1}$$

mit ganzzahligen $m_0, \ldots, m_{n-1}$, die wir alle als $\neq 0$ annehmen dürfen. Hier können nicht sämtliche $m_\nu \leq 0$ sein, weil $d > 0$ und $t_0, \ldots, t_{n-1} \geq 0$ gilt. Ist $m_0, \ldots, m_{n-1} > 0$, so ist d als Summe endlichvieler Elemente von G selbst Element von G und wir erhalten (2) mit $\varrho_0 = 1$. Nehmen wir nun an (Umnumerierung) $m_0, \ldots, m_{r-1} < 0$, $m_r, \ldots, m_{n-1} > 0$ mit passendem $1 \leq r < n$, so folgt

$$m_r t_r + \cdots + m_{n-1} t_{n-1} = -(m_0 t_0 + \cdots + m_{r-1} t_{r-1}) + d.$$

Setzen wir $t = -m_0 t_0 - \cdots - m_{r-1} t_{r-1}$, so ergibt sich $t \in G$, $t + d \in G$, was per Addition sofort

$$\varrho t, \varrho t + d, \varrho t + 2d, \ldots, \varrho t + \varrho d \in G \qquad (\varrho = 1, 2, \ldots)$$

nach sich zieht. Für $\varrho d \geq t$ ist $\varrho t + \varrho d \geq (\varrho + 1)t$, und damit erhalten wir (2) etwa mit einem $\varrho_0 \leq \dfrac{t}{d} + 1$.

2. Aus Satz 3.9 folgt $Z_{jj} \supseteq Z_{jk} + Z_{kk} + Z_{kj}$. Ist also allgemein d_i die gemäß 1. zu Z_{ii} bestimmte Zahl, so folgt $d_j \leq d_k$. Aus Symmetriegründen folgt Gleichheit.

Sehen wir uns jetzt einmal die aus Satz 3.9 folgende Formel

$$Z_{jk} + Z_{kj} \subseteq Z_{jj}$$

an. Hält man ein $\nu \in Z_{kj}$ fest und läßt man t durch Z_{jk} laufen, so folgt $t + \nu \in Z_{jj}$, also $t + \nu \equiv 0 \bmod d$; somit ist jedes Z_{jk} in einer wohlbestimmten Restklasse mod d enthalten. Hält man in der Formel

$$Z_{jk} + Z_{kk} \subseteq Z_{jk}$$

ein $\nu \in Z_{jk}$ fest und läßt t durch Z_{kk} laufen, so sieht man: weil Z_{kk} alle hinreichend großen ϱd enthält, gehören alle hinreichend großen $\nu + \varrho d$ zu Z_{jk}.

Jetzt wählen wir ein festes $j \in \{1, \ldots, a\}$ und setzen

$$D_\nu = \{k \mid Z_{jk} \subseteq \nu \bmod d\} \quad (\nu = 0, \ldots, d-1).$$

Das sind also diejenigen k, die von j her nur zu Zeiten $\equiv \nu \bmod d$ Masse erhalten können. Offenbar sind die D_ν disjunkt, weil die Restklassen $\nu \bmod d$ disjunkt sind. Weil jedes k wegen der Minimal-Invarianz von $\{1, \ldots, a\}$ irgendwann einmal Masse von j bekommt, gilt

$$\{1, \ldots, a\} = D_0 + \cdots + D_{d-1}$$

($+$ bedeutet hier *disjunkte* Vereinigung).

Wir übersetzen jetzt die für die Z_{jk} gewonnenen Ergebnisse:

1. $0 \in Z_{jj}$ bedeutet $j \in D_0$.
2. $\varrho d \in Z_{jj}$ bedeutet $j \in \text{Tr}(e^{(j)} P^{\varrho d})$; insbesondere hat j zu allen hinreichend großen Zeiten ϱd Masse von j.
3. Für $k \in D_0$ besteht Z_{jk} nur aus Zeitpunkten der Form ϱd, und zwar kommen alle hinreichend großen ϱd in Z_{jk} vor. Das impliziert: jedes $k \in D_0$ bekommt nur zu Zeiten ϱd Masse von j; zu hinreichend großen Zeiten ϱd hat es immer Masse von j.
4. Für $i, k \in D_0$ gilt $Z_{ji} + Z_{ik} + Z_{kj} \subseteq Z_{jj}$. Da Z_{ji} und Z_{jk}, und wegen $Z_{jk} + Z_{kj} \subseteq Z_{jj}$ auch Z_{kj} nur aus Vielfachen von d bestehen, besteht auch Z_{ik} nur aus Vielfachen von d, wobei alle hinreichend großen ϱd vorkommen. Nun schließt man wie in 3.: Jedes $k \in D_0$ bekommt nur zu Zeiten ϱd Masse von einem $i \in D_0$, aber für hinreichend große ϱd bekommt es von jedem $i \in D_0$ wirklich etwas.
5. Gehen wir nun zu Vektoren $p \in V$ mit $\text{Tr}(p) \subseteq D_0$ über, so ergibt sich durch Überlagerung aus 4.: Für $t \equiv 0 \bmod d$ ist $\text{Tr}(pP^t) \subseteq D_0$, und für hinreichend große $t = \varrho d$ gilt hier Gleichheit. Man benutzt Satz 3.4.
6. Für $i \in D_\mu$, $k \in D_\nu$ schließt man aus

$$Z_{ik} \subseteq Z_{ij} + Z_{jk}$$
$$Z_{ji} + Z_{ij} \subseteq Z_{jj}$$

folgendes: $Z_{ij} \subseteq -\mu \bmod d$, $Z_{ik} \in \nu - \mu \bmod d$. Das bedeutet: k bekommt nur zu Zeiten $\nu - \mu + \varrho d$ Masse von i, aber zu hinreichend großen Zeiten dieser Form bekommt k wirklich etwas von i. Die zu 5.

führenden Überlegungen liefern nun für $p \in V$, $\text{Tr}(p) \subseteq D_\mu$

$$\text{Tr}(pP^{\nu-\mu+\varrho d}) \subseteq D_\nu$$

mit Gleichheit für hinreichend große ϱ.

Runden wir unsere Aussagen mittels der Vereinbarung, Indices der D_ν stets mod d zu rechnen noch etwas ab, so erhalten wir den

Satz 3.11: *Sei* $\{1, \ldots, a\}$ *minimal-invariant und* $d, D_0, \ldots, D_{d-1}$ *wie oben bestimmt. Für* $p \in V$, $\text{Tr}(p) \subseteq D_\mu$ *gilt dann*

$$\text{Tr}(pP^t) \subseteq D_{\mu+t},$$

und für hinreichend große t gilt hier Gleichheit.

Ich habe D_0 und die Potenzen von $Q = P^d$ deshalb vorhin etwas betont, weil wir uns jetzt diese beiden Gebilde etwas genauer ansehen wollen. Offenbar ist D_0 eine minimal-invariante Menge bezüglich $Q = P^d$ (vgl. 5.). Vergessen wir $\{1, \ldots, a\} \setminus D_0$, so kommen wir zu den Voraussetzungen des folgenden Satzes.

Satz 3.12: *Sei* $\{1, \ldots, a\}$ *minimal-invariant bezüglich der stochastischen Matrix Q, und* $\text{Tr}(pQ^\varrho) = \{1, \ldots, a\}$ *für jedes $p \in V$ und jedes hinreichend große ϱ. Dann gibt es genau ein $q \in V$ mit*

$$pQ^\varrho \to q \qquad (\varrho \to \infty; \ p \in V).$$

Die Geschwindigkeit der Konvergenz ist exponentiell. Natürlich ist $qQ = q$ und $\text{Tr}(q) = \{1, \ldots, a\}$.

Beweis: Unsere zweite Voraussetzung besagt, daß jede Zelle attraktiv ist. Damit folgt die Behauptung aus Satz 2.4.

Was geschieht also unter den Voraussetzungen von Satz 3.11? Es gibt genau ein $q^{(0)} \in V$ mit $\text{Tr}(q^{(0)}) = D_0$, derart, daß für jedes $p \in V$ mit $\text{Tr}(p) \leq D_0$

(3) $$\lim_{\varrho \to \infty} ||pP^{\varrho d} - q^{(0)}|| = 0 \quad \text{(exponentiell)}$$

gilt. Durch Anwenden einer festen Potenz P^ν gewinnen wir ein $q^{(\nu)} \in V$ mit $\text{Tr}(q^{(\nu)}) \leq D_\nu$, derart, daß für $p \in V$, $\text{Tr}(p) \subseteq D_\nu$

$$\lim_{\varrho \to \infty} ||pP^{\varrho d} - q^{(\nu)}|| = 0 \quad \text{(exponentiell)}$$

gilt. Hierbei benutzen wir einfach (3) und die Stetigkeit von P^ν. Noch allgemeiner folgt aus $p \in V$, $\text{Tr}(p) \subseteq D_\mu$

$$\lim_{\varrho \to \infty} ||pP^{\nu-\mu+\varrho d} - q^{(\nu)}|| = 0 \quad \text{(exponentiell)}.$$

Mit diesen Überlegungen ist die Rückkehr zu der allgemeinen Situation, von der wir am Anfang dieses Paragraphen ausgegangen waren, und von der wir uns durch zusätzliche Annahmen (wie die Minimal-Invarianz von $\{1, \ldots, a\}$) schrittweise entfernt hatten, eingeleitet. Wir überlassen dem Leser die ziemlich einfache Durchführung und damit den Beweis für

Satz 3.13: *Sei P eine a-reihige stochastische Matrix. Dann gibt es eine disjunkte Zerlegung*

$$\{1, \ldots, a\} = S + M_1 + \cdots + M_l$$

und für jedes $\lambda = 1, \ldots, l$ *eine ganze Zahl* $d_\lambda \geq 1$ *und eine disjunkte Zerlegung*

$$M_\lambda = D_{\lambda,0} + \cdots + D_{\lambda,d_\lambda - 1}$$

derart, daß folgendes gilt:

1. M_λ *ist minimal-invariant bezüglich* P.
2. *Aus* $p \in V$, $\mathrm{Tr}(p) \subseteq D_{\lambda\nu}$ *folgt*

$$\mathrm{Tr}(pP^t) \subseteq D_{\lambda,\nu+t} \quad (t = 0, 1, \ldots)$$

mit Gleichheit für hinreichend große t (der zweite Index wird mod d_r gerechnet).

3. *Zu jedem $D_{\lambda\nu}$ gibt es genau ein $q^{(\lambda,\nu)} \in V$ mit*

$$q^{(\lambda,\nu)} P^t = q^{(\lambda,\nu+t)} \quad (t = 0, 1, \ldots)$$

$$\lim_{\varrho \to \infty} ||pP^t - q^{(\lambda,\nu+t)}|| = 0 \quad \text{(exponentiell)}$$

für jedes $p \in V$ mit $\mathrm{Tr}(p) \subseteq D_{\lambda\nu}$.

4. *Für jedes $p \in V$ gilt es genau einen Vektor q in der konvexen Hülle von $\{q^{(\lambda,\nu)} \mid \lambda = 1, \ldots, l, \nu = 0, \ldots, d_{\lambda-1}\}$, derart, daß*

$$\lim_{\varrho \to \infty} ||pP^t - qP^t|| = 0 \quad \text{(exponentiell)}$$

gilt.

Man überzeuge sich, daß dieser Satz sämtliche unterwegs schrittweise gewonnenen Informationen enthält und leite die in § 2 gewonnenen Resultate aus ihm nochmals ab. In den beiden nächsten Paragraphen geben wir zwei ganz andersartige Beweise für denselben Satz.

§ 4. Die Methode der kompakten Halbgruppen

Gegen Ende von § 1 hatten wir das Ergebnis unserer allgemeinen Untersuchungen über stochastische Matrizen so zusammengefaßt: Bei gegebener Dimension (=Zellenzahl) a ist die Menge **P** aller stochastischen Matrizen eine konvexe kompakte, für $a \geq 2$ nichtabelsche, Halbgruppe. In diesem Abschnitt benutzen wir dies Resultat, um einen weiteren Beweis für Satz 3.13 zu erhalten. Stärker als in dem ganz elementaren § 3 werden wir die drei Strukturen „linearer Raum", „Topologie", „Anordnung" in ihre eigenen Rechte treten lassen, erwarten vom Leser also eine etwas weitergehende Schulung in abstrakter Mathematik.

Die hier in ziemlich elementarer, aber typischer Form verwendeten Ideen aus der Theorie der topologischen Halbgruppen sind in den letzten Jahren von der Forschung zu außerordentlicher Allgemeinheit entwickelt worden (vgl. Jacobs [22, 23], de Leeuw-Glicksberg [14], Berglund-Hofmann [5], Burckel [8]).

Wir haben in § 2 die Eindeutigkeitsaussage des Ergodensatzes (für eine gegebene stochastische Matrix P) mittels einer Aufspaltung des R^a in zwei lineare Teilräume (N und F) bewiesen. Beim Beweis der Linearität eines dieser beiden Teilräume spielte die Kommutativität einer gewissen aus der Halbgruppe $\{I = P^0, P, P^2, \ldots\}$ gewonnenen weiteren Halbgruppe, sowie Kompaktheitsbetrachtungen eine wesentliche Rolle.

Demgemäß legen wir in diesem Paragraphen eine *kompakte abelsche Unter-Halbgruppe* **G** von **P** zugrunde. Wir verlangen im allgemeinen nicht, daß **G** die Einheitsmatrix I enthält, obwohl sie das in vielen Spezialfällen tut.

Solche Halbgruppen **G** kommen in unserem Problemkreis folgendermaßen in natürlicher Weise vor:

1. Sei P eine stochastische Matrix und **G** der Abschluß der abelschen (zyklischen) Halbgruppe $\{I = P^0, P, P^2, \ldots\}$ in **P**. Da aus

$$P^{t_\nu} \to Q \in \mathbf{G}, \quad P^{s_\mu} \to R \in \mathbf{G}$$

die Beziehungen

$$\mathbf{G} \ni QR \to P^{t_\nu} P^{s_\mu} = P^{t_\nu + s_\mu} = P^{s_\mu + t_\nu} = P^{s_\mu} P^{t_\nu} \to RQ \in \mathbf{G}$$

folgen, sieht man, daß **G** wieder eine abelsche Halbgruppe ist. Als abgeschlossene Teilmenge des Kompaktums **P** ist sie natürlich kompakt.

2. Will man zeit-kontinuierliche Diffusionsvorgänge erfassen, so wird man für jedes reelle $t \geq 0$ eine Matrix $P(t) \in \mathbf{P}$ als Beschreibung dessen, was in einem (beliebig gelegenen) Zeitraum der Länge t geschieht, ansetzen, und hat dann die sog. Chapman-Kolmogorov-Gleichung

(1) $$P(s + t) = P(s)\,P(t) \quad (s, t \geq 0),$$

die einfach besagt, daß $t \to P(t)$ eine homomorphe Abbildung der abelschen Halbgruppe $R_+ = \{t \mid t \text{ reell}, t \geq 0\}$ in die Halbgruppe **P** ist. Wenn wir daher für G den Abschluß der abelschen Halbgruppe $\{P(t) \mid t \geq 0\}$ nehmen, sehen wir — mit analogen Schlüssen wie in 1. — daß **G** eine kompakte abelsche Halbgruppe ist. Die Aussage $P(0) = I$ folgt nicht aus (1), wir fordern sie zusätzlich.

Wir zeigen jetzt, wie man von der *Halbgruppe* **G** zu einer *Gruppe* $\mathbf{G_0} \subseteq \mathbf{G}$ gelangt.

Definition 4.1: Sei **G** eine kompakte abelsche Unterhalbgruppe von **P**. Eine Teilmenge U von **G** heißt ein *Ideal* in **G**, wenn

$$P U \subseteq U \quad (P \in \mathbf{G}),$$

d. h.
$$PU \in U \quad (P \in G, \ U \in U)$$
gilt.

Satz 4.2: *Der Durchschnitt G_0 aller nichtleeren abgeschlossenen Ideale in G ist ein nichtleeres abgeschlossenes Ideal in G. Für jedes $P \in G$ ist $PG_0 = G_0$.*

Beweis: Sind U, V Ideale in G, so ist $UV = \{UW \mid U \in U, W \in V\}$ wieder ein Ideal in G: für jedes

$P \in G$ ist $PU \subseteq U$, also $PUV \subseteq UV$.

Ferner ist $UV \subseteq U \cap V$, denn z.B. ist $UV = \bigcup_{U \in U} UV \subseteq \bigcup_{U \in U} V = V$. Somit bilden die abgeschlossenen nichtleeren Ideale in G ein absteigend gefiltertes System kompakter nichtleerer Mengen. Ihr Durchschnitt G_0 ist damit ebenfalls kompakt und nichtleer. G_0 ist ein Ideal:

$$PG_0 = P \cap U = \cap PU \subseteq \cap U = G_0 \qquad (P \in G).$$

Die Linksmultiplikation mit einem festen $P \in G$ induziert eine stetige Abbildung $U \to PU$ des Kompaktums G_0 in sich. Das Bild $PG_0 \subseteq G_0$ ist also wieder kompakt, und ein nichtleeres Ideal:

$$Q(PG_0) = PQG_0 \subseteq PG_0.$$

Es enthält also G_0, womit $PG_0 = G_0$ folgt.

Von entscheidender Bedeutung ist nun der

Satz 4.3: *G_0 ist eine Gruppe.*

Beweis: Sei $U \in G_0$ beliebig. Wegen $U^2 G_0 = G_0$ gibt es ein $W \in G_0$ mit $U^2 W = U$; setzt man also $U_0 = UW$, so folgt $U_0 U_0 = U_0$. Wir haben damit ein sog. idempotentes Element $U_0 \in G_0$ gefunden. Wegen $U_0 G_0 = G_0$ kann man in jedem $U \in G_0$ einen Faktor U_0 annehmen, woraus nun $U_0 U = U$ ($U \in G_0$) folgt, d.h. U_0 wirkt in G_0 als Eins. Ist $U \in G_0$, so können wir wegen $U_0 \in G_0 = UG_0$ ein $U' \in G_0$ mit $UU' = U_0$ finden. Man hat also Division innerhalb von G_0, also ist G_0 eine Gruppe mit der Eins U_0.

Dies Resultat bedeutet nicht etwa, daß die Elemente von G_0 nichtsinguläre Matrizen seien. Die Eindeutigkeit der Eins in einer Gruppe und der obige Beweis zeigen: Es gibt genau ein idempotentes $U_0 \in G_0$.

Als Folgerung erhalten wir den

Satz 4.4 (Aufspaltungssatz (Jacobs [24])): *Sei G eine kompakte abelsche Halbgruppe von a-reihigen stochastischen Matrizen, und sei die Gruppe $G_0 \subseteq G$ gemäß Satz 4.2 und Satz 4.3 bestimmt. Dann sind*

$$R = R^a U \quad (U \in G_0),$$
$$F = \{f \mid f \in R^a, \ 0 \in fG\}$$

G-invariante lineare Teilräume von R^a, mit

$$R^a = R + F,$$
$$R \cap F = \{0\}.$$

Jeder Vektor $x \in R^a$ besitzt also genau eine Aufspaltung

(2) $\qquad x = r + f,\ r \in R,\ f \in F.$

Es gilt

$$fU = 0 \qquad (f \in F,\ U \in \mathbf{G_0}).$$

Nach Einschränkung auf R stimmt $\mathbf{G}$ mit $\mathbf{G_0}$ überein und wirkt in R als kompakte abelsche Gruppe von nichtsingulären linearen Abbildungen. Bezeichnet also U_0 das einzige Idempotent in $\mathbf{G_0}$, so gilt bei (2): $U_0 x = r$.

Beweis: Es wird den Leser gewiß nicht stören, den sonst für die reellen Zahlen reservierten Buchstaben R hier auch einmal für einen Teilraum von R^a benützt zu sehen. — Unsere Beschreibung von R impliziert die Aussage, daß alle $R^a U$ ($U \in \mathbf{G_0}$) übereinstimmen. Zunächst folgt die G-Invarianz

$$(R^a U) P = (R^a P) U \subseteq R^a U \qquad (P \in \mathbf{G})$$

eines jeden der linearen Räume $R^a U$ ($U \in \mathbf{G_0}$). Sind $U, W \in \mathbf{G_0}$, und bestimmt man $U' \in \mathbf{G_0}$ derart, daß $U'U = W$ gilt (Satz 4.2), so folgt

$$R^a W = R^a U' U \subseteq R^a U.$$

Aus Symmetriegründen gilt Gleichheit.

Sind $f, f' \in F$ und etwa $fP = 0 = f'P'$ für gewisse $P, P' \in \mathbf{G}$, so folgt

$$(\alpha f + \alpha' f') P P' = \alpha (fP) P' + \alpha' (f'P') P = 0 \quad (\alpha,\ \alpha' \text{ reell}).$$

Wegen $PP' \in \mathbf{G}$ bedeutet dies $\alpha f + \alpha' f' \in F$, also ist auch F ein linearer Unterraum von R^a. Bezeichnet U_0 die Eins in der Gruppe $\mathbf{G_0}$, so gilt für jedes $x \in R^a$

$$x = xU_0 + (x - xU_0)$$

mit $xU_0 \in R$ und $(x - xU_0) U_0 = xU_0 - xU_0^2 = xU_0 - xU_0 = 0$, also $x - xU_0 \in F$. Wir haben damit $R^a = R + F$. Ist $r \in R \cap F$ und etwa $rP = 0$, so ist wegen $\mathbf{G_0} P = \mathbf{G_0}$ für passendes $U \in \mathbf{G_0}$

$$0 = rPU = rU_0 = r.$$

Also ist $R \cap F = \{0\}$. Da U_0 jedes $r \in R$ festläßt, ist die Einschränkung von U_0 auf R die identische Abbildung. Wegen $\mathbf{G_0} P = \mathbf{G_0}$ ($P \in \mathbf{G}$) gibt es zu jedem $P \in \mathbf{G}$ ein $U \in \mathbf{G_0}$ mit $PU = U_0$, also wirkt P in R nichtsingulär, mit $U \in \mathbf{G_0}$ als Inverser, also ebenso wie ein gewisses $U' \in G_0$ (das Gruppen-Inverse von U). Dies beweist die restlichen Aussagen des Satzes. Beispielsweise sieht man $fU_0 = 0$ ($f \in F$) und damit $fU = fU_0U = 0$ ($f \in F$, $U \in G_0$).

Alle bisherigen Überlegungen machen keinerlei Gebrauch von Anordnungsrelationen und lassen sich damit unmittelbar auf kompakte abelsche Halbgruppen von beliebigen a-reihigen Matrizen übertragen. Jetzt schalten wir die Ordnungsstruktur in die Diskussion ein.

Wie schon in § 1, definieren wir für Vektoren $x = (x_1, \ldots, x_a)$, $y = (y_1, \ldots, y_a) \in R^a$ die Anordnung komponentenweise:

$$x \leq y \text{ bedeutet } x_1 \leq y_1, \ldots, x_a \leq y_a.$$

Dies wird recht anschaulich, wenn man Vektoren $x = (x_1, \ldots, x_a) \in R^a$ als reelle Funktionen $k \to x_k$ auf $\{1, \ldots, a\}$ interpretiert:

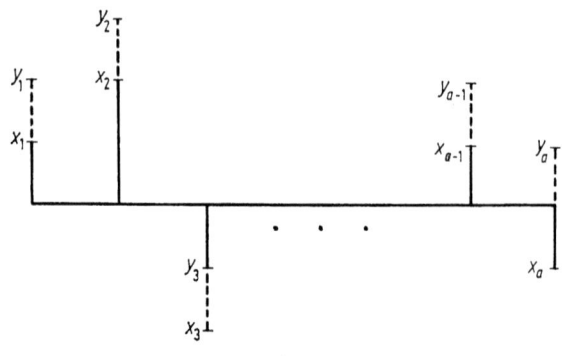

Abb. 1

$x \geq 0$ bedeutet also, daß $x_1 \geq 0, \ldots, x_a \geq 0$ gilt. Wir definieren das Infimum $x \wedge y$ und das Supremum $x \vee y$ von x und y durch

$$x \wedge y = (\min [x_1, y_1], \ldots, \min [x_a, y_a]),$$
$$x \vee y = (\max [x_1, y_1], \ldots, \max [x_a, y_a]).$$

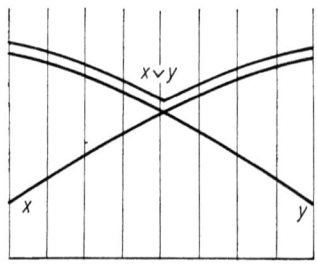 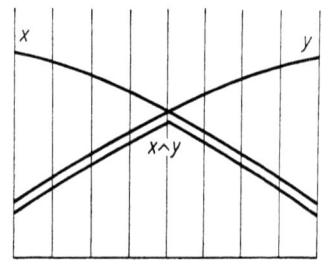

Abb. 2

Eine Teilmenge H von R^a heißt ein *Verband*, wenn diese beiden Verknüpfungen nicht aus ihr herausführen, d.h. wenn

$$x \wedge y, \; x \vee y \in H \qquad (x, y \in H)$$

gilt. Weiß man, daß H ein linearer Raum ist, so genügt zum Nachweis der Verbandseigenschaft jede der folgenden Aussagen:

$$x \vee 0 \in H \qquad (x \in H),$$

$$x \vee (-x) \in H \qquad (x \in H),$$

denn man kann Infimum und Supremum aus jeder dieser Operationen und linearen Operationen aufbauen, z. B.

$$x \wedge y = x - [(x-y)] \vee 0,$$

$$x \vee y = x + [(y-x)] \vee 0.$$

Wir bemerken noch, daß für jeden Verband $H \subseteq R^a$ bereits

$$H_+ = \{x \mid 0 \leq x \in H\}$$

ein Verband ist.

Wir wissen, daß R^a ein Verband ist. Wir zeigen nun, daß gewisse lineare Unterräume, die wir durch Anwendung von stochastischen Matrizen von einem Typ, den wir bereits kennengelernt haben, erhalten, ebenfalls Verbände sind.

Satz 4.5: *Sei $U_0 = U_0 \, U_0 \in \boldsymbol{P}$ eine idempotente stochastische Matrix. Dann ist der lineare Unterraum*

$$R = R^a U_0$$

ein Verband.

Beweis: Sei $x \in R$, $y = x \vee 0$. Wir müssen nur $y U_0 = y$ beweisen, was mit $y \in R$ gleichbedeutend ist. Aus $x U_0 = x$, $0 U_0 = 0$ und der Positivität von U_0 entnehmen wir:

wegen $y \geq x$ gilt $y U_0 \geq x U_0 = x$

wegen $y \geq 0$ gilt $y U_0 \geq 0 U_0 = 0$

und damit

$$y U_0 \geq y.$$

Berechnen wir auf beiden Seiten die Koeffizientensumme, so ergibt sich

$$\|y U_0\| \geq \|y\|,$$

wobei Gleichheit genau dann gilt, wenn $yU_0 = y$ gilt. Nun hat man aber wegen $0 \leq y \in R^a$ unter allen Umständen

$$||yU_0|| = \sum_{j,k=1}^{a} y_j(U_0)_{jk} = \sum_{j=1}^{a} y_j = ||y||,$$

weil U_0 stochastisch ist: $\sum_{k=1}^{a} (U_0)_{jk} = 1$. Damit folgt $yU_0 = y$, wie behauptet. Ganz ähnlich beweist man auch $x \vee (-x) \in R$ (Übung!), womit der Satz bewiesen ist.

Jeder kennt die natürliche Ordnung $\subseteq$ für Mengen. Die Teilmengen einer Menge bilden einen Verband, wenn man $\cup$ die Rolle von $\vee$ und $\cap$ die Rolle von $\wedge$ spielen läßt. Wir wollen nun den Parallelismus zwischen der Ordnungsstruktur $\subseteq$ im Bereich der Teilmengen von $\{1, \ldots, a\}$ und der Ordnungsstruktur $\leq$ im Raum R^a aller reellen Funktionen $x = (x_1, \ldots, x_a)$ auf $\{1, \ldots, a\}$ etwas genauer untersuchen, indem wir jedem $x \in R^a$ die Teilmenge $\mathrm{Tr}(x) = \{k \mid x_k \neq 0\}$, den Träger von x, zuordnen. Schon aus Mächtigkeitsgründen kann diese Zuordnung nicht eineindeutig sein. Beispielsweise ist $\mathrm{Tr}(x) = \mathrm{Tr}(x \vee (-x))$, was zugleich zeigt, daß jeder Träger auch als Träger eines nichtnegativen Vektors auftritt. Beschränken wir uns auf nichtnegative $x, y \in R^a$, so gelten folgende Beziehungen:

$$\mathrm{Tr}(x) \cap \mathrm{Tr}(y) = \mathrm{Tr}(x \wedge y),$$

$$\mathrm{Tr}(x) \cup \mathrm{Tr}(y) = \mathrm{Tr}(x \vee y),$$

die wir als Ausdruck des oben angesprochenen Parallelismus ansehen können. Überdies sieht man leicht, daß dann

$$\mathrm{Tr}(x) \setminus \mathrm{Tr}(y) = \mathrm{Tr}(x - \alpha y)$$

gilt, wenn nur $\alpha > 0$ hinreichend groß ist. Hieraus gewinnt man sofort den

Satz 4.6: *Ist der lineare Unterraum H von R^a ein Verband, so ist das System*

$$\boldsymbol{R}_H = \{\mathrm{Tr}(x) \mid x \in H\}$$

von Teilmengen von $\{1, \ldots, a\}$ stabil gegen die Bildung von endlichen Vereinigungen, endlichen Durchschnitten, und Differenzen, d.h. wie man auch sagt, ein (Mengen-)Ring in $\{1, \ldots, a\}$.

Wir haben von Satz 4.5 her sofort ein Anwendungsfeld ($H = R^a U_0$) für diesen Satz, wollen aber erst noch rasch den soeben definierten Begriff eines Mengenringes näher untersuchen und eine weitere Folgerung ziehen.

Satz 4.7: *Sei **R** ein Ring von Teilmengen der Menge $\{1, \ldots, a\}$. Dann gibt es genau eine Menge $M \in \mathbf{R}$ und genau ein Teilsystem A von **R**, derart, daß folgendes gilt:*
1. *Jede Menge aus **R** ist eine Teilmenge von M, d.h. M ist die größte Menge in **R**.*
2. *Die Mengen aus A bilden eine disjunkte Zerlegung von M.*
3. ***R** besteht aus sämtlichen Vereinigungen von Mengen aus A (einschließlich der leeren Vereinigung $\emptyset$).*

*Die Mengen aus A werden auch die Atome von **R** genannt.*

Beweis: Sei $E_1, \ldots, E_n$ eine Durchzählung von **R**.

$$M = E_1 \vee \cdots \vee E_n$$

gehört zu **R**, weil **R** gegen die Bildung endlicher Vereinigungen stabil ist, und erfüllt 1. Es ist klar, daß M durch 1. bereits eindeutig bestimmt ist. Für $\nu = 1, \ldots, n$ setzen wir $E^0_\nu = E_\nu$, $E^1_\nu = M \setminus E_\nu$. Von den sämtlichen Mengen der Form

(3) $\qquad\qquad E_1^{d_1} \cap \cdots \cap E_n^{d_n} \qquad\qquad d_1, \ldots, d_n = 0, 1$

sind sicher einige leer. Verändert man auch nur ein d_ν, so wechselt man aus E_ν in $M \setminus E_\nu$ oder umgekehrt über, erhält also eine zu der vorigen disjunkte neue Menge. Zählt man also die nichtleeren unter den Mengen (3) durch: $A_1, \ldots, A_b$, so hat man ein System $A = \{A_1, \ldots, A_b\}$ von paarweise disjunkten Mengen gewonnen, die natürlich alle zu **R** gehören, und damit in M enthalten sind. Sie schöpfen M aber auch aus: ist $j \in M$, so bestimme man d_ν so, daß $j \in E^{d_\nu}$ ist ($\nu = 1, \ldots, n$), dann ist $j \in E_1^{d_1} \cap \cdots \cap E_n^{d_n}$. Also gilt 2. Vereinigungen von Mengen aus A gehören natürlich zu **R**. Ist $E \in \mathbf{R}$, etwa $E = E_\nu$, so ist

$$E = \bigcup_{d_1 = 0, 1; \ldots; d_{\nu-1} = 0, 1; d_{\nu+1} = 0, 1; \ldots; d_1 = 0, 1} E_1^{d_1} \cap \cdots \cap E_{\nu-1}^{d_{\nu-1}}$$
$$\cap E_\nu \cap E_{\nu+1}^{d_{\nu+1}} \cap \cdots \cap E_n^{d_n}.$$

Damit ist auch 3. gezeigt.

Satz 4.8: *Sei H ein linearer Unterraum von R^a, der zugleich ein Verband ist. $A_1, \ldots, A_b$ sei eine Durchzählung der Atome des Mengenrings $\mathbf{R}_H$. Dann gibt es zu jedem $i = 1, \ldots, b$ genau ein $q^{(i)} \in V$ mit $\mathrm{Tr}(q^{(i)}) = A_i$. Die $q^{(1)}, \ldots, q^{(b)}$ bilden eine Linearbasis von H.*

Beweis: Man braucht einen Vektor $x^{(i)} \geq 0$ mit $\mathrm{Tr}(x^{(i)}) = A_i$ ($\neq \emptyset$, woraus $x^{(i)} \neq 0$ folgt) nur mit einer passenden, positiven Konstanten zu multiplizieren, um ein $q^{(i)} \in V$ mit $\mathrm{Tr}(q^{(i)}) = A_i$ zu erhalten. Ist $q \in V$, $\mathrm{Tr}(q) = A_i$, so ist $q' = (q^{(i)} - q) \vee 0 \in H$ mit $\mathrm{Tr}(q') \subseteq A_i$. Wegen 3. von Satz 4.7 kommt nur $\mathrm{Tr}(q') = A_i$ oder $\mathrm{Tr}(q') = \emptyset$ in

Frage. Das erstere impliziert $q^{(i)} \geq q$, das letztere $q^{(i)} \leq q$, was beides wegen $q^{(i)}, q \in V$ nur mit $q^{(i)} = q$ vereinbar ist. — Die somit eineindeutig den A_i zugeordneten $q^{(i)} \in V \cap H$ $(i = 1, \ldots, b)$ sind linearunabhängig: ist $\alpha_1 q^{(1)} + \cdots + \alpha_b q^{(b)} = 0$, so gilt für jedes $k \in A_1$

$$q_k^{(2)} = \cdots = q_k^{(b)} = 0,$$

also $\alpha_1 q_k^{(1)} = 0$. Wegen $q_k^{(1)} > 0$ folgt $\alpha_1 = 0$. Ebenso beweist man $\alpha_2 = \cdots = \alpha_b = 0$. — Um nun noch zu zeigen, daß $q^{(1)}, \ldots, q^{(b)}$ ganz H aufspannen, wählen wir ein beliebiges $0 \leq x \in H$ und definieren $x_k^{(i)} = x_k$ für $k \in A_i$, $x_k^{(i)} = 0$ sonst. Dann ist

$$x = x^{(1)} + \cdots + x^{(b)}, \operatorname{Tr}(x^{(i)}) \subseteq A_i \ (i = 1, \ldots, b).$$

Wir müssen im Falle $x^{(i)} \neq 0$ zeigen, daß $x^{(i)}$ ein konstantes Vielfaches von $q^{(i)}$ ist. Es genügt, dies für $i = 1$ zu tun. Zunächst ist $0 \leq x^{(1)} \in H$, weil man für hinreichend großes $\alpha > 0$ eine Darstellung

$$x^{(1)} = \{x - \alpha(q^{(2)} + \cdots + q^{(b)})] \vee 0$$

hat, an der nur Operationen beteiligt sind, die nicht aus H herausführen. Aus $\operatorname{Tr}(x^{(1)}) \subseteq A_1$ folgt nun, weil $\operatorname{Tr}(x^{(1)}) = \emptyset$ nicht mit $x^{(1)} \neq 0$ verträglich ist, $\operatorname{Tr}(x^{(1)}) = A_1$. Da $x^{(1)}$ nach Multiplikation mit einer Konstanten in V liegt, und dann mit $q^{(1)}$ übereinstimmen muß, ist es tatsächlich ein konstantes Vielfaches von $q^{(1)}$.

Nun kehren wir zu der in Satz 4.5 betrachteten Situation zurück und wenden die inzwischen gewonnenen Einzelergebnisse auf sie an.

Satz 4.9: *Sei **G** eine kompakte Halbgruppe von a-reihigen stochastischen Matrizen und sei die Gruppe $\mathbf{G_0} \subseteq \mathbf{G}$ samt ihrem Einselement, der idempotenten stochastischen Matrix U_0, gemäß Satz 4.2 und Satz 4.3 bestimmt. Dann ist der **G**-invariante lineare Unterraum*

$$R = R^a U_0$$

von R^a ein Verband. Es gibt eine Basis $q^{(1)}, \ldots, q^{(k)} \in V$ von R derart, daß

$$\operatorname{Tr}(q^{(i)}) \cap \operatorname{Tr}(q^{(k)}) = \emptyset \quad (i = k)$$

gilt. Jedes $P \in \mathbf{G}$ wirkt auf die $q^{(i)}$ als Permutation.

Beweis: Nur die letzte Aussage ist noch zu beweisen. Wir wählen ein $P \in \mathbf{G}$ und setzen $B_i = \operatorname{Tr}(q^{(i)} P)$. Aus $q^{(i)} P \in V \cap R$ entnimmt man sofort, daß in der Darstellung $q^{(i)} P = \beta_1 q^{(1)} + \cdots + \beta_b q^{(b)}$ stets $\beta_1, \ldots, \beta_b \geq 0$, $\beta_1 + \cdots + \beta_b = 1$ gilt. Offenbar ist $B_i = \sum_{\beta_j > 0} A_j$. Sei $Q \in \mathbf{G}$ ebenfalls beliebig und $C_i = \operatorname{Tr}(q^{(i)} Q)$. Wir finden

$$\operatorname{Tr}(q^{(i)} P Q) = \bigcup_{\beta_j > 0} C_j.$$

Nun wissen wir, daß die Einschränkung von G auf R eine Gruppe ist. Insbesondere können wir $Q \in G$ so wählen, daß $q^{(i)}PQ = q^{(i)}$ ($i = 1, \ldots, b$) gilt. Damit folgt

$$\bigcup_{\beta_j > 0} C_j = A_i,$$

d.h. $C_j = A_i$ für $\beta_j > 0$. Aber dann folgt $q^{(i)}Q = q^{(i)}$ ($\beta_j > 0$). Somit gibt es nur ein $\beta_j > 0$ und es folgt $q^{(i)}P = q^{(j)}$ für dies j. Weil P in R eineindeutig ist, muß die so definierte Abbildung $i \to j$ eineindeutig, d.h. eine Permutation sein.

Jetzt können wir Satz 3.13 erneut beweisen. Wir begnügen uns mit einer Skizze. Sei P eine beliebige a-reihige stochastische Matrix. Wir bilden den Abschluß G der von P erzeugten Unterhalbgruppe $\{I, P, P^2, \ldots\}$ von P. Wir haben uns schon zu Beginn dieses Paragraphen überlegt, daß G eine abelsche kompakte Unterhalbgruppe von P ist. Unsere Sätze liefern uns nun eine idempotente stochastische Matrix $U_0 \in G$ und eine Zerlegung

$$R^a = R + F, \ R \cap F = \{0\}.$$

Innerhalb von R hat man eine in V enthaltene Basis von Vektoren, mit paarweise disjunkten Trägern. Auf diese wirkt P als Permutation. Wir benutzen die Zerlegung dieser Permutation in l Zyklen mit Längen $d_1, \ldots, d_l$ und numerieren die Basis in der Form

$$q^{(\lambda,\nu)} \quad (\lambda = 1, \ldots, l; \ \nu = 0, \ldots, d-1)$$

so durch, daß stets

$$q^{(\lambda,\nu)}P = q^{(\lambda,\nu+1)}$$

gilt, wobei ν mod d_λ gerechnet wird.

Ist $p \in V$ beliebig, so betrachten wir die Zerlegung

$$p = q + f, \ q \in R, \ f \in F.$$

Wir wissen, $q = pU_0$ und somit $q \in V$. In der Basisdarstellung

$$q = \sum_{\lambda=1}^{l} \sum_{\nu=0}^{d_\lambda - 1} \alpha_{\nu} q^{(\lambda,\nu)}$$

muß wegen der Trägerfremdheit der $q^{(\lambda,\nu)}$ $\alpha_{\lambda\nu} \geq 0$, $\sum_{\lambda,\nu} \alpha_{\lambda\nu} = 1$ gelten, d.h. q liegt in der konvexen Hülle der $q^{(r,\nu)}$. Um das Verhalten von $\|pP^t - qP^t\| = \|fP^t\|$ genauer zu ergründen, bedenken wir zunächst, daß jede stochastische Matrix Q die Norm kontrahiert:

$$\|xQ\| = \sum_{j,k} |x_j Q_{jk}| \leq \sum_j |x_j| \sum_k Q_{jk} = \sum_j |x_j| = \|x\| \qquad (x \in R^a).$$

Weil der Durchschnitt der Norm-Einheitskugel $\{x \mid \|x\| \leq 1\}$ mit F kompakt ist, kann man $f_1, \ldots, f_n \in F$ mit $\|f_k\| \leq 1$ so finden, daß es zu jedem $f \in F$ mit $||f|| \leq 1$ ein k mit $||f - f_k|| \leq \frac{1}{4}$ gibt. Weil $f_k U_0 = 0$ ($k = 1, \ldots, n$) gilt und man U_0 durch Matrizen P^t approximieren kann, gibt es ein $t_0 > 0$ mit $||f_k P^{t_0}|| \leq \frac{1}{4}$ ($k = 1, \ldots, n$), was für ein beliebiges $f \in F$ mit $||f|| \leq 1$ und das zugehörige f_k die Abschätzung

$$||f P^{t_0}|| \leq ||f_k P^{t_0}|| + ||(f - f_k) P^{t_0}||$$

$$\leq \frac{1}{4} + ||f - f_k|| \leq \frac{1}{4} + \frac{1}{4} = \frac{1}{2}$$

nach sich zieht. Läßt man die Beschränkung $||f|| \leq 1$ fallen, so ergibt sich für $f \neq 0$, also $||f|| > 0$

$$||f P^{t_0}|| = ||f|| \cdot \left\| \frac{f}{||f||} P^{t_0} \right\| \leq ||f|| \frac{1}{2}$$

und durch Iteration

$$||f P^{k t_0}|| \leq \frac{1}{2^k} ||f|| \qquad (k = 1, 2, \ldots).$$

Man entnimmt daraus leicht die Existenz von Konstanten $A > 0$, $0 < \vartheta < 1$ mit

$$||f P^t|| \leq A \vartheta^t ||f||,$$

also gilt für jedes $f \in F$

$$||f P^t|| \to 0 \quad \text{(exponentiell)}.$$

Was wir nun insbesondere auf unser $f = p - q$ von vorhin anwenden können.

Damit haben wir eine der wesentlichen Aussagen von Satz 3.13 erneut bewiesen. Um auch die übrigen Aussagen zu bekommen, werden wir $D_{\lambda \nu} = \text{Tr}(q^{(\lambda, \nu)})$ ($\lambda = 1, \ldots, l$; $\nu = 0, \ldots, d_\lambda - 1$), $M = \sum_{\nu=0}^{d-1} D_{\lambda \nu}$, $S = \{1, \ldots, a\} \setminus (M_1 + \cdots + M_l)$ setzen. Ist $p \in V$, $\text{Tr}(p) \subseteq D_{\nu \nu}$, so ist $p \leq \alpha q^{(\lambda, \nu)}$ für passendes $\alpha > 0$ und damit

$$\text{Tr}(p P^t) \subseteq \text{Tr}(q^{(\lambda, \nu)} P^t) = \text{Tr}(q^{(\lambda, \nu + t)}) = D_{\lambda, \nu + t} \quad (t = 0, 1, \ldots).$$

Man sieht nun leicht (Übung!,) daß in $p = q + f$, $q \in R$, $f \in F$ nur mehr $q = q^{(\lambda, \nu)}$ in Frage kommt. Alles weitere ergibt sich nun durch einfache Zusatzbetrachtungen, die dem Leser als Übung überlassen bleiben.

Unsere allgemeinen Sätze erledigen aber auch sofort den zeit-kontinuierlichen Fall. Hier ist eine kontinuierliche abelsche Halbgruppe $\{P(t) \mid t \geq 0 \text{ reell}\}$ gegeben, und wir wählen **G** als deren Abschluß in **P**. Dann ist **G** wieder eine kompakte abelsche Unterhalbgruppe von **P**. Wir gewinnen wieder $\mathbf{G}_0$ mit dem Einselement $U_0 = U_0^2$ und eine Auf-

spaltung
$$R^a = R + F, \ R \cap F = \{0\}$$

mit $R = R^a U_0$. In diesem letzteren Raum erhalten wir wieder eine Basis $q^{(1)}, \ldots, q^{(l)} \in V$ mit $\mathrm{Tr}(q^{(\lambda)}) \cap \mathrm{Tr}(q^{(\mu)}) = \emptyset$ ($\lambda \neq \mu$), die von allen $Q \in \mathbf{G}$, also insbesondere von allen $P(t)$ nur in sich permutiert wird. Wegen $P(t) = P\left(\frac{t}{l!}\right)^{l!}$ läßt sich jede dieser Permutationen von l Elementen als $l!$-te Potenz einer anderen Permutation schreiben, und ist damit die identische Permutation. Jeder Vektor $r \in R$ bleibt also unter allen $P(t)$ fix: $rP(t) = r$ ($t \geq 0$). Das vereinfacht die Situation gegenüber dem zeit-diskreten Fall etwas: zu jedem $p \in V$ gibt es genau ein q aus der konvexen Hülle von $q^{(1)}, \ldots, q^{(l)}$ derart, daß

$$||pP(t) - q|| \leq A\vartheta^t \qquad (t \geq 0)$$

gilt, mit passenden Konstanten $A > 0$, $0 < \vartheta < 1$. Die Details und der Beweis weiterer Analoga zu Aussagen von Satz 3.13 seien dem Leser als Übung überlassen.

§ 5. Die Methode der Einheitswurzeln

Im Gegensatz zu den Untersuchungen der vorangehenden Abschnitte bekommen wir es in diesem letzten Paragraphen mit Eigenwerten und komplexen Zahlen zu tun. Bisher hat uns nur der Eigenwert 1 beschäftigt: Fixvektoren $p \neq 0$ einer Matrix P sind Eigenvektoren zum Eigenwert 1, wie

$$pP = 1 \cdot p$$

zeigt. Aber auch periodische Vektoren, wie sie in Satz 3.13 auftraten, geben Anlaß zu Eigenwertbetrachtungen. Es ist natürlich kein Problem, reelle Vektoren in R^a als spezielle komplexe Vektoren im C^a aufzufassen und etwa komplexe Linearkombinationen aus ihnen zu bilden. Ebenso selbstverständlich fassen wir die reelle Matrix P als lineare Abbildung im C^a auf. Ist nun $q^{(0)}, \ldots, q^{(d-1)}$ eine endliche Serie von (beispielsweise zu $V \subseteq R^a \subseteq C^a$) gehörigen Vektoren, die von P zyklisch permutiert werden, d.h.

$$q^{(\nu)} P^t = q^{(\nu+t)} \qquad (t = 0, 1, \ldots)$$

(der obere Index wird mod d gerechnet, so daß man insbesondere

$$q^{(d-1)} P = q^{(0)}$$

hat), oder, äquivalent

$$q^{(\nu)} = q^{(0)} P^\nu \qquad (\nu = 0, \ldots, d-1),$$
$$q^{(0)} P^d = q^{(0)}$$

erfüllen, so wähle man irgendeine komplexe Zahl α mit $\alpha^d = 1$ (also $\alpha = e^{i2\pi\frac{k}{d}}$ mit irgendeinem $k = 0, \ldots, d-1$), um vermöge

$$q = q^{(0)} + \alpha^{-1}q^{(1)} + \cdots + \alpha^{-(d-1)}q^{(d-1)}$$
$$= q^{(0)} + \alpha^{-1}q^{(0)}P + \cdots + \alpha^{-(d-1)}q^{(0)}P^{d-1}$$

ein $q \in C^a$ mit

(1) $$qP = \alpha q$$

zu gewinnen; in der Tat ist

$$qP = q^{(0)}P + \alpha^{-1}q^{(1)}P + \cdots + \alpha^{-(d-1)}q^{(d-1)}P$$
$$= q^{(1)} + \alpha^{-1}q^{(2)} + \cdots + \alpha^{-(d-2)}q^{(d-1)} + \alpha^{-(d-1)}q^{(0)}$$
$$= \alpha^{-(d-1)}(q^{(0)} + \alpha^{-1}q^{(1)} + \cdots + \alpha^{-(d-1)}q^{(d-1)})$$
$$= \alpha q.$$

Ist $q \neq 0$ (wählte man $q^{(0)} = q^{(0,\lambda)}$, $d = d_\lambda$ für ein $\lambda = 1, \ldots, l$ gemäß Satz 3.13, so ist dies der Fall), so ist q ein Eigenvektor zum Eigenwert α. Die hier auftretenden α sind *Einheitswurzeln*. Hat man umgekehrt eine d-te Einheitswurzel und ist q ein Eigenvektor zum Eigenwert α, so bekommt man aus (1) durch Iteration

$$qP^d = q.$$

Da P reell ist, gilt auch für den (komponentenweise gebildeten) Realteil $q' \in R^a$ und Imaginärteil $q'' \in R^a$ von q

$$q'P^d = q', \qquad q''P^d = q'',$$

und dies liefert die Periode d für jede der Folgen

$$q', q'P, q'P^2, \ldots$$
$$q'', q''P, q''P^2, \ldots$$

im R^a.

Periodizität im Reellen und Einheitswurzeln als Eigenwerte im Komplexen sind also eng zusammenhängende Erscheinungen. Das genaue Verfolgen dieses Zusammenhangs eröffnet die Möglichkeit, folgendermaßen vorzugehen:

1. Man beweist direkt und schnell, daß stochastische Matrizen nur Eigenwerte vom Betrag ≤ 1 haben, daß der Eigenwert 1 stets auftritt, und daß alle weiteren Eigenwerte vom Betrage 1 Einheitswurzeln sind.

2. Man benutzt die Realteile von Eigenvektoren zu Einheitswurzel-Eigenwerten, um die in Satz 3.13 auftretenden periodischen Vektoren $q^{(l,\nu)}$ zu gewinnen.

3. Man überlegt sich weitere Methoden, um die restlichen Aussagen von Satz 3.13 zu bekommen.

Dieser Weg bedeutet eine dritte Methode zur allgemeinen Aufklärung des asymptotischen Verhaltens von Folgen $p, pP, \ldots$ mit $p \in V$ und einer stochastischen Matrix P. Es stellt sich freilich heraus, daß man unter 3. und stellenweise auch unter 2. auf Verfahren zurückgreifen muß, die wir in den §§ 3 und 4 bereits vorgeführt haben. Wir wollen daher in diesem Abschnitt den obigen Weg nicht vollständig durchlaufen, sondern nur 1. ausführen, und dem Leser Hinweise zur Durchführung von 2. und 3. geben (vgl. Bartlett [4], S. 24ff., Moran [32], S. 117ff. und die allgemeinere Theorie von Yosida-Kakutani [39]).

Wir beginnen also mit dem

Satz 5.1: *Sei P eine a-reihige stochastische Matrix. Dann gilt*:
1. *Jeder Eigenwert α von P erfüllt*

$$|\alpha| \leq 1.$$

2. *P besitzt mindestens den Eigenwert 1.*
3. *Ist α ein Eigenwert von P mit*

$$|\alpha| = 1,$$

so ist α eine Einheitswurzel, d.h.

$$\alpha^n = 1$$

für eine passende ganze Zahl $n > 0$.

Beweis: 1. Wir haben gegen Ende von § 4 gesehen, daß P die von uns verwendete Norm $\|x\| = \sum |x_k|$ kontrahiert:

$$\|xP\| \leq \|x\| \qquad (x \in R^a).$$

Dies gilt ohne weiteres auch für beliebige komplexe Vektoren $x \in C$. Aus jeder Eigenwertgleichung

$$xP = \alpha x, \quad x \neq 0$$

erhält man sofort

$$\|xP\| = |\alpha|\, \|x\|$$

und damit $|\alpha| \leq 1$.

2. Wir haben in § 2 sehr einfach gesehen, daß jeder Limes q einer Teilfolge einer Folge

$$\frac{1}{t} \sum_{u=0}^{t-1} pP^u \quad (t = 1, 2, \ldots)$$

mit $p \in V$ selbst wieder zu V gehört, also $q \neq 0$ erfüllt, und ein Fixpunkt von P ist:

$$qP = q$$

besagte aber dann gerade, daß 1 Eigenwert von P ist. Man kann das letztere noch einfacher sehen: Ein Vektor $y = (y_1, \ldots, y_a)$ mit
$$y_1 = \cdots = y_a = 1$$
erfüllt sicher
$$Py = y$$
wegen
$$\sum_{k=1}^{a} P_{jk} y_k = \sum_{k=1}^{a} P_{jk} = 1 = y_j \quad (j = 1, \ldots, a).$$

Dies bedeutet, daß die Transponierte von P den Eigenwert 1 hat. Da eine Matrix und ihre Transponierte bekanntlich dieselben Eigenwerte besitzen, hat auch P den Eigenwert 1. Wir werden sogleich nochmals von dieser Idee Gebrauch machen.

3. Sei nun α ein Eigenwert von P mit $|\alpha| = 1$. Bekanntlich ist α dann auch Eigenwert der transponierten Matrix. Für diese lautet die Eigenwertgleichung

(2) $$\sum_{k=1}^{a} P_{jk} x_k = \alpha x_j \quad (j = 1, \ldots, a).$$

Bedenkt man $P_{jk} \geq 0$, $\sum_k P_{jk} = 1$, so bedeutet dies: αx_j ist ein Mittelwert aus denjenigen (komplexen!) x_k, für die $P_{jk} > 0$ gilt. Wir konstruieren jetzt eine Folge von Teilmengen $A_0, A_1, \ldots$ von $\{1, \ldots, a\}$. Sei hierzu $\beta = \max_j |x_j| > 0$ und $A_0 = \{j\}$ mit einem j, das $|x_j| = \beta$ erfüllt. Wir setzen nun

$$A_1 = \{k \mid P_{jk} > 0\}.$$

Wir können aus (2) ablesen: αx_j liegt wegen $|\alpha| = 1$ auf der komplexen Kreislinie $\{z \mid |z| = \beta\}$ und ist ein (gewichtetes) Mittel der x_k mit $k \in A_1$, die jedenfalls alle in $\{z \mid |z| \leq \beta\}$ liegen. Läge auch nur eines der x_k mit $k \in A_1$ im Innern $\{z \mid |z| < \beta\}$, so wäre (2) verletzt. Da der Kreis krumm ist, kann man noch mehr sagen: gäbe es unter den x_k mit $k \in A_1$ auch nur zwei verschiedene, so muß jedes mit strikt positiven Gewichten gebildete Mittel aus ihnen bereits in $\{z \mid |z| < \beta\}$ liegen. Dies ist hier nicht der Fall, also sind alle x_k mit $k \in A_1$ gleich, und zwar

$$x_k = \alpha x_j \neq 0 \quad (k \in A_1).$$

Wir setzen nun

$$A_2 = \{k \mid P_{jk} > 0 \text{ für ein } j \in A_1\}$$

und lesen aus (2) nach dem soeben verwendeten Verfahren

$$x_k = \alpha^2 x_j \neq 0 \quad (k \in A_2)$$

ab. So bilden wir sukzessive
$$A_{n+1} = \{k \mid P_{jk} > 0 \text{ für ein } j \in A_n\}$$
und stellen
$$x_k = \alpha^n x_j \neq 0 \quad (k \in A_n)$$
fest. Sämtliche A_n sind nichtleer: sie sind gerade die Tr $(e^{(j)}P^n)$. Da sie allesamt Teilmengen der endlichen Menge $\{1, \ldots, a\}$ sind, muß es $m, n > 0$ mit
$$A_m \cap A_{m+n} \neq \emptyset$$
geben. Für ein $k \in A_m \cap A_{m+n}$ gilt
$$x_k = \alpha^m x_j = \alpha^{m+n} x_j$$
und somit $\alpha^n = 1$.

Wir bemerken noch, daß der obige Satz nur eine kleine Kostprobe aus einer größeren Theorie der Eigenwerte positiver Matrizen ist, in die man z.B. über Wielandt [38] einsteigen kann.

Zum Abschluß geben wir die versprochenen Hinweise zur Durchführung der Programmpunkte 2. und 3.

A. Ist α eine komplexe Zahl mit $|\alpha| = 1$, so ist $Q_\alpha = \dfrac{1}{\alpha} P$ eine komplexe Matrix, die die Norm $||x|| = \sum |x_k|$ in C^a kontrahiert:
$$||xQ_\alpha|| = \left\lVert \frac{1}{\alpha}(xP) \right\rVert = ||xP|| \leq ||x|| \quad (x \in C^a).$$
Damit werden die zum Ergodensatz führenden Kompaktheitsargumente auch für Q_α in C^a wirksam, und wir erhalten eine Aufspaltung
$$C^a = F_\alpha + N_\alpha, \ F_\alpha \cap N_\alpha = \{0\}$$
mit den (komplexen) linearen Teilräumen
$$F_\alpha = \{x \mid x \in C^a, xQ_\alpha = x\} = \{x \mid x \in C^a, xP = \alpha x\}$$
$$N_\alpha = \left\{ x \mid x \in C^a, \frac{1}{t}\sum_{u=0}^{t-1} xQ_\alpha^u \to 0 \right\}$$
F_α ist also der Eigenraum zum Eigenwert für die ursprüngliche Matrix P.

B. Seien jetzt $\alpha_1, \ldots, \alpha_l$ die sämtlichen Eigenwerte vom Betrag 1 von P. Nach Satz 5.1 sind sie sämtlich Einheitswurzeln. Sei F der von $F_{\alpha_1} \cup \cdots \cup F_{\alpha_l}$ aufgespannte komplexe lineare Unterraum von C^a, und $N = N_{\alpha_1} \cap \cdots \cap N_{\alpha_l}$. Dann gilt offenbar
$$C^a = F + N, \ F \cap N = \{0\}$$
Genauso wie jedes N_α ist auch N P-invariant. In N gibt es keine Eigenvektoren zu Eigenwerten vom Betrage 1 mehr.

C. Alle weiteren Überlegungen laufen auf eine Analyse der Wirkung von P in F bzw. N hinaus. Die Realteile sämtlicher Vektoren aus F bewegen sich offenbar periodisch. Den von ihnen gebildeten (reellen) Unterraum von R^a analysiert man mit den Methoden des § 4, angewendet auf die Matrix P^d (d ist eine gemeinsame Periode aller $q \in F$), die diese Realteile ja festläßt. — Um F zu untersuchen, kann man die sog. Resolventenmethode anwenden: Es gibt ein $\delta > 0$ derart, daß kein komplexes α mit $1 - \delta < \alpha < 1 + \delta$ Eigenwert von P ist. Damit sind die Matrizen $P - \alpha I$ (I = Einheitsmatrix) für solche α invertibel, und eine Inverse ist durch die sog. Neumann-Reihe

$$Q = -\frac{1}{\alpha}[I + \alpha^{-1}P + \alpha^{-2}P^2 + \cdots]$$

gegeben, soweit Konvergenz vorliegt. In der Tat gilt dann

$$(P - \alpha I)Q = -\frac{1}{\alpha}[PQ - \alpha Q]$$

$$= -\frac{1}{\alpha}[P + \alpha^{-1}P^2 + \alpha^{-2}P^2 + \cdots$$

$$- \alpha I - P - \alpha^{-1}P^2 - \cdots].$$

$$= I.$$

Für $|\alpha| > 1$ ist die Konvergenz mit Hilfe der Kontraktionseigenschaft von P durch Abschätzung gegen eine gewöhnliche geometrische Reihe leicht zu beweisen. Daß auch für gewisse α mit $|\alpha| < 1$ Konvergenz vorliegt, folgt aus einem Satz von Nagumo ([33], vgl. Yosida-Kakutani [39]) und garantiert

$$||x\alpha^{-n}P^n|| \to 0 \quad (n \to \infty),$$

also gewiß

$$||xP^n|| \leq \text{const }|\alpha|^n \quad (n = 0, 1, \ldots)$$

für jedes $x \in C^a$. Dies zeigt, daß die $x \in N$ exponentiell gegen 0 streben, wenn man P wiederholt auf sie anwendet, und dies ist der Schlüssel zu den Konvergenzaussagen von Satz 3.13.

Literatur

1. Aho, A. V., Ullman, J. D.: The Theory of Languages. Math. Systems Theory **2**, 27—125 (1968).
2. Alexandroff, P., Hopf, H.: Topologie I. Berlin: Springer 1935.
3. Arrow, K. J., Karlin, S., Suppes P. (ed.): Mathematical Methods in the Social Sciences. Stanford 1960.
4. Bartlett, M. S.: An Introduction to Stochastic Processes. Cambridge: University Press 1960.

5. Berglund, J. F., Hofmann, K. H.: Compact Semitopological Semigroups and Weakly Almost Periodic Functions. Lecture Notes in Mathematics, No. 42. Berlin/Heidelberg/New York: Springer-Verlag 1967.
6. Blumenthal, R. M., Getoor, R. K.: Markov Processes and Potential Theory. New York: Academic Press 1968.
7. Breiman, B.: Probability. Reading (Mass.): Addison-Wesley 1968.
8. Burckel, R. B.: Weakly Almost Periodic Functions on Semigroups. New York/London/Paris: Gordon & Breach 1970.
9. Burger, E.: Einführung in die Theorie der Spiele. Berlin: de Gruyter 1959.
10. Bush, R. R., Estes, W. K.: Studies in Mathematical Learning Theory. Stanford 1959.
11. —, Mosteller, F.: Stochastic Models for Learning. New York: Wiley 1955.
12. Chung, Kai Lai: Markov Chains with Stationary Transition Probabilities. Berlin/Göttingen/Heidelberg: Springer-Verlag 1960.
13. Ciucu, G., Theodorescu, R.: Procese cu legaturi complete. Bukarest 1960.
14. de Leeuw, K., Glicksberg, I.: Applications of Almost Periodic Compactifications. Acta Math. **105**, 63—98 (1961).
15. Dynkin, E. B.: Die Grundlagen der Theorie der Markoffschen Prozesse. Berlin/Göttingen/Heidelberg: Springer-Verlag 1961.
16. — Markov-Processes, 2 vols. Berlin/Heidelberg/New York: Springer-Verlag 1965.
17. Estes, W. K.: A Random-Walk Model for Choice Behavior, Arrow-Karlin-Suppes (ed.), Math. Methods in the Social Sciences, pp. 265—276. Stanford 1960.
18. Evreinov, E. V., Kosarev, J. G., Ustinov, V. A.: Anwendung elektronischer Rechenanlagen zur Untersuchung von Maya-Schriften, 3 Bde. (russ.). Moskau 1961.
19. Feller, W.: An Introduction to Probability Theory and its Applications, 3rd Ed. New York: Wiley 1968.
19a. Gross, M., Lentin, A.: Mathematische Linguistik. Berlin/Heidelberg/ New York: Springer-Verlag 1971.
20. Herdan, G.: The Advanced Theory of Language as Choice and Chance. Berlin/Heidelberg/New York: Springer-Verlag 1966.
21. Hopcroft, J. E., Ullman, J. D.: Formal Languages and their Relation to Automata. Reading (Mass.): Addison-Wesley 1969.
22. Jacobs, K.: Ergodentheorie und fastperiodische Funktionen auf Halbgruppen. Math. Z. **64**, 298—338 (1956).
23. — Fastperiodizitätseigenschaften allgemeiner Halbgruppen in Banach-Räumen. Math. Z. **67**, 83—92 (1957).
24. — Zur Theorie der Markoffschen Prozesse. Math. Ann. **133**, 375—399 (1957).
25. —, Krengel, U.: Wahrscheinlichkeitstheorie. Skriptum Erlangen 1968.
26. Kemeny, J. G., Snell, J. L., Thompson, G. L.: Introduction to Finite Mathematics. Englewood Cliffs (N. J.): Prentice-Hall 1966.
27. Kesten, H.: Quadratic Transformations: a Model for Population Growth I—III, preprints 1967/68, Teil I und II, erschienen in: Adv. Appl. Prob. **2**, 1—82 and 179—228 (1970).
28. Markov, A. A.: Calculus of Probability. Moskau 1924 (russ.).
29. — Extensions of the law of Large Numbers to Dependent Events. Bull. Soc. Phys. Math. Kazan **2**, 135—156 (1906) (russ.).

30. Meyer, P.-A.: Processus de Markov. Berlin/Heidelberg/New York: Springer-Verlag 1967.
31. Moran, P. A. P.: The Statistical Models of Evolutionary Theory. Oxford: Clarendon Press 1962.
32. — An Introduction to Probability Theory. Oxford: Clarendon Press 1968.
33. Nagumo, M.: Einige analytische Untersuchungen in linearen normierten metrischen Ringen. Jap. J. of Math. **12**, 61—80 (1936).
34. Sacco, L.: Manuel de Cryptographie. Paris: Payot 1951.
35. Schlenther, U.: Die geistige Welt der Maya. Berlin: Deutscher Verlag der Wissenschaften 1965.
36. Sobolev, S.: Die vollständige Entzifferung der Maya-Handschriften durch mathematische Methoden. Wiss. Zschr. d. Humboldt-Univ., Ges.-wiss. und sprachwiss. Reihe **X** (1961) H.4/5.
37. Suppes, P., Atkinson, R. C.: Markov Learning Models for Multi-Person Interactions. Stanford University Press 1960.
38. Wielandt, H.: Unzerlegbare, nichtnegative Matrizen. Math. Z. **52**, 642—648 (1950).
39. Yosida, K., Kakutani, S.: Operator-Theoretical Treatment of Markov Process and Mean Ergodic Theorem. Ann. of Math. (a) **42**, 188—228 (1941).

Konjunkturschwankungen

J. Rosenmüller

§ 1. Einleitung

Wenn man mathematische Modelle für Vorgänge der realen Welt aufstellen will, muß man zwei Ziele im Auge haben, die oft nicht gleichzeitig zu erreichen sind. Das Modell, das die gegebene reale Situation widerspiegeln soll, muß einerseits so eng wie möglich auf diese Situation bezogen sein; es soll daher recht viele Züge der Realität tragen. Andererseits muß man vermeiden, das Modell zu überladen. Sonst hat man schließlich einen derart komplizierten Apparat in der Hand, daß man ihn mathematisch nicht mehr beherrscht. Man muß also, wenn der reale Vorgang vielschichtig ist, ein Modell schaffen, das so naturgetreu wie möglich und so einfach wie nötig ist.

Viele Anwendungsgebiete der Mathematik sind mit dieser Problematik ohne weiteres fertig geworden. So ist es bei der mathematischen Behandlung mechanischer Probleme oft möglich, Reibungskräfte zu vernachlässigen, ,,Massenpunkte" u. dgl. zu betrachten und Aussagen über ideale Gase zu machen.

Will man Konjunkturschwankungen in einem mathematischen Modell repräsentieren, dann muß man sich meist dafür entscheiden, eine recht grobe Nachahmung der Wirklichkeit zu betrachten. Häufig ist man gezwungen, nicht nur unwesentliche Merkmale der Wirklichkeit wegzulassen, sondern sogar wesentliche Eigenschaften gegeneinander abzuwägen und solche aufzugeben, deren Einfluß man nicht genau beurteilen kann.

So hat z. B. die Behauptung, daß Angebot und Nachfrage den Preis einer Ware regulieren, meist statistischen Charakter: man meint z. B. das gesamte Angebot, gemittelt über einen großen Markt. Für den einzelnen Teilnehmer eines solchen Marktes ist der Preis zwar eine von außen ihm gegebene Größe, die er gar nicht beeinflußt. Dennoch bestimmen die Kaufwünsche der einzelnen (die Nachfrage) den Preis der Ware in gewisser Weise mit: man muß ein ,,durchschnittliches Kaufinteresse" definieren können. Wenn man nun versucht, den Preis einer gewissen Ware bei gegebenem Angebot zu bestimmen, muß man sich daher plötzlich mit der Reaktion des einzelnen Käufers befassen und sich fragen, wie hoch der einzelne eine Ware einschätzt, ob und wie man seine Wertschätzungen messen kann, und ob man überhaupt einen

Mittelwert der Nachfrage (über den ganzen Markt genommen) definieren kann. Man hat es also plötzlich gar nicht mehr mit statistischen Fragen, sondern mit Problemen der Präferenzordnung und des Vergleichs von Wertschätzungen zu tun.

Wenn man schließlich die zeitliche Entwicklung des Preises einer Ware verfolgen will, tut man vermutlich gut daran, die Frage nach der Existenz von Präferenzordnungen und ihrer Repräsentation in Geld sowie nach dem passenden Gleichgewichtspreis bei gegebenem Angebot fortzulassen und dafür lieber gleich anzunehmen, daß gewisse „Nachfrage" und „Angebotsfunktionen" einfach vorgegeben sind (und womöglich angenehme Eigenschaften haben wie Stetigkeit, Differenzierbarkeit usw.).

So kommt es, daß recht verschiedene Modelle für Konjunkturerscheinungen existieren, die ein gewisses Verhalten der realen Welt gut repräsentieren, aber nie das ganze Gefüge etwa einer volkswirtschaftlichen Struktur darstellen können. Bei diesen Modellen ist es meist nicht möglich zu sagen, welche Einschränkungen man gegenüber dem System vorgenommen hat, sondern man geht umgekehrt vor und definiert ganz stark vereinfachte „Märkte", „Ökonomien" oder „n-Personen-Spiele".

Erfreulicherweise gibt es aber meist Beispiele der realen Welt, die selbst diesen stark vereinfachten Modellen noch so nahe kommen, daß man die auf Grund der mathematischen Analyse zu erwartenden Erscheinungen tatsächlich beobachten kann.

Ein bekanntes Beispiel dafür ist der sogenannte Schweinezyklus (Hanau).

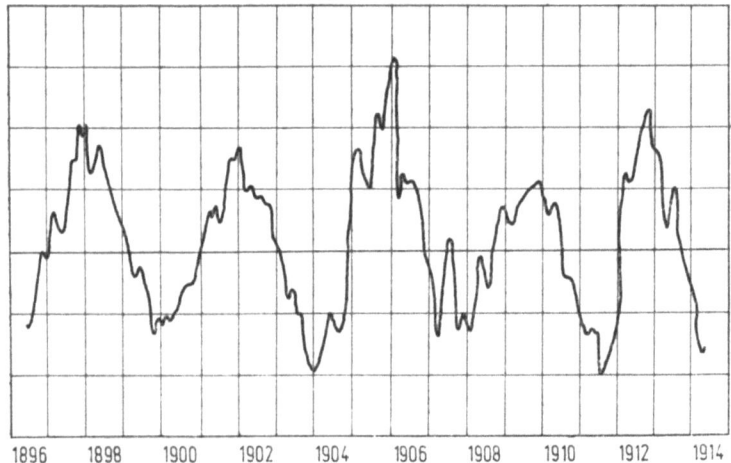

Abb. 1. Konjunkturbewegung der Schweinepreise 1896 — 1914 (nach Hanau).

Darunter versteht man ein annähernd periodisches Verhalten der Schweinepreise, das in verschiedenen Ländern wiederholt beobachtet wurde. Eine Periode erstreckt sich ungefähr über vier Jahre: zwei Jahre steigt der Preis an, erreicht ein Maximum und fällt dann die nächsten zwei Jahre ab und erreicht ein Minimum. Danach beginnt der Zyklus von neuem.

Die Interpretation dieser regelmäßigen Schwankung ist recht naheliegend:

Sind die Preise hoch, so beginnt der einzelne Landwirt seine Schweinezucht zu intensivieren. Nach einiger Zeit wird dadurch das Angebot erhöht, und die Preise fallen so lange, bis die Landwirte die Produktion drosseln. Danach beginnt das Hin und Her erneut.

Die Periode von vier Jahren ist verknüpft mit den Zeitgrößen der Schweinezucht. Die Trächtigkeitsdauer beträgt 4 Monate, die Mastzeit etwa ein Jahr, und eine gewisse Zeit vergeht, bis der Landwirt den gerade herrschenden Trend erkennen kann und sich entschließt, darauf zu reagieren.

Die obige Interpretation dahingehend, daß allein das Angebot den Preis bestimme, ist im wesentlichen wohl zutreffend. In der Tat beobachtet man, daß die Angebotskurve ganz ähnlich schwankt, nur mit einer halben Periode Verschiebung; hohes Angebot hat niedrige Preise zur Folge und umgekehrt.

Allein beim näheren Hinsehen ergeben sich viele Einwände. Zunächst ist die Konjunkturschwankung überlagert: einmal von einer jahreszeitlich bedingten Bewegung (im Sommer wird weniger Schweinefleisch verbraucht) und dann von einem langfristigen Trend (Wohlstandsgesellschaften schätzen Schweinefleisch allmählich geringer ein). Solche Überlagerungen muß man also zunächst eliminieren. Ferner ist der Markt eben nicht vollkommen abgeschlossen: die Preise anderer Fleischsorten spielen eine Rolle, Futterpreise ändern sich ebenfalls, und schließlich machen sich Einflüsse von Auslandsmärkten bemerkbar.

Im folgenden werden wir verschiedene Modelle diskutieren, deren Analyse auf gewisse periodische oder konvergante Erscheinungen führt. Wir müssen uns dabei stets darüber im klaren sein, daß diese Modelle recht grob sind und viele Angriffsflächen bieten. Aus den bisher diskutierten und vielen anderen Gründen ist es aber nicht möglich, ein zutreffendes Gesamtmodell für eine Volkswirtschaft zu entwerfen; mehr oder minder gute Annäherung ist alles, was man erwarten kann. Zum Beispiel scheint es, daß das im nächsten Paragraphen diskutierte Spinnwebmodell den Schweinezyklus erklären kann.

§ 2. Das Spinnwebmodell

Wir betrachten einen Markt, auf dem eine einzelne Ware gehandelt wird. Dabei stellen wir uns vor, daß Angebot und Nachfrage vom Preis p der Ware abhängen. Dann kann man das Angebot und die Nachfrage als eine Funktion des Preises auffassen, wir schreiben

$$A = f(p),$$
$$N = g(p).$$

A und N sind gewisse reellwertige Größen, die das über den ganzen Markt gemittelte Angebot (bzw. die Nachfrage), gemessen in Einheiten der betreffenden Ware, angeben.

Bei steigendem Preis wird das Angebot steigen und die Nachfrage fallen. Wir nehmen also an:

f ist eine monoton steigende Funktion von p;

g ist eine monoton fallende Funktion von p.

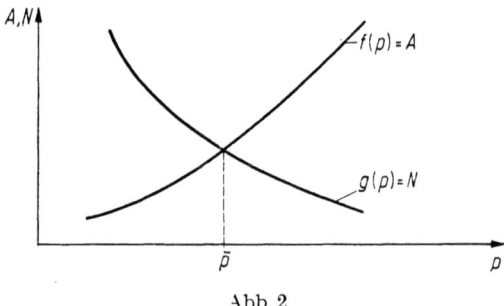

Abb. 2

Wenn Angebot und Nachfrage gleich sind, sagen wir, daß sich der Markt im Gleichgewicht befindet; die Forderung

$$A = N$$

definiert einen gewissen Gleichgewichtspreis $\bar{p}$ durch $f(\bar{p}) = g(\bar{p})$. Beim Gleichgewichtspreis wird genau das gesamte Angebot verkauft.

Ein dynamisches Modell entsteht nun dadurch, daß man einen Zeitparameter einführt und die Marktsituation in gewissen Abständen betrachtet; die Länge dieser Abstände ist stillschweigend durch die Eigenschaften des Modells bestimmt und wird als Periode bezeichnet.

Durch geeignete Normierung erreicht man, daß eine Periode stets die Länge 1 hat.

Gehen wir z. B. davon aus, daß während einer gewissen Periode $[t-1, t]$ der Preis des Gutes in unserem Modell einen gewissen Wert

p_{t-1} angenommen hat. In der nächsten Periode haben sich die Produzenten des Gutes auf diesen Preis eingestellt und versuchen, die durch p_{t-1} diktierte, maximale Aufnahmefähigkeit des Marktes dadurch auszunützen, daß sie ein Angebot

(1) $$A_t = f(p_{t-1})$$

zur Verfügung stellen. Die Tatsache, daß die Produzenten einige Zeit brauchen, um sich auf die Marktsituation einzustellen, kann leicht durch Verzögerungen im Produktionsmechanismus erklärt werden, man spricht von einer Verzögerung („Nachhinken", „lag") auf der Angebotsseite.

Die Käufer dagegen können möglicherweise sofort auf den herrschenden Preis reagieren, wir nehmen daher an, daß

(2) $$N_t = g(p_t)$$

gilt. (1) und (2) beschreiben Angebot und Nachfrage in der Periode $[t, t+1]$. p_t bestimmt sich nun aus p_{t-1} durch die Überlegung der Fabrikanten, den Preis p_t so festzusetzen, daß ihre Produktion aus der vorigen Periode verkauft wird, d.h. durch eine Gleichung

(3) $$A_t = N_t,$$
$$g(p_t) = f(p_{t-1}).$$

Wenn g nun eine absteigende, stetig differenzierbare Funktion ist (wie in Abb. 2 angedeutet), so kann man die inverse Funktion g^{-1} einführen und erhält

(4) $$p_t = g^{-1}(f(p_{t-1})) = h(p_{t-1}).$$

Auf diese Weise ist der zeitliche Verlauf des Preises eindeutig bestimmt, wenn wir annehmen, daß das Modell im Intervall $[0, 1]$ einen durch den Preis p_0 charakterisierten Zustand innehatte.

Es taucht natürlich die Frage auf, ob der Preis sich „im Laufe der Zeit" in gewisser Weise einpendelt, d.h. ob für ein gewisses $\bar{p}$

(5) $$\lim_{t \to \infty} p_t = \bar{p}$$

nachweisbar ist, oder ob periodische Erscheinungen auftreten.

Hier greifen wir nun zurück auf einen einfachen Satz, der häufig benutzt wird, um Fixpunkte monotoner Funktionen durch ein iteratives Verfahren zu approximieren. Dieser Satz besagt folgendes:

Sei h eine stetig differenzierbare Funktion und $\bar{p}$ ein Punkt im Definitionsbereich von h, derart, daß

$$h(\bar{p}) = \bar{p}$$

gilt. Dann konvergiert die Folge

(6) $$p_0, p_1 = h(p_0), \ldots, p_t = h(p_{t-1}), \ldots$$

gegen $\bar{p}$, falls
$$|h'(p)| \leq \theta < 1$$
für alle p in $[\bar{p} - p_0, \bar{p} + p_0]$ gilt.
Der Beweis ist recht einfach: Es gilt

$$\begin{aligned}
|p_t - \bar{p}| &= |h(p_{t-1}) - h(\bar{p})| \\
&= |h'(\vartheta)| \cdot |p_{t-1} - \bar{p}| \quad (\vartheta \in [p_{t-1}, \bar{p}]) \\
&\leq \theta |p_{t-1} - \bar{p}| \\
&\leq \cdots\cdots\cdots\cdots \\
&\leq \theta^t |p_0 - \bar{p}|.
\end{aligned}$$

Daher liegen die Punkte $p_0, p_1, \ldots$ alle im Intervall $[\bar{p} - p_0, \bar{p} + p_0]$, und für $t \to \infty$ strebt $p_t \to \bar{p}$.

Eine bekannte Anwendung ist diese: man setzt

$$h(p) = \left(1 - \frac{1}{k}\right)p + \frac{1}{k}\frac{a}{p^{k-1}}$$

für positives a und ganzes $k > 1$. Dann ist $\bar{p} = \sqrt[k]{a}$ und das Verfahren dient zur approximativen Berechnung einer Wurzel.

Man kann übrigens durch etwas genauere Überlegungen sich leicht klar machen, daß es hinreichend für die Konvergenz der Folge (6) ist, wenn $|h'(p)|$ auf *einer* Seite von $\bar{p}$ kleiner als die Einheit ist.

Kehren wir zurück zu unserem Marktmodell. Wir nehmen an, daß ein Gleichgewichtspreis $\bar{p}$ existiert. Dann ist es offenbar entscheidend für die Konvergenz der Preise p_t gegen den Gleichgewichtspreis $\bar{p}$, daß $h(p)$ eine Steigung kleiner als die Einheit in „einer gewissen Umgebung" von $\bar{p}$ aufweist.

Wegen
$$h = g^{-1}(f(p))$$

(8) $$h' = \frac{dg^{-1}}{df}\frac{df}{dp} = \frac{\dfrac{df}{dp}}{\dfrac{dg}{dp}}$$

ist $|h'| \leq \theta < 1$ gleichbedeutend mit

(9) $$\left|\frac{df}{dp}\right| \leq \theta \left|\frac{dg}{dp}\right|.$$

Etwas allgemeiner ausgedrückt haben wir also folgendes Ergebnis:

Wenn die Nachfragefunktion steiler ist als die Angebotsfunktion, wird die Folge der Preise $p_0, p_1, p_2, \ldots$, die sich aus den Beziehungen (1) und (2) bestimmt, gegen den Gleichgewichtspreis $\bar{p}$ streben.

Graphisch läßt sich der Prozeß, wie folgt, veranschaulichen.

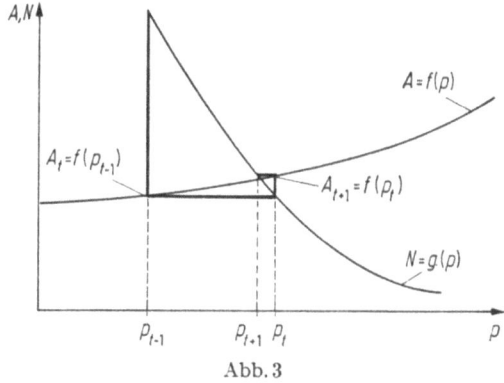

Abb. 3

In der Periode $[t-1, t]$ ist der Preis auf Grund geringer Nachfrage auf p_{t-1} gefallen, die Produzenten produzieren daher für die nächste Periode das Angebot $A_t = f(p_{t-1})$. Da das Angebot geringer als die Nachfrage ist, steigt in der Periode $[t, t+1]$ der Preis auf p_t; p_t bestimmt sich aus (3), so daß Angebot und Nachfrage gleich sind und die gesamte Produktion verkauft wird. Für die nächste Periode

$$[t+1, t+2]$$

produzieren die Fabrikanten das Angebot $A_{t+1} = f(p_t)$. Darauf müssen sie den Preis auf p_{t+1} zurücknehmen usw. Man kann aus der graphischen Darstellung leicht entnehmen, daß die Steigung von g dem Betrage nach größer als diejenige von f sein muß, um die Konvergenz des Prozesses zu erzwingen. Es sind aber auch andere Erscheinungen als Konvergenz denkbar. Wenn f und g zwei Geraden mit absolut genommen gleicher Steigung sind, so wird der Prozeß stets zwischen zwei bestimmten Preisen p_0 und p_1 hin und her pendeln, er ist also periodisch, nicht aber konvergent. Diese Form der Funktionen f und g ist natürlich unrealistisch. Dennoch kann man einen periodischen Pro-

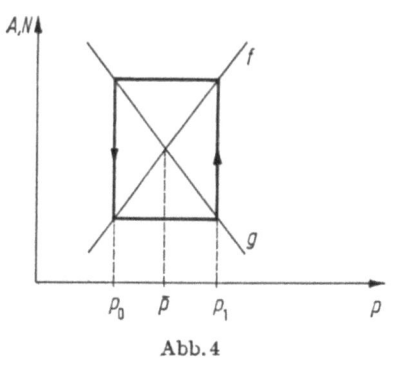

Abb. 4

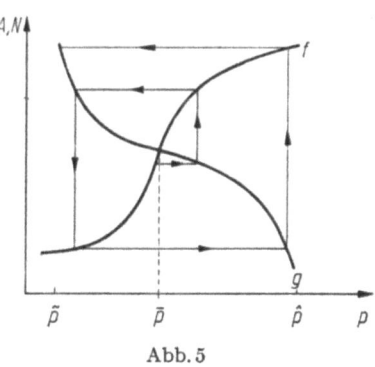

Abb. 5

zeß erzwingen durch die Annahme, daß in einer gewissen Umgebung des Gleichgewichtspreises $\bar{p}$ die Funktion f steiler ist als g, während „weiter außerhalb" genau das umgekehrte Verhältnis besteht. Dann wird jeder Prozeß, ganz gleich von welchem Anfangspreis wir ausgehen (ausgenommen $\bar{p}$) asymptotisch periodisch verlaufen, d.h. es gibt $\overset{\smile}{p}$ und $\hat{p}$ derart, daß etwa

$$\lim_{t\to\infty} p_{2t} = \tilde{p} \quad \text{und} \quad \lim_{t\to\infty} p_{2t+1} = \hat{p}$$

gilt. Der Prozeß wird sich „schließlich" auf ein alternatives Verhalten zwischen $\tilde{p}$ zu $\hat{p}$ einpendeln.

Die verschiedenen Abbildungen erklären, warum dieser Prozeß in der Literatur als „Spinnwebmodell" bekannt ist.

Wir wollen noch eine zweite Version des Spinnwebmodells betrachten. Wir nehmen dabei an, daß A_t, N_t und p_t stetig differenzierbare Funktionen der Zeit sind. Die Abhängigkeit der Angebots- und Nachfragegrößen von p_t sind nun, wie folgt, beschrieben.

Im diskreten Fall war z. B.

$$A_t = f(p_{t-1}).$$

Nehmen wir an, daß die Fabrikanten nicht nur auf die vorhergehende Periode, sondern auf alle früheren Perioden Rücksicht nehmen. Der Einfachheit halber stellen wir uns diese Abhängigkeit aber linear vor, also

(10) $$A_t = \alpha_0 + \alpha_1 p_{t-1} + \alpha_2 p_{t-2} + \alpha_3 p_{t-3} + \cdots$$

Zusätzlich fordern wir noch für die Koeffizienten

$$\alpha_i \geq 0, \sum_{i=0}^{\infty} \alpha_i < \infty.$$

Wenn t nun ein kontinuierlicher Parameter ist, drücken wir die Abhängigkeit durch

(11) $$A_t = \alpha + a \int_0^{\infty} f(\tau) p_{t-\tau} d\tau$$

aus, wobei wir die Funktion f durch

(12) $$f \geq 0, \int_0^{\infty} f(\tau) d\tau = 1$$

normieren. Wählen wir etwa

(13) $f(\tau) = \lambda e^{-\lambda \tau}$ $(\lambda, > 0)$,

so besagt dies, daß die Rücksichtnahme der Unternehmer auf vergangene Preisentwicklungen exponentiell abklingt. λ ist eine Abklingkonstante oder Reaktionsgeschwindigkeit. Die Beziehungen

(14) $$A_t = x + a\lambda \int_0^\infty e^{-\lambda\tau} p_{t-\tau} d\tau$$

und

(15) $$N_t = \beta + bp_t$$

regeln vermöge

(16) $$A_t = N_t$$

den Preis zur Zeit t, wenn wir annehmen, daß die Nachfrage auf den Preis ohne Verzögerung (aber linear) reagiert (vgl. das entsprechende System (1), (2), (3) und die betreffende Interpretation). Um den zeitlichen Verlauf der Preisentwicklung aus (16) zu bestimmen, formen wir (14) etwas um. Es ist

$$A_t = x + a\lambda \int_0^\infty e^{-\lambda\tau} p_{t-\tau} d\tau$$

$$= x + a\lambda e^{-\lambda t} \int_{-\infty}^t e^{\lambda s} p_s ds$$

(durch Variablentransformation $t - \tau = s$)

und daher

(17) $$\frac{dA_t}{dt} = -\lambda(A_t - x) + a\lambda p_t.$$

Wir können daher den zeitlichen Verlauf des Modells auch durch die Gleichungen

(18) $$\frac{dA_t}{dt} + \lambda A_t = x\lambda + a\lambda p_t,$$

(15) $$N_t = \beta + bp_t,$$

(16) $$A_t = N_t$$

charakterisieren. Mit anderen Worten: im kontinuierlichen Modell wird die Verzögerung auf der Angebotsseite dadurch ausgedrückt, daß die Unternehmer das Angebot *und die Änderung* des Angebotes vom Preis abhängig machen.

Durch Elimination von A_t und N_t erhält man aus (15), (16), (18) eine Differentialgleichung

(19) $$\frac{b}{\lambda} \frac{dp_t}{dt} + bp_t + \beta = x + ap_t,$$

die durch

(20) $$p_t = Ce^{-\frac{\lambda(b-a)}{b}t} - \frac{\beta - x}{b - a}.$$

gelöst wird; C ist eine Anfangswertkonstante.

Betrachten wir nun die Konstanten etwas näher: β ist die Nachfrage bei $p_t = 0$, wir nehmen daher an, daß β im allgemeinen eine recht große Konstante sein wird. Wegen

$$\frac{dN_t}{dt} = b \frac{dp_t}{dt}$$

folgt

$$\frac{dN}{dp} = b,$$

so daß b wieder als Steigung der Nachfragefunktion interpretiert werden kann. Es ist dann sinnvoll, $b < 0$ anzunehmen. Wenn der Preis in einem Markt, in dem (16) nicht gilt, dauernd gewaltsam konstant gehalten wird, etwa $p_t = \hat{p}$, so ist aus (14)

$$A_t = \alpha + a\hat{p}$$

zu berechnen, α wird daher eine sehr kleine positive Konstante sein (sicher kleiner als β), während $a > 0$ wieder besagt, daß mit steigendem Preis mehr produziert wird.

Aus diesen Überlegungen folgt nun, daß

$$\frac{\lambda(b-a)}{b} > 0$$

richtig ist und der durch (20) gegebene Preis p_t mithin gegen einen Gleichgewichtspreis

$$\bar{p} = -\frac{\beta - \alpha}{b - a} > 0$$

konvergiert. Dies ist übrigens auch der Gleichgewichtspreis für das diskrete Modell mit linearen Angebots- und Nachfragefunktionen.

§ 3. Multiplikator und Accelerationsprinzip

Das einfache Marktmodell des § 2 ist nach vielen Seiten erweiterungsfähig. Wir wollen jetzt vor allem in der folgenden Richtung vorgehen.

Wenn man einen größeren Markt betrachtet, kann man nicht davon ausgehen, daß sich alle preisbildenden Vorgänge allein nach dem Gesetz von Angebot und Nachfrage richten. Es wird z.B. auch eine Rolle spielen, ob breite Käuferschichten hinreichend viel Geld verdienen, um überhaupt für bestimmte Güter eine Nachfrage zu entwickeln. Andererseits muß man sich für Größen interessieren, die das Angebot beeinflussen, z.B. Investitionen. Diese Größen hängen ihrerseits möglicherweise von ,,gesamtwirtschaftlichen Aussichten" ab — es könnte ja sein, daß während einer Rezession die Entscheidung zur Investition auf der Produzentenseite und die Entscheidung zum Konsum auf der Verbraucherseite weder vom Preis eines bestimmten Gutes noch vom derzeitigen Wohlstand allzu sehr abhängt, wohl aber von den Ansichten über die zukünftige Entwicklung.

Dem Multiplikatorprinzip (Keynes) liegt folgende Idee zugrunde. Nehmen wir an, daß wir die Größen „Einkommen (Y)", „Sparen (S)", „Verbrauch (C)" und „Investition (I)" als durchschnittliche Werte einer größeren Wirtschaftseinheit ausdrücken können. Dann werden C und S Funktionen von Y sein; durchschnittlich wird ein gewisser Anteil des Einkommens gespart und der Rest verbraucht, wir schreiben

(1) $$Y = C + S, \quad C = C(Y).$$

Ferner nehmen wir an, daß das gesparte Geld (durch einen Mechanismus, den wir nicht untersuchen) investiert wird:

(2) $$S = I, \quad Y = C + I, \quad C = C(Y)$$

Ohne uns um die Zulässigkeit der folgenden mathematischen Operationen zu kümmern, verfahren wir, wie folgt: es ist

$$dY = dC + dI$$
$$= \frac{dC}{dY} \cdot dY + dI$$

und daher

(3) $$dY = dI \frac{1}{1 - \frac{dC}{dY}} = dI \frac{1}{\frac{dS}{dY}}.$$

Die Größe $\frac{dC}{dY}$ heißt der „Hang zum Verbrauch": Die Mitglieder des Gemeinwesens neigen dazu, den Anteil ΔC einer Gehaltserhöhung ΔY zu verbrauchen. Entsprechend ist $\frac{dS}{dY}$ der „Hang zum Sparen".

$$k = \frac{1}{1 - \frac{dC}{dY}} \quad \text{heißt Multiplikator}.$$

Die Beziehung (3):

(4) $$dY = k \, dI$$

wird nun auch umgekehrt interpretiert:

Wenn die Investitionen um dI steigen, so erhöht sich das Einkommen um $k \, dI$.

Wegen

$$\frac{dC}{dY}, \frac{dS}{dY} < 1$$

ist k eine Zahl größer als die Einheit.

Ein einfaches (diskretes) zeitabhängiges Modell läßt sich, wie folgt, ansetzen:

Der Verbrauch in der Periode $[t, t+1]$ richtet sich nach dem Einkommen in der Periode $[t-1, t]$

$$C_t = C(Y_{t-1})$$

Die vorgesehenen Investitionen sind konstant

$$I_t = A,$$

und das Einkommen ist durch

$$Y_t = C_t + I_t$$
$$= C(Y_{t-1}) + A$$

festgesetzt. Wir wissen aus § 1, daß die Folge Y_t gegen einen festen Wert $\overline{Y}$ konvergiert, da der Hang zum Verbrauch

$$\frac{dC}{dY}$$

stets kleiner als die Einheit ist.

Dieses grobe Modell hat offenbar viele Schwächen. Vor allem fällt auf, daß die kausale Beziehung zwischen Einkommen und Investition („erhöhtes Einkommen erzeugt erhöhte Investitionen") auf Grund der funktionalen Beziehungen (3) und (4) einfach umgedreht wird („erhöhte Investition erzeugt erhöhtes Einkommen").

Wir versuchen, das Modell zu verfeinern, stützen uns jetzt aber auf einen kontinuierlichen Zeitparameter t.

Die Behauptung, das Einkommen steige mit wachsenden Investitionen, stützen wir nun durch die Überlegung, daß durch Investitionen die Produktion erhöht wird, und dadurch sowohl neue Arbeitsplätze geschaffen als auch der Verdienst der Unternehmer erhöht wird. Es ist dann aber wohl sicher, daß das Einkommen auf die Investition *verzögert* reagieren wird.

Wir suchen das durch folgenden Ansatz zu erreichen: Die Nachfrage nach produzierten Gütern spaltet sich auf in die Nachfrage nach Verbrauchsgütern (C_t) und diejenigen nach Investitionsgütern.

(5) $$N_t = C_t + I_t + A_1.$$

A_1 ist eine Konstante, die durch feststehende Investitionsausgaben (etwa der Regierung) gerechtfertigt ist („Autonomes Investment"). Wir nehmen an, daß der Verbrauch linear mit dem Einkommen steigt.

(6) $$C_t = cY_t,$$

c ist der „Hang zum Verbrauch".

Mithin haben wir

(7) $$N_t^1 = cY_t + I_t + A_1$$

Die Nachfrage nach Gütern regt andererseits die Produktion an. Wir nehmen der Einfachheit halber an, daß das (gesamte) Einkommen der Produktion entspricht. Es ist dann naheliegend, daß die Produktion (= Einkommen Y_t) in exponentiell abklingender Weise auf die Nachfrage anspricht, d. h.

(8) $$Y_t = \int_0^\infty e^{-\lambda\tau} N_{t-\tau} d\tau.$$

Wie wir schon aus § 2 ((17), (18)) wissen, entspricht dies einer Differentialgleichung

(9) $$\frac{d}{dt} Y_t + \lambda Y_t = \lambda N_t.$$

Kombinieren wir nun (7) und (9), so folgt

$$\frac{d}{dt} Y_t + \lambda Y_t = \lambda(cY_t + I_t + A_1)$$

oder

(10) $$\frac{d}{dt} Y_t + \lambda(I - c) Y_t = \lambda A_1 + \lambda I_t.$$

Bezeichnet $s = 1 - c$ den „Hang zum Sparen", so ist (10) gleichbedeutend mit

(11) $$\frac{d}{dt} Y_t + \lambda s Y_t = \lambda s \frac{A_1}{s} + \lambda s \frac{I_t}{s}.$$

Erneuter Vergleich mit unseren Formeln (17), (18) aus § 1 zeigt, daß (11) einer Gleichung

(12) $$Y_t = \frac{A_1}{s} + \frac{1}{s} (\lambda s) \int_0^\infty e^{-(\lambda s)\tau} I_{t-\tau} d\tau$$

entspricht. Wir sehen in der Tat: Das Einkommen Y_t reagiert exponentiell abklingend auf die Investitionen. Die Größe $\frac{A_1}{s}$ ist das Einkommen bei dauernd fehlenden Investitionen; die Konstante $\frac{1}{s}$ tritt an die Stelle des Multiplikators $\frac{dY}{dI} = \frac{dY}{dS} = \frac{1}{1 - \frac{dC}{dY}} = k$, $\mu = \lambda s$ ist die Abklinggeschwindigkeit. Umgekehrt erklären wir nun den Einfluß des Einkommens auf die Investitionen durch das sogenannte Accelerationsprinzip (Harrod).

Wenn durch eine Anhebung des Einkommens eine Steigung der Nachfrage nach Produktionsgütern eintritt, suchen die Unternehmer durch Erweiterung ihrer Produktionsmittel dieser Nachfrage gerecht zu werden, d.h. sie investieren. Diesen Zusammenhang drücken wir durch

(13) $$I_t = b \frac{dY}{dt}$$

aus. Erneut scheint es aber realistischer, eine Verzögerung der Reaktion durch eine Differentialgleichung ähnlich (11) auszudrücken:

Wenn I_t nicht direkt auf $\frac{dY}{dt}$, sondern mit exponentiell abklingender Beeinflussung durch die Vergangenheit reagiert, so setzen wir

(14) $$\frac{dI_t}{dt} + \varkappa I_t = \varkappa \left(v \frac{dY_t}{dt} + A_2 \right),$$

$\varkappa$ ist die Abklinggeschwindigkeit, v heißt Investitionskoeffizient und A_2 entspricht einer Investition, die dauernd konstanten Einkommenserhöhungen zuzurechnen ist, also ist A_2 die „antonome Investition" der Unternehmer. Fassen wir (11) und (14) zusammen, so erhalten wir zunächst aus (11)

(15) $$\frac{d^2}{dt^2} Y_t + \lambda s \frac{dY_t}{dt} = \lambda \frac{dI_t}{dt}$$

und durch Einsetzen der Werte für I_t und $\frac{dI_t}{dt}$ aus (11) bzw. (15) in (14):

(16) $$\frac{1}{\lambda} \frac{d^2}{dt^2} Y_t + \left(s + \frac{\varkappa}{\lambda} - \varkappa v \right) \frac{d}{dt} Y_t + \varkappa s Y_t = \varkappa (A_1 + A_2)$$

oder

(17) $$\frac{d^2 Y_t}{dt^2} + a \frac{dY_t}{dt} + b Y_t = \varkappa \lambda A$$

$$(A = A_1 + A_2$$
$$a = \lambda s + \varkappa (1 - \lambda v)$$
$$b = \varkappa \lambda s).$$

Dies ist die Differentialgleichung einer gedämpften (oder angeregten) Schwingung, ihre allgemeine Lösung ist:

(18) $$Y_t = \frac{A}{s} + B_1 e^{x_1 t} + B_2 e^{x_2 t},$$

wobei x_1, x_2 die beiden Wurzeln des Polynoms

$$x^2 + ax + b = 0$$

sind.

Wenn die Wurzeln x_1 und x_2 beide reell sind, so wählen wir B_1, B_2 reell, und Y_t wird exponentiell anwachsen oder abklingen (je nach dem

Vorzeichen der x_k). Sind dagegen x_1 und x_2 zwei konjugiert komplexe Zahlen, etwa

$$x_k = y + iz_k, \quad k = 1, 2.$$

so setzen wir die Konstanten B_k ebenfalls komplex an, so daß sich

$$B_k = C_k + iD_k$$
$$B_k e^{x_k t} = (C_k + iD_k) e^{(y + iz_k)t}$$
$$= (C_k + iD_k) e^{yt} (\cos z_k t + i \sin z_k t) \quad (k = 1, 2)$$

ergibt. Dann bestimmen wir C_k und D_k, so daß die Imaginärteile verschwinden. Offenbar hängt es dann von y ab, ob die Schwingungen exponentiell gedämpft sind oder sich „explosiv" verhalten.

Welcher dieser Fälle eintritt, wird wiederum von den Konstanten λ, $\varkappa$, s, v abhängen.

Uns kommt es hauptsächlich darauf an, den Einfluß der Reaktionsgeschwindigkeiten λ und $\varkappa$ zu ermitteln. Dazu setzen wir $\varkappa$ künstlich gleich der Einheit und variieren λ. Wir hoffen, daß die Ergebnisse auch für andere Werte von $\varkappa$ relevant sind. Ferner setzen wir $v = 1$. s, der „Hang zum Sparen", ist jedenfalls kleiner als die Einheit und wird im allgemeinen auch kleiner als $1/2$ sein. Wir setzen $s = 1/4$.

Dann erhält man

$$x_{1,2} = -\frac{a}{2} \pm \frac{1}{2}\sqrt{a^2 - 4b}$$
$$= \frac{3\lambda - 4}{8} \pm \frac{1}{2}\sqrt{\frac{1}{16}(9\lambda^2 - 40\lambda + 16)}$$
$$= \frac{1}{8}\left(3\lambda - 4 \pm \sqrt{(\lambda - 4)(9\lambda - 4)}\right).$$

Wir tragen nun in der folgenden Tafel die Vorzeichen der uns interessierenden Größen ab. Daraus folgt dann das Verhalten von Y_t.

	$0 < \lambda < \frac{4}{9}$	$\frac{4}{9} < \lambda < \frac{4}{3}$	$\frac{4}{3} < \lambda < 4$	$4 < \lambda$
$3\lambda - 4$	−	−	+	+
$\lambda - 4$	−	−	−	+
$9\lambda - 4$	−	+	+	−
$(\lambda - 4)(9\lambda - 4)$	+	−	−	+
Realteil x_k	−	−	+	+
Imaginärteil x_k	0	±	±	0
Verhalten von Y_t	exponentiell abklingend	oszillierend exp. gedämpft	oszillierend exp. explosiv	exponentiell explosiv

Wir sehen: für Werte von λ um 1 herum wird Y_t gedämpft oszillieren, und zwar um den Grenzwert $\frac{A}{s}$ herum, mit $t \to \infty$ gilt $Y_t \to \frac{A}{s}$.

Für größere Werte beginnt Y_t — zunächst noch oszillierend und später ohne Schwankungen — sich explosiv zu verhalten, während für kleinere Werte sofort Konvergenz eintritt.

§ 4. Ein spieltheoretisches Modell

Im folgenden Paragraphen betrachten wir ein stark verallgemeinertes Modell, nämlich ein Zwei-Personenspiel. Ein solches Spiel kann durchaus so interpretiert werden, daß die einzelnen Teilnehmer („Spieler") gewisse Rollen („Produzenten", Konsumenten") in einem wirtschaftlichen Gesamtgeschehen spielen. Notwendig ist eine solche Auffassung nicht; es gibt „Kriegsspiele", „Drohspiele", „statistische Spiele"; kurz, eine ganze Reihe von Konfliktsituationen wird durch den Begriff „Spiel" erfaßt.

Wir betrachten zunächst ein Spiel, an dem nur zwei Personen (evtl. auch Personengruppen) beteiligt sind. Wir machen die Annahme, daß der Ausgang des Spieles nicht weiter vom Zufall abhängt, also eine vollständige Kontrolle der beiden Teilnehmer besteht. Ferner nehmen wir an:

I. Jeder Spieler kann sich vor Beginn des Spieles einen genauen Verhaltensplan aufstellen, der ihm in jeder möglicherweise während des Spieles auftauchenden Situation genau angibt, welche Entscheidung er zu fällen hat. Jeden derartigen Plan nennen wir eine Strategie. Ein solcher Plan kann recht kompliziert sein, für das Schachspiel z. B. ist er unmöglich aufzustellen. Dennoch liefert die Annahme I ein brauchbares Denkmodell. Sie vereinfacht darüber hinaus die mathematische Analyse eines Spieles ganz erheblich.

II. Das Spiel soll durch Angabe von je endlich vielen Strategien für jeden Spieler vollständig beschrieben sein. Wir numerieren die Strategien einfach durch, diejenigen des einen Spielers „heißen" $1, \ldots, m$, die des anderen $1, \ldots, n$.

III. Der Ausgang des Spieles hängt nur von der Wahl der Strategien ab und läßt sich bei Wahl von $i \in \{1, \ldots, m\}$ durch den ersten Spieler und $j \in \{1, \ldots, n\}$ durch den zweiten Spieler durch zwei relle Zahlen A_{ij} und B_{ij} darstellen, die wir als Auszahlungen an die Spieler bezeichnen und als Geldwerte interpretieren. Negative Zahlen bedeuten Verluste, und wir nehmen an, daß jeder Spieler seine Gewinne zu maximieren sucht.

Ein Zwei-Personen-Spiel ist also zunächst gegeben durch zwei Matrizen
$$A = (A_{ij})_{\substack{i=1\ldots m \\ j=1\ldots n}}, \quad B = (B_{ij})_{\substack{i=1\ldots m \\ j=1\ldots n}}.$$

Aus Gründen, die wir gleich noch aufzeigen werden, ist es aber oft vorteilhaft, die „Strategienräume" $I = \{1, \ldots, m\}$ und $J = \{1, \ldots, n\}$ mit aufzuführen.

Ein Spiel ist also ein Quadrupel

(1) $$\Gamma^0 = (I, J, A, B).$$

Stellen wir uns nun vor, daß eine große Anzahl von Partien hintereinander gespielt wird. Wenn ein Teilnehmer dabei seine Strategien nach einer gewissen „Methode" ausspielt, so ist es möglich, daß der Gegner dies erkennt und für sich ausnutzt. Es wird daher für jeden Spieler vorteilhaft sein, seine Strategien recht unregelmäßig aufeinander folgen zu lassen. Um „Unregelmäßigkeiten" zu gewährleisten, kann man die Auswahl einem Zufallsmechanismus überlassen, etwa einem Roulette, dessen (verschieden große) Felder mit $1 \cdots m$ bzw. $1 \cdots n$ gekennzeichnet werden. Nunmehr muß sich jeder Spieler entscheiden, mit welchen Wahrscheinlichkeiten der Zufallsmechanismus die einzelnen Strategien herausbringt (man sagt auch, die Strategien werden „gemischt") — dies besagt, daß er sich für gewisse Größenverhältnisse der Roulettefelder entscheiden muß.

Wählt nun der erste Spieler eine Wahrscheinlichkeitsverteilung über I, d.h. einen Vektor

$$x = (x_1, \ldots, x_m); \ x_i \geq 0, \ \sum_{i=1}^{m} x_i = 1,$$

und sein Gegner eine Wahrscheinlichkeitsverteilung über J, d.h. einen Vektor

$$y = (y_1, \ldots, y_n), \ y_j \geq 0, \ \sum_{j=1}^{n} y_j = 1,$$

so kann man nicht mehr voraussagen, was jeder bei einer einzelnen Partie gewinnen wird. Jedoch weiß man, daß auf die Dauer eine gewisse Strategie $i \in I$ im Verhältnis zu den anderen so oft ausgespielt wird, wie die Komponente x_i von x angibt (Gesetz der großen Zahlen). Daher kann man erwarten, daß während längerer Zeiträume beide Spieler „im Schnitt" so viel gewinnen werden, wie ihnen durch die mathematische Erwartung der Auszahlungsfunktion A und B unter den Wahrscheinlichkeiten x und y zugesprochen wird, d.h. für den ersten Spieler

(2) $$\sum_{i=1}^{m} \sum_{j=1}^{n} x_i A_{ij} y_j = xAy$$

und für den zweiten Spieler

(3) $$\sum_{i=1}^{m} \sum_{j=1}^{n} x_i B_{ij} y_j = xBy.$$

Die rechter Hand benutzte Matrix-Vektor-Schreibweise macht nun deutlich, daß wir ein neues Spiel definiert haben. Wir setzen:

$$X = \{x = (x_1, \ldots, x_m) \mid x_i \geq 0, \sum_i x_i = 1\},$$

$$Y = \{y = (x_1, \ldots, y_m) \mid y_j \geq 0, \sum_j y_j = 1\}.$$

Ein Spieler wählt $x \in X$, der andere $y \in Y$. Dies definiert eine Partie eines neuen Spieles. Die Auszahlung ist xAy für den ersten und xBy für den zweiten Teilnehmer.

Das Spiel

(4) $$\Gamma = (X, Y, A, B)$$

heißt gemischte Erweiterung von Γ^0. x und y heißen erneut Strategien (in Γ); man spricht zur Unterscheidung auch von „reinen" Strategien $i \in I$, $j \in J$ und „gemischten" Strategien $x \in X$, $y \in Y$. In Γ werden die reinen Strategien $i \in I$ auch mit der Strategie

$$e^i = (0, \ldots, \underset{i}{1}, \ldots, 0) \in X$$

identifiziert.

Wir haben nun drei Probleme vor uns. Zunächst müssen wir stabile Situationen kennzeichnen — vergleichbar etwa dem Gleichgewichtspreis $\bar{p}$ in § 2. Ferner müssen wir einen dynamischen Prozeß definieren, indem wir einen (diskreten oder kontinuierlichen) Zeitparameter einführen und ein gewisses Reaktionsverhalten der beiden Spieler auf die gegnerischen Maßnahmen zu charakterisieren suchen. Schließlich ist zu untersuchen, ob der zeitabhängige Prozeß gegen den (oder einen) stabilen Zustand konvergiert oder periodisch um einen solchen Zustand herumschwingt (vgl. § 2, § 3).

Die erste Aufgabe greifen wir wie folgt an: Ein Gleichgewichtspunkt des Spieles Γ ist ein Paar von Strategien $(\bar{x}, \bar{y})$ derart, daß

(5) $$\bar{x} A \bar{y} \geq x A \bar{y},$$
$$\bar{x} B \bar{y} \geq \bar{x} B y$$

für alle $x \in X$, $y \in Y$ gilt. $\bar{x}$ und $\bar{y}$ heißen Gleichgewichtsstrategien.

Gleichgewichtspunkte kann man auch in Γ^0 definieren. Jedoch ist gerade einer der Gründe für die Einführung der gemischten Erweiterung darin zu sehen, daß Gleichgewichtspunkte in Γ immer existieren, in Γ^0 dagegen mitunter nicht. Der Existenzsatz für Γ heißt der „Satz von Nash".

Er beruht aus einem Fixpunktsatz (Brouwer), der als eine Verallgemeinerung des in § 1 bewiesenen Fixpunktsatzes betrachtet werden kann. Aussagen über die Existenz von Gleichgewichten in gewissen spieltheoretischen oder ökonomischen Modellen sind fast immer mit Fixpunktsätzen eng verknüpft.

Eine wichtige Klasse von Spielen erhält man für den Fall, daß $B = -A$ gilt. In diesem Fall besteht ein direkter Interessengegensatz zwischen den Spielern: jeder gewinnt genau so viel, wie sein Gegner verliert. Für ein solches „Nullsummenspiel" kann man folgende Tatsachen beweisen:

1. Für jeden Gleichgewichtspunkt $(\bar{x}, \bar{y}) \in X \times Y$ gilt

$$\bar{x}A\bar{y} = \min_{y \in Y} \max_{x \in X} xAy = \max_{x \in X} \min_{y \in Y} xAy = : v_\Gamma$$

(6) 2. Sind $(\bar{x}, \bar{y})$ und $(\hat{x}, \hat{y})$ Gleichgewichtspunkte, so gilt

$$\bar{x}A\bar{y} = \bar{x}A\hat{y} = \hat{x}A\bar{y} = \hat{x}A\hat{y} = v_\Gamma$$

3. Die Mengen der Gleichgewichtsstrategien sind nichtleere konvexe Polyeder, die Menge der Gleichgewichtspunkte ist deren kartesisches Produkt.

Nach 3. kann jeder Spieler mindestens eine Gleichgewichtsstrategie wählen, nach 2. bilden je zwei solcher Strategien einen Gleichgewichtspunkt, der nach 1. jedem Spieler eine feste, nur von der Spielmatrix A abhängige Auszahlung garantiert. Diesen Sachverhalt bezeichnet man allgemein als „Minimaxtheorem"; die Zahl v_Γ heißt „Spielwert von Γ". Einige Beweise findet man in der im Anhang angegebenen Literatur.

Für den allgemeinen Fall (wenn B und $-A$ nicht notwendig gleich sind) können alle drei unter (6) gemachten Aussagen falsch sein. Ein Gleichgewichtspunkt charakterisiert also wohl eine stabile Situation, jedoch nicht notwendig eine (für einen oder beide Teilnehmer) optimale. Die Gleichgewichtsstrategie eines Spielers ist im allgemeinen immer nur optimal mit Bezug auf die entsprechende Gleichgewichtsstrategie des Gegners, jedoch womöglich falsch, falls der Gegner sein Verhalten ändert. Entsprechend sind Gleichgewichtsstrategien nicht mehr austauschbar im Sinne von (6). Nachdem wir so festgelegt haben, was wir unter einer stabilen Situation verstehen wollen, müssen wir als nächstes einen dynamischen Prozeß definieren.

Es sei $\Gamma = (X, Y; A, B)$ die gemischte Erweiterung von $\Gamma^0 = (I, J; A, B)$. Wir denken uns eine beliebige Anzahl von Partien des Spieles Γ^0 zu den Zeitpunkten $t = 0, 1, 2, \ldots$ hintereinander gespielt. Der erste Spieler verfahre dabei wie folgt: Zu jedem Zeitpunkt $t + 1$ betrachtet er alle vom Gegner bis zum Zeitpunkt t tatsächlich gespielten reinen Strategien

$$j_1, \ldots, j_t$$

und berechnet die relative Häufigkeit, mit der eine gewisse Strategie aufgetaucht ist. Sodann bildet er die durch diese relativen Häufigkeiten definierte Wahrscheinlichkeitsverteilung über J. d.h., den Vektor

(7) $$y^t = \frac{1}{t} \sum_{s=1}^{t} e^{j_s}$$

mit $\qquad e^j = (0, \ldots, \underset{j}{1}, \ldots, 0).$

Auf Grund des starken Gesetzes der großen Zahlen kann er annehmen, daß mit wachsendem t durch y^t die Verteilung y angenähert wird, mit der der Gegner seine reinen Strategien belegt hat.

Es erscheint daher vernünftig, zum Zeitpunkt $t + 1$ die reine Strategie $i_{t+1} \in I$ so zu wählen, daß $e^{i_{t+1}}$ gegen y^t optimal ist. Eine solche reine Strategie gibt es immer, man muß nämlich nur i_{t+1} so wählen daß der Ausdruck

$$e^i A y^t$$

in i maximiert wird, d. h.

(8) $\qquad e^{i_{t+1}} A y^t \geq e^i A y^t \quad (i \in I);$

dann ist für jedes $x \in X$

(9) $\qquad xAy^t = \sum_{i=1}^{n} x_i A_i . y^t \leq \sum_{i=1}^{n} x_i A_{i_{t+1}} . y^t$

$$= A_{i_{t+1}} . y^t \sum_{i=1}^{n} x_i = A_{i_{t+1}} . y^t = e^{i_{t+1}} A y^t.$$

($A_i.$ bezeichnet die i-te Zeile der Matrix A, daher ist $e^i A y = A_i.y$; entsprechend ist $A_{.j}$ die j-te Spalte von A). Wir nehmen nun an, daß der zweite Spieler ganz entsprechend verfährt. Dann ist durch (7) bzw.

(10) $\qquad x^t = \frac{1}{t} \sum_{s=1}^{t} e^{i_s}$

eine Folge von Strategien in Γ definiert.

Obwohl wir ursprünglich davon ausgingen, daß beide Spieler nur reine Strategien wählen (also in Γ^0 operieren), können wir den Prozeß auch, wie folgt, in Γ interpretieren. Aus (10) folgt

$$x^t = \frac{1}{t} e^{i_t} + \frac{t-1}{t} \cdot \frac{1}{t-1} \sum_{s=1}^{t-1} e^{i_s}$$

(11) $\qquad x^t = \frac{1}{t} e^{i_t} + \frac{t-1}{t} x^{t-1}$

und

$$y^t = \frac{1}{t} e^{j_t} + \frac{t-1}{1} y^{t-1}$$

Wir deuten die erste der Gln. (11) so: zum Zeitpunkt t kombiniert der erste Spieler seine gemischte Strategie x^t aus der gegen y^{t-1} optimalen Strategie e^{i_t} und seiner vorhergehenden Strategie x^{t-1} mit gewissen Gewichten $\frac{1}{t}$ und $\frac{t-1}{t}$. Im Laufe der Zeit wird er dabei immer vorsichtiger: sein Bestreben, die optimale Strategie e^{i_t} zu wählen tritt gegenüber seinem Beharrungsvermögen (das ihm bei x^{t-1} zu bleiben vorschreibt) im Verhältnis

$$\frac{1}{t}\frac{t-1}{t} = \frac{1}{t-1}$$

zurück.

Um langatmige Umschreibungen zu vermeiden, definiert man zweckmäßig:

$$K_i = \{y \mid A_i.y \geq A_k.y \quad (k = 1, \ldots, m)\},$$

$$L_j = \{x \mid xB_{.j} \geq xB_{.l} \quad (l = 1, \ldots, n)\}.$$

K_i ist die Menge derjenigen y, gegen die e^i optimal ist. (11) formuliert sich dann als „Anleitung" so:

$$x^t = \frac{1}{t} e^i + \frac{t-1}{t} x^{t-1} \quad \text{falls } y^{t-1} \in K_i,$$

$$y^t = \frac{1}{t} e^j + \frac{t-1}{t} y^{t-1} \quad \text{falls } y^{t-1} \in L_j.$$

Das heißt für den ersten Spieler: Wähle y^t als Linearkombination zwischen e^i und x^{t-1}, falls y^{t-1} in K_i liegt (und entsprechend für den zweiten Spieler).

Der so definierte Prozeß hat diskreten Charakter. Jedoch gilt

(12) $$x^t - x^{t-1} = \frac{1}{t}(e^i - x^t) \to 0 \quad (t \to \infty)$$

und darum liegt es nahe, einen kontinuierlichen Prozeß durch

(13)
$$\frac{d}{dt} x_t = \frac{1}{t}(e^i - x^t) \quad (y^t \in K_i),$$

$$\frac{d}{dt} y_t = \frac{1}{t}(e^i - y^t) \quad (x^t \in L_j)$$

zu definieren. (Die Differentiation ist komponentenweise gemeint.) Durch Integration ergibt sich

(14)
$$x^t = \frac{t-\bar{t}}{t} e^i + \frac{\bar{t}}{t} \bar{x} \quad (y^s \in K_i \text{ für } \bar{t} \leq s \leq t),$$

$$y^t = \frac{t-\bar{t}}{t} e^j + \frac{\bar{t}}{t} \bar{y} \quad (x^s \in L_j \text{ für } \bar{t} \leq s \leq t)$$

mit gewissen Anfangswerten $\bar{x} = x(\bar{t})$, $\bar{y} = y(\bar{t})$.

Der durch (11) oder (14) beschriebene Prozeß heißt in der Literatur „Robinson-Prozeß", „learning process" oder „fictitious play". Wir werden (11) mit DFP (discrete fictitious play) und (14) mit CFP (continuous fictitious play) bezeichnen.

Schließlich haben wir nun zu untersuchen, ob der dynamische Prozeß gegen eine Gleichgewichtslage strebt.

In der Tat ist der folgende Satz bekannt:

1. Ist $B = -A$ (Nullsummenspiel), so konvergieren die Auszahlungen an die Spieler
$$x^t A y^t$$
und
$$x^t B y^t = -x^t A y^t$$
des DFP gegen v_Γ bzw. $-v_\Gamma$.

2. Jeder Häufungspunkt der Folge (x^t, y^t) ist ein Gleichgewichtspunkt.

3. Für fast alle Spiele (im Sinne des komponentenweise erklärten Lebesgue-Maßes auf den $m \times n$-Matrizen) gibt es nur einen Gleichgewichtspunkt, der der eindeutige Limes der Folge (x^t, y^t) ist.

Erneut läßt sich feststellen, daß für allgemeine (nicht Nullsummen-) Spiele alle diese Aussagen falsch werden können. Es ist besonders interessant, daß ganz ähnliche Phänomene auftreten wie in § 2, § 3 — nämlich von der Art, daß der Prozeß um einen Gleichgewichtspunkt herumschwingt.

Wir werden das nun an Beispielen untersuchen. Zunächst schieben wir den DFP mit der Bemerkung beiseite, daß er sich in den meisten Fällen (und insbesondere in den hier betrachteten) ganz ähnlich verhält wie der CFP, aber schwieriger zu handhaben ist. Danach interessieren wir uns nun noch für die stetige Version CFP.

Betrachten wir nun ein Spiel, das durch folgende Matrizen gegeben ist:

(15)
$$A = \begin{pmatrix} 0 & 1 & 0 \\ 0 & 0 & 1 \\ 1 & 0 & 0 \end{pmatrix}, \quad B = \begin{pmatrix} 1 & 0 & 0 \\ 0 & 1 & 0 \\ 0 & 0 & 1 \end{pmatrix},$$

$$I = J = \{1, 2, 3\},$$

$$X = Y = \left\{ z = (z_1, z_2, z_3) \mid z_i \geq 0, \sum_{i=1}^{3} z_i = 1 \right\}.$$

Sei $t_0^0 = 1$, $x^{t_0^0} = y^{t_0^0} = (1, 0, 0)$. Der Prozeß CFP regelt sich gemäß (14) in sechs Phasen. Man sieht das sehr leicht, wenn man die Mengen X und Y als Dreiecke in der Ebene repräsentiert (das entspricht dem von e^1, e^2, e^3 aufgespannten Dreieck im dreidimensionalen euklidischen Raum) und die einfache Form der Mengen K_i und L_j berücksichtigt; es ist z.B.

$$K_1 = \{y \mid A_1.y \geq A_2.y, A_3.y\}$$
$$= \{\mid y_2 \geq y_3, y_1\}.$$

Die erwähnten sechs Phasen ergeben sich dann aus folgender Überlegung

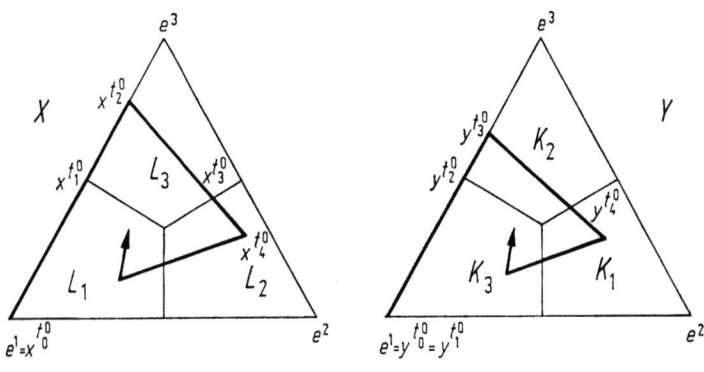

Abb. 6

1. Phase $x^{t_0^0} \in L_1$, $y^{t_0^0} \in K_3$.

Daher gemäß (14)

(16) $$x^t = \frac{t - t_0^0}{t} e^3 + \frac{t_0^0}{t} x^{t_0^0},$$

$$y^t = \frac{t - t_0^0}{t} e^1 + \frac{t_0}{t} y^{t_0^0} \quad (= e^1)$$

$$t_0^0 \leq t \leq t_1^0.$$

t_1^0 ist dadurch bestimmt, daß x^t von L_1 nach L_3 überwechselt, also

(17) $$x^{t_1^0} \in L_1 \cap L_3$$

gilt. Faßt man (16) und (17) zusammen und beachtet, daß aus $x \in L_1 \cap L_3$ auch $x_1 = x_3$ folgt, so hat man

$$\left(\frac{t_1^0 - t_0^0}{t_1^0} e^3 + \frac{t_0^0}{t_1^0} x^{t_0^0}\right)_1 = \left(\frac{t_1^0 - t_0^0}{t_1^0} e^3 + \frac{t_0^0}{t_1^0} x^{t_0^0}\right)_3$$

und dies heißt

$$t_1^0 = 2 t_0^0,$$

wir können also t_1^0 aus t_0^0 berechnen. Dann kennen wir auch $x^{t_1^0}$ auf Grund von (16).

2. Phase $\qquad x^{t_1^0} \in L_3$, $y^{t_1^0} \in K_3$.

Daher gemäß (14)

$$x^t = \frac{t - t_1^0}{t} e^3 + \frac{t_1^0}{t} x^{t_1^0},$$

$$y^t = \frac{t - t_1^0}{t} e^3 + \frac{t_1^0}{t} y^{t_1^0}$$

$$t_1^0 \leq t \leq t_2^0.$$

t_2^0 ergibt sich aus
$$y^{t_2^0} \in K_2 \cap K_3$$
genau wie eben.

Während der ganzen ersten Phase ist
$$x^t \in L_1, \quad y^t \in K_3;$$
während der zweiten
$$x^t \in L_3, \quad y^t \in K_3.$$

Die folgenden Phasen kann man entsprechend verkürzt beschreiben:

3. Phase
$$x^t \in L_3, y^t \in K_2$$
$$t_2^0 \leq t \leq t_3^0,$$
$$x^{t_3^0} \in L_3 \cap L_2.$$

4. Phase
$$x^t \in L_2, y^t \in K_2,$$
$$t_3^0 \leq t \leq t_4^0,$$
$$y^{t_4^0} \in K_2 \cap K_1.$$

5. Phase
$$x^t \in L_2, y_t \in K_1,$$
$$t_4^0 \leq t \leq t_5^0,$$
$$x^{t_5^0} \in L_2 \cap L_1.$$

6. Phase
$$x^t \in L_1, y^t \in K_1,$$
$$t_5^0 \leq t \leq t_6^0,$$
$$y^{t_6^0} \in K_1 \cap K_3.$$

Danach beginnt die erste Phase von neuem. Für die nächste Runde führen wir den oberen Index 1 für die Wendezeitpunkte ein, erhalten also eine Folge
$$t_0^1, \ldots, t_5^1 \quad \text{usw.} \quad (t_0^1 = t_6^0).$$

Während jeder Phase laufen x^t und y^t auf einen Basisvektor zu. Am Ende jeder Phase wechselt eine der beiden Strategien in ein neues Gebiet (L_j oder K_i) über und zwingt dadurch die andere zur Richtungsänderung. Der Zeitpunkt t_k^n der Richtungsänderung von y nach der n-ten Phase wird durch x gemäß einer (17) entsprechenden Gleichung bestimmt (und umgekehrt). Die entsprechenden „Wendepunkte" $x^{t_k^n}$, $y^{t_k^n}$ kann man rekursiv aus den (16) entsprechenden Gleichungen bestimmen.

Auf Grund dieser Erläuterungen ist es einfach, die folgenden Formeln nachzuprüfen. Wir haben:

(18) $$t_m + t_{m-2} + t_{m-4} - 2t_{m-1} - t_{m-3} = 0$$

$$(\text{mit } t_m = t_{6n+k} = t_k^n)$$

$$(0 \leq k \leq 5)$$

sowie

(19) $$t_{k+1}^n x^{t_{k+1}^n} - t_k^n x^{t_k^n} = (t_{k+1}^n - t_k^n) e^i, \quad (\text{falls } y^{t_k^n} \in K_i)$$

und z. B.

(20) $$t_1^{n+1} x^{t_1^{n+1}} - t_1^n x^{t_1^n} = (t_1^{n+1} - t_0^{n+1} + t_2^n - t_1^n, t_0^{n+1} - t_4^n, t_4^n - t_2^n).$$

Aus (18) kann man ohne große Mühe für $s_m = t_m - t_{m-1}$

(21) $$s_m = s_{m-1} + s_{m-3}$$

herleiten. Wir probieren, diese Differenzengleichung durch

(22) $$s_m = \lambda^m$$

mit einer Unbestimmten λ zu lösen; Einsetzen von (21) in (20) liefert dann

$$P(\lambda) = \lambda^3 - \lambda^2 - 1 = 0$$

zur Bestimmung von λ. Das Polynom $P(\lambda)$ hat eine reelle Nullstelle α, die $\alpha > 1$ erfüllt, und zwei konjugiert komplexe Nullstellen, die betragsmäßig kleiner als die Einheit sind.

Mithin wächst s_m proportional zu α^m

$$s_m \sim \alpha^m$$

und daher auch

(23) $$t_m \sim \alpha^m.$$

Nachdem wir dies wissen, beweisen wir im folgenden die Konvergenz der Folge $x^{t_k^n}$ (wobei wir das $\sim$ Zeichen etwas freizügig gebrauchen).

Betrachten wir etwa die Gl. (20). Es handelt sich um eine Gleichung zwischen Vektoren im R^3; ziehen wir die dritte Komponente eines jeden Vektors heran, so lautet die betreffende Gleichung:

$$t_1^{n+1} x_3^{t_1^{n+1}} - t_1^n x_3^{t_1^n} = t_4^n - t_2^n.$$

Entsprechend gilt natürlich auch

$$t_1^{n+2} x_3^{t_1^{n+2}} - t_1^{n+1} x_3^{t_1^{n+1}} = t_4^{n+1} - t_2^{n+1} \quad \text{usw.}$$

Durch Addition ergibt sich für jedes $l = 1, 2, \ldots$

(24) $\qquad t_1^{n+1} x_3^{t_1^{n+l}} - t_1^n x^{t_1^n} = \sum_{s=0}^{l-1} t_4^{n+s} - t_2^{n+s}.$

Nach (23) entwickelt sich t_1^{n+l} exponentiell

$$t_1^{n+l} = t_{6(n+l)+1} \sim \alpha^{6(n+l)+1}.$$

Dies setzen wir nun in (24) ein und dividieren gleichzeitig durch α^{6n+1}. Dann erhalten wir

(25) $\qquad \alpha^{6l} x^{t_1^{n+l}} - x^{t_1^n} \sim \sum_{s=0}^{l-1} \alpha^{6s+4} - \alpha^{6s+2}$

Erneute Division mit α^{6l} liefert

(26) $\qquad x_3^{t_1^{n+l}} - \frac{1}{\alpha^{6l}} x_3^{t_1^n} \sim \sum_{s=0}^{l-1} \alpha^{6s+4-6l} - \alpha^{6s+2-6l}.$

Die in der Summe auftretenden Exponenten sind sämtlich negativ. Wenn l immer größere Werte annimmt, steht daher rechts eine konvergente Reihe. Der negative Terme links verschwindet beim Grenzübergang ($l \to \infty$), da $x^{t_1^n}$ ein Vektor in X ist, und daher $0 \leq x_3^{t_1^n} \leq 1$ gilt.

Folglich konvergiert $x_3^{t_1^{n+1}}$ mit $l \to \infty$.

Diese Überlegung ist nun für jede Komponente des Vektors $x^{t_1^n}$ und danach für jeden Vektor $x^{t_k^n}$ ($k = 0, 1, \ldots, 5$) durchführbar.

Wir halten also fest:

(27) Die Wendepunkte $x^{t_k^n}$ ($k = 0, \ldots, 5$) konvergieren mit wachsendem n jeweils gegen einen gewissen Grenzpunkt in X, den wir mit $\bar{x}^k$ ($k = 0, \ldots, 5$) bezeichnen:

$$x^{t_k^n} \to \bar{x}^k \quad k = 0, \ldots, 5$$
$$n \to \infty.$$

Im nächsten Schritt ziehen wir nun (19) heran, setzen (23) ein und erhalten nach dem Grenzübergang

$$\alpha \bar{x}^k - \bar{x}^{k-1} = (\alpha - 1) e^i$$

oder

$$\bar{x}^k = \frac{1}{\alpha} \bar{x}^{k-1} + \frac{\alpha - 1}{\alpha} e^i.$$

Da $\alpha > 1$ gilt, besagt (28), daß $\bar{x}^k$ eine (echte) konvexe Kombination von $\bar{x}^{k-1}$ und e^i ist, $\bar{x}^k$ liegt also irgendwo auf der Verbindungsstrecke von $\bar{x}^{k-1}$ und e^i (wir rechnen jetzt k natürlich immer modulo 6, also bedeutet $\bar{x}^{0-1} = \bar{x}^{-1} = \bar{x}^5$). Mithin können $\bar{x}^k$ und $\bar{x}^{k-1}$ nur zusammenfallen, wenn

$$\bar{x}^k = \bar{x}^{k-1} = e^i$$

richtig wäre. Das ist aber unmöglich, weil mindestens einer der Punkte $\bar{x}^k$ oder $\bar{x}^{k-1}$ stets in einer Menge der Form $L_j \cap L_p$ liegen muß (vgl. die 1., 3., 5. Phase in der Anfangsdiskussion).

Zusammengefaßt läßt sich das Verhalten des Prozesses daher wie folgt beschreiben: Es gibt in X und Y „asymptotische Wendepunkte" $\bar{x}^k, \bar{y}^k$ ($k = 0, \ldots, 5$). Die Bahn des Prozesses x^t (bzw. y^t) nähert sich asymptotisch dem von den $\bar{x}^k$ (bzw. $\bar{y}^k$) in X (bzw. Y) aufgespannten Dreieck. Die Komponenten $\bar{x}$ und $\bar{y}$ des (einzigen) Gleichgewichtspunktes

$$(\bar{x}, \bar{y}) = \left(\left(\frac{1}{3}, \frac{1}{3}, \frac{1}{3}\right), \left(\frac{1}{3}, \frac{1}{3}, \frac{1}{3}\right)\right)$$

liegen in diesem Dreieck, der Prozeß schwingt asymptotisch auf einer festen Bahn um den Gleichgewichtspunkt herum.

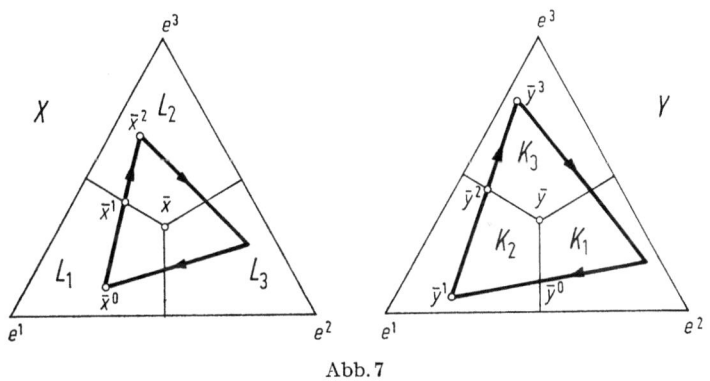

Abb. 7

Wir betrachten noch ein weiteres Beispiel, um zu zeigen, daß auch ganz andere Verhaltensweisen in Frage kommen. Sei dazu

$$A = \begin{pmatrix} 0 & 0 & 1 \\ 1 & 0 & 0 \\ 0 & 1 & 0 \end{pmatrix}, \quad B = \begin{pmatrix} 1 & 0 & \eta \\ -\eta & 0 & -1 \\ -1 & 0 & -1 \end{pmatrix}$$

(η ist eine reelle Zahl, größer als die Einheit). Die Mengen K_i, L_j; X, Y kann man wie folgt graphisch repräsentieren:

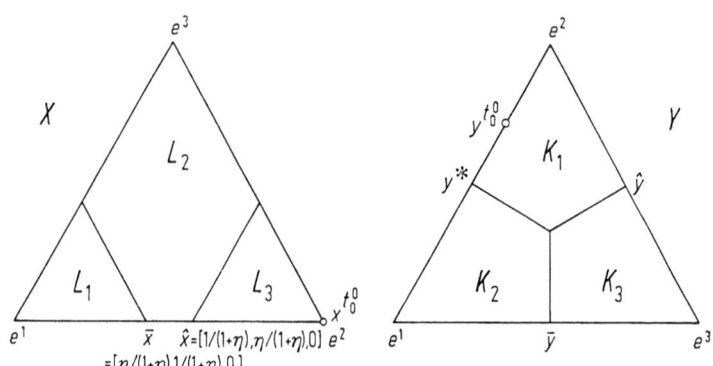

Abb. 8

Versuchen wir nun, wieder eine Phasendiskussion wie eben durchzuführen. Es ergibt sich folgendes:

Wir starten diesmal bei

$$x^{t_0^0} = (0, 1, 0), \quad y^{t_0^0} = \left(\frac{1}{3}, 0, \frac{2}{3}\right).$$

1. Phase
$$y^t \in K_1,$$
$$x^t \in L_3,$$

daher strebt
$$x^t \text{ gegen } e^1,$$
$$y^t \text{ gegen } e^3.$$

2. Phase
$$y^t \in K_1,$$

x^t überschreitet $\hat{x}$ und befindet sich danach in L_2,

daher strebt
$$x^t \text{ gegen } e^1,$$
$$y^t \text{ gegen } e^2.$$

Jetzt stehen wir plötzlich vor der Frage, ob y^t zuerst K_3 erreicht, oder x^t zuerst in L_1 eintritt.

Wir müssen daher zwei Möglichkeiten unterscheiden:
Fall 1:
$$y^t \text{ erreicht zuerst } K_3.$$

Dann geschieht in der dritten Phase folgendes:
$$x^t \in L_2, \quad y^t \in K_3,$$
daher strebt
$$y^t \text{ gegen } e^2,$$
$$x^t \text{ gegen } e^3.$$

Der Prozeß ändert nun sein Verhalten nicht mehr, sondern strebt gegen den (einzigen) Gleichgewichtspunkt
$$(x^0, y^0) = (0, 0, 1), (0, 1, 0).$$

Fall 2:
$$x^t \text{ erreicht zuerst } L_1.$$

Dann dreht y^t nach e^1 hin ab, es folgt also die

3. Phase
$$x^t \in L_1, \quad y^t \in K_1,$$
daher strebt
$$y^t \text{ gegen } e^1, \quad x^t \text{ gegen } e^1,$$

4. Phase
$$x^t \in L_1, \quad y^t \in K_2,$$
daher strebt
$$y^t \text{ gegen } e^1, \quad x^t \text{ gegen } e^2,$$

5. Phase
$$x^t \in L_2, \quad y^t \in K_2,$$
daher strebt
$$y^t \text{ gegen } e^2, \quad x^t \text{ gegen } e^2.$$

Erneut gibt es hier eine Chance, daß y^t in K_3 eintritt, bevor $x^t L_3$ erreicht. Dann tritt wieder Fall 1 ein. Anderenfalls geht es weiter wie folgt:

6. Phase
$$x^t \in L_3, \quad y^t \in K_2,$$
daher strebt
$$y^t \text{ gegen } e^3, \quad x^t \text{ gegen } e^2.$$

Die 7. Phase gleicht wieder der ersten.

Hier scheint es also zunächst, als seien zwei Verhaltensweisen möglich, entweder Konvergenz gegen den Gleichgewichtspunkt oder ein

6phasiger Prozeß, bei dem x^t zwischen e^1 und e^2 hin- und herschwingt, und y^t eine schmetterlingsähnliche Figur in K_1 und K_2 beschreibt.

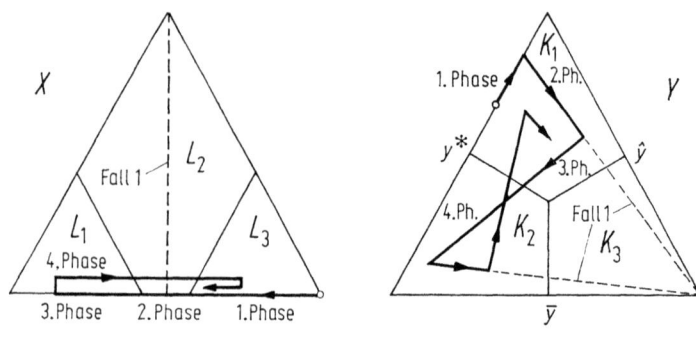

Abb. 9

Es wäre nun enttäuschend, wenn der zweite Fall tatsächlich auf die Dauer eintreten könnte, d. h. wenn es eine asymptotische Grenzkurve wie in unserem ersten Beispiel gäbe. Denn von einem Herumschwingen um eine Gleichgewichtslage kann dann sicher nicht mehr die Rede sein.

In der Tat kann man aber mit gegenüber dem ersten Beispiel etwas verfeinerten Mitteln zeigen, daß der zweite Fall stets nach endlicher Zeit abbricht, und der Prozeß gegen den Gleichgewichtspunkt konvergiert.

Er wird jedoch die erste Verhaltensweise immer länger bevorzugen, wenn man η gegen 1 streben läßt. In diesem Fall rücken nämlich $\bar{x}$ und $\hat{x}$ nahe zusammen, und es wird x^t immer leichter gemacht, y^t von der Richtung e^2 wieder abzubringen. Es dauert also immer länger, bis der Prozeß sich zu konvergieren „entschließt", wenn η gegen 1 strebt.

Diese Feststellung wird nun dadurch interessant, daß für $\eta = 1$ die Punkte $\bar{x}$ und $\hat{x}$ auf einen Punkt $x^* = \left(\dfrac{1}{2}, \dfrac{1}{2}, 0\right)$ zusammenfallen. Dabei entsteht ein neuer Gleichgewichtspunkt x^*, y^*, und man kann zeigen, daß in diesem Spiel der Prozeß nach einigem „Herumschwingen" um x^*, y^* gegen diesen Gleichgewichtspunkt konvergiert.

Diese Tatsache beeinflußt den Prozeß also auch schon beim Grenzübergang $\eta \to 1$ und es „fällt ihm immer schwerer", sich von dem „zu erwartenden" Gleichgewichtspunkt zu lösen.

Literatur

§ 1

Hanau, A.: Die Prognose der Schweinepreise. Vierteljahreshefte zur Konjunkturforschung, Sonderheft 18, 1930.

§ 2

Allen, R. G. D.: Mathematical Economics. London 1960.
Ezekiel, M.: The Cobweb Theorem. Quarterly Journal of Economics **52** (1938).
Koyk, L. M.: Distributed Lags and Investment Analysis. Amsterdam 1954.

§ 3

Allen, R. G. D.: Mathematical Economics. London 1960.
Keynes, J. M.: Allgemeine Theorie der Beschäftigung, des Zinses und des Geldes. München/Leipzig 1936.
Harrod, R. F.: The Trade Cycle. Oxford 1936.
Hicks, J. R.: A Contribution to the Theory of the Trade Cycle. Oxford 1950.
Knox, A. D.: The Acceleration Principle and the Theory of Investment, a Survey. Econometrica **19** (1952).
Phillips, A. W.: Stabilisation Policy in a Closed Economy. Economic Journal **64** (1954).
— Stabilisation Theory and the Time Form of Lagged Responses. Economic Journal **67** (1957).
Samuelsen, P. A.: A Synthesis of the Principle of Acceleration and the Multiplier. Journal of Political Economy **47** (1939).

§ 4

Jacobs, K.: Ausgewählte Kapitel aus der Spieltheorie und verwandten Gebieten. Proseminar, Göttingen 1964.
Miyasawa, K.: On the Convergence of the Learning-Process in a 2×2 Non-Zero-Sum Two Person Game. Ec. Res. Program 33, Princeton University 1961.
Robinson, J.: An Iterative Method of Solving a Game. Annals of Mathematics **54** (1951).
Rosenmüller, J.: Über Periodizitätseigenschaften spieltheoretischer Lernprozesse. Zeitschrift für Wahrscheinlichkeitstheorie u. verw. Gebiete **17** (1971).
Shapley, L. S.: Some Topics in Two-Person-Games. Advances in Game Theory, edited by M. Dresher and others. Annals of Mathematical Studies **52** (1964).

Namen- und Sachverzeichnis

a-Bahn 60f., 77f., 81
a-Rückwärtsbahn 60f., 77
a-tupel 37
a-Vorwärtsbahn 60f., 77, 81, 88
Abbildung 1f., 4f., 7ff., 12ff., 17, 23, 38ff., 59ff., 72ff., 82f., 90, 102, 125
—, affine 41
—, identische 1, 45, 59, 90, 102
—, inverse 13
—, Iteration einer 1f.
—, lineare 101ff., 135
—, maßtreue 41ff.
—, $\mathfrak{B}$-meßbare 39ff.
—, stetige 2, 4f., 23, 62, 73, 88f., 107, 125
—, stochastische (= Markovsche) 101ff.
abelsch 125ff., 132ff.
abelsche Gruppe 88f.
abgeschlossene Hülle 8f., 78f.
abgeschlossene Menge 4ff., 9ff., 20f., 23ff., 71, 73, 78f., 85, 89, 103f., 125f.
abgeschlossene Untergruppe 73, 78ff.
Abklingen, exponentielles 150, 155ff.
Abklingkonstante 150f., 155f.
Abschluß 8f., 78f., 108, 125, 133f.
Abstand 4, 6, 51, 59, 61, 79, 113
Abstand, euklidischer 3
Absteigeverfahren 116
absteigend gefiltert 5, 10, 20, 126
Accelerationsprinzip 152, 155
achsenparallel 33, 38
additiv 32f., 35ff.
additive Gruppe R 58
adsorbierende Menge 118f.
Adsorption 95, 106, 118
Äquivalenzklasse 73f.
affine Abbildung 41
Aho, A. V. 97, 140
Atkinson, R. C. 97, 142
Alexandrov, P. S. 108, 140

Algebra, lineare 98
Algorithmus, euklidischer 121
Allen, R. G. D. 173
Alphabet 37
Alternative 97
Analogie 72
analytische Geometrie 98
Anfangsblock 15, 17, 26ff., 53f.
Anfangswert 151
Anfangszustand 111f.
Angebot 143ff., 148ff.
—, mittleres 143
Angebotsfunktion 144ff., 149ff.
angeregte Schwingung 156
Anordnung 98, 124, 128ff.
Anzahl der Besuche 18
anziehend, sanft 19ff.
anziehende Menge 19ff.
Anziehung 7
Anziehungszentrum 21ff., 26f., 29
Approximation 144, 148
Arbeitsplatz 154
Arrow, K. J. 97, 140f.
Arnold, V. I. 58
asymptotisch 93, 105ff., 112, 116, 137, 169, 172
—, periodisch 98f., 106f., 112, 116, 150
asymptotischer Wendepunkt 169
Atom eines Mengenringes 131
Atomspektren 95
attraktive Zelle 112, 115
Aufspaltungssatz 125ff., 133ff., 139
Aufspannen 132, 139
Aufwickeln 72
Aumann, G. 31, 56
Ausgangslage 2, 51
Auslander, L. 7. 29
Auslandsmarkt 145
Auswahlpostulat 10
Auswahlregel 57
Auszahlungsfunktion 158ff., 163f.

autonomes Investment 154, 156
Axiom A 29

𝔅-meßbare Abbildung 39 ff., 108, 116
Bahn 1 f., 7 ff., 12 ff., 21, 38, 43, 45, 58, 60 f., 77 f., 95, 108, 116
Bahnhülle 9, 11 ff., 23, 26, 29
Bartlett, M. S. 137, 140
Basis 29, 33, 100, 131 ff.
Basis, abzählbare 52 f.
— einer Topologie 51 ff.
— eines linearen Raumes 33
—, Umgebungs- 51
Basisvektor 100 ff., 105, 116, 166
Bauer, G. 31, 35 ff., 56
Bebutov 29
befreundet 84
Beharrungsvermögen 163
Berberian, S. 31, 35 f., 56
Berglund, J. F. 125, 141
Bernoulli-Maß 37, 41 ff.
Bernoulli-Raum 3 f., 6 ff., 15 ff., 26 ff., 36 f., 41 ff., 53 ff.
Bernoulli-System 42, 45, 50 f.
beschränkte Funktion 61
beschränkte Menge 4
Besuch, letzter 44
Besuche, Anzahl der 18
—, relative Häufigkeit der 18 ff., 24 ff., 57, 71, 82
besuchen 1, 18
Bewegung 1 f.
Bewegungsgesetz 38
bijektiv 38
Biologie 98
Birkhoff, G. D. 7, 29
Blätterteigabbildung 41 f., 50 ff.
Block 15 ff., 17, 26 ff., 53 f.
Blumenthal, R. 98, 141
Bogen, dyadischer 38, 43
Bogenlänge 59, 61 ff., 68, 70 ff., 82 ff., 88
Bohrsches Atommodell 95
Borel-Menge 36 ff., 41
Bowen, R. 7, 29
Breiman, L. 98, 141
Brouwer, L. E. J. 108, 160
Brouwerscher Fixpunktsatz 108
Burckel, R. B. 125, 141
Burger, E. 108, 141
Bush, R. R. 97, 141

C^n 111, 135
$C(G)$ 66 ff., 82 f., 92
cartesisches Produkt 76, 161
CFP 163 ff.
Chapman-Kolmogorov-Gleichung 125
Chung, K. L. 95, 141
Cigler, J. 59, 93
Ciucu, G. 97, 141
Code 97, 142
Cohen, P. J. 10, 15, 29
continuous fictitions play 163 ff.
Cosinus 37
Cryptographie 142

Dach-Theorie 72
Dame 84
Datenverarbeitung 98
de Leeuw, K. 125, 141
Denkmodell 158
Determinante 88
deterministisch 58
DFP 163 ff.
Diagonalverfahren 6, 16, 36
dicht 12, 14, 45, 58, 60 f., 74, 81, 88
Diffeomorphismus 29 f.
Differentialgleichung, gewöhnliche 2, 29, 151 ff., 156
Differentialgleichungen, Hamiltonsche 2, 43
Differenzengleichung 167
differenzierbar 144, 147, 150
differenzieren 144, 147, 150, 163
Diffusion 94, 98, 105 f., 111, 116 120 125
Dimension 75 ff., 93, 124
Dirac-Maß 33
Dirichlet 7
Dirichletsches Schubfachprinzip 14, 61
discrete fictitions play 163 ff.
disjunkte Zerlegung 14, 35 ff., 43, 48, 50, 55, 83, 120, 122, 124, 131
diskrete Zeit 38, 135, 146 ff., 153 f., 160 ff.
distal 29
Distanz 4, 6, 51
Division 126
doppelt-stochastische Matrix 102 ff., 107
Drehung der Ebene 89

175

Drehung des Einheitskreises 13f., 22, 43 45f., 57ff., 62ff., 67ff., 72ff., 82ff.
— des Torus 75, 77
Drehungen, kontinuierliche 59
dreidimensional 33, 164
Dreieck 79, 164ff.
Drohspiel 158
Dualbruchentwicklung 42, 51
durchlaufen einer Bahn 1ff.
Durchschnittseigenschaft kompakter Mengen 5, 10, 20f.
durchschnittsstabil 35, 41ff., 47
Durchschnittswert 143, 153
dyadischer Bogen 38, 43
— Intervall 37
dyadisches Quadrat 35f., 41, 53
Dynamik 38, 98, 146, 160f., 164
—, topologische 1ff., 7, 29
dynamisches System 29ff., 38, 41ff., 46, 49ff., 93
Dynkin, E. B. 98, 141

E_{ret} 43ff.
$E_{\infty\,ret}$ 45
E-Überdeckung 83ff., 90ff.
Ebene, Drehung der 89
—, komplexe 13f.
—, mod 1   77
—, reelle 37f., 59, 77ff., 89
Eigenraum 139
Eigenvektor 155ff.
Eigenwert 99, 135ff.
Eindeutigkeit von Fixpunkten 109ff.,
— von Maßen 33ff.
Einheitsgitter 59
Einheitsintervall 36f., 74ff.
Einheitskreis, Drehung 13f., 22
Einheitskreislinie 13ff., 22, 37f., 43, 45f., 51, 57ff., 62ff., 67, 72ff., 82ff. 92
Einheitskreisscheibe 38, 43
Einheitskubus 36
Einheitskugel 133f.
Einheitsmatrix 105, 107, 125, 140
Einheitsquadrat 35f., 41f., 76
Einheitsvektor 100f., 103
Einheitswurzel 135ff.
Einkommen 153ff.
Einkommenserhöhung 156

Einpendeln 147
Einschließung 74
Einselement 126f., 134
Einzugsgebiet 39
Elektron 95
Emission 95
endliche Menge 1, 4, 7f.
Endverteilung 99, 111
Energie 95
Erblichkeit der Wiederkehr 32, 53, 55
Ergodensatz 99, 108ff., 125, 139
Ergodentheorie 3, 15, 29, 31, 58, 141
ergodisch 49ff., 93
— strikt 93
Erneuerungstheorie 96
erwartete Wiederkehrzeit 46ff.
Erwartungswert 159
Erweiterung, gemischte 160f.
erzeugter Körper 34ff., 39ff., 53
Estes, W. K. 97, 141
euklidischer Abstand 3
— Algorithmus 121
euklidische Norm 113
euklidischer Raum 33, 75f., 164
Evolutionsmodelle 142
Evreinov, E. V. 97, 141
Existenz minimal-invarianter Mengen 9ff.
— von Gleichgewichtspunkten 160
— von Maßen 33ff.
explosiv 157f.
exponentiell 106f., 115f., 118, 120, 123f., 134f., 140, 150, 155ff., 168
Extremalpunkt 102f.

Faktorgruppe 58f., 93
Faktorraum 81
fastjede 44f.
fastperiodische 0-1-Folge 15ff.
— Funktion 15, 59, 90ff., 142
— —, Mittelwert 59, 92
— Tochterfolge 16f.
fastperiodischer Punkt 2, 8, 11ff., 16, 22f., 26, 29
fastüberall 44
Feller, W. 95, 98, 141
Festsetzung von Inhalten 34ff.
feststehende Investition 154
fictitions play 163ff.
Film 2

Fixpunkt 1, 23, 99, 107 ff., 135, 137, 147, 160
Fixpunktsatz von Brouwer 108, 160
Flächeninhalt 36, 41
Folge reeller Zahlen, rekurrente 54
Fortpflanzung 96
Fraenkel 10
französische Sprache 97
Frequenz 95
Funktionalanalysis 99
Funktion, beschränkte 61
—, fastperiodische 15, 59, 90 ff.
—, Riemann-integrable 66 ff., 72, 75, 82
—, Schwankung einer 62, 64, 82, 85 ff.
—, stetige 59, 61 ff., 66, 68 f., 71 f., 74, 81 ff., 86 ff., 91 f., 144
—, verschobene 62, 64, 81 ff., 86 ff.
Furstenberg, H. 7, 29, 88, 93
Futterpreis 145

G (= Einheitskreislinie) 58 ff., 63 ff., 68 ff., 73 ff., 82 ff., 89
G^r (= r-dimensionaler Torus) 58 f., 75 ff., 81 f.
G^2 59, 77
G-invariant 127
ganze Zahlen 58 ff., 77 ff., 89, 93, 120 ff.
ganzzahliger Punkt 59, 77
Gas, ideales 143
Gastheorie, statistische 58
Gedächtnis 97
gedämpfte Schwingung 156 f.
gefiltert, absteigend 5
Gehaltserhöhung 153
Geheimschrift 142
Geld 144, 152 f., 158
Gemeinwesen 153
gemischte Erweiterung 160 f.
gemischte Strategie 160 ff.
Gerade 78 ff., 149
Gesamtladung 33, 113
Gesamtmasse 39
Gesamtmodell einer Wirtschaft 145, 152
Gesetz der großen Zahlen 57, 95 f., 159, 162
Geometrie, analytische 98
geometrische Reihe 140
Getoor, R. K. 98, 141

gewichtetes Mittel 138
gewöhnliche Differentialgleichung 2, 29
Gitter 77, 81
Gleichgewicht 146
Gleichgewichtspreis 144, 146, 148, 152, 160
Gleichgewichtspunkt 160 f., 164, 169, 171 f.
Gleichgewichtsstrategie 160 f.
Glicksberg, I. 125, 141
Glühbirne 96
gleichgradig gleichmäßig stetig 62, 83, 88
gleichmäßig konvergent 57 f., 64, 75, 81
— stetig 62
gleichverteilt 57, 93 f., 98, 107, 111
Gleichverteilung mod 1 15, 30, 45, 57 ff., 62 ff., 67 ff., 79 ff., 93
Gleichverteilungssatz von Weyl 58 f., 71, 75, 81 ff., 88, 93
gleichzeitig rekurrent 54
Glicksberg, I. 125, 141
Gottschalk, W. H. 7, 29
Grammatik, mathematische Theorie 97, 140 f.
Green, L. 7, 29
Grenzwertvertauschung 111
Gross, M. 97, 141
große Zahlen, Gesetz 57, 95 f., 159
Grundmenge 31 ff.
Gruppe 58 f., 73 f., 78 ff., 83 ff., 88 ff., 93, 102, 125 ff., 132 ff.
—, abelsche 88 f.
—, kompakte 58 f., 83, 88 ff.
—, symmetrische 104
—, topologische 58 f., 88 ff.
Gut 146 f., 152 ff.

H-Atom 15
h (= Plancksche Konstante) 95
Haar, A. 83, 88
Haarsches Maß 59, 83, 88, 93
Häufigkeit, relative 18 ff., 24 ff., 57, 97, 161
Häufungspunkt 9, 23, 25, 164
Hahn, F. 7, 29
Halbgruppe 99, 101 ff., 120 ff., 125 ff., 132 ff., 142
—, kompakte 99, 104, 124 ff., 132 ff.

177

Halbgruppe, topologische 125, 142
Halmos, P. R. 31, 35ff., 56
Hamiltonsche Differentialgleichungen 2, 43
Hanau, A. 144, 172
Hang zum Sparen 153, 155, 157
— — Verbrauch 153f.
Harrod, F. 155, 173
Hausdorffsches Trennungsaxiom 5, 51, 88
Hedlund, G. 7, 29
Heiratssatz 59, 83f., 91, 103
Helmberg, G. 59, 93
Herdan, G. 97, 141
Herr 84
Hicks, S. 173
Himmelsmechanik 31, 56
höhere Momente 51, 56
Hofmann H. 125, 141
homogener Raum 29
Homomorphismus 73, 102, 125
Hoperoft, J. E. 97, 141
Hopf, H. 108, 140
Hülle, konvexe 100f., 133
—, lineare 78

Ideal 125f.
ideales Gas 143
idempotent 126f., 133f.
identische Abbildung 1, 45, 59, 90, 102, 127, 135
Imaginärteil 136, 157
Indikatorfunktion 17ff., 22ff., 27ff., 57, 68ff., 75, 82
Infimum 128ff.
Informatik 3
Inhalt 35ff., 41
Inhaltsmessung 32ff.
Inneres 79
Integral 95, 163
Integralmittelwert 82
interessanter Punkt 24ff.
Interessengegensatz 161
Intervallschachtelung 63f.
invariante Menge 8ff., 24, 26, 49, 99, 116, 127
invarianter Teilraum 127
invariantes Maß 41ff., 93
inverse Abbildung 13, 38f.
— Funktion 147

inverse Matrix 89, 127f., 140
— Mengenabbildung 39ff.
invertibel 39, 42
Investition 152ff.
Investitionsgut 154
Investitionskoeffizient 156
irrational 13f., 22, 45, 50f., 57f., 60f., 63ff., 74f., 77, 82, 88
isometrisch 62, 76f., 81f.
Isomorphismus 73, 89, 104
Iteration von Abbildungen 1f., 147

Jacobs, K. 24, 29, 56, 98, 125f., 141, 173
Jordan-Inhalt 74
Jordan-meßbar 57, 74

Kac, M. 32, 46, 49, 56
Käufer 143, 147, 152
Kakutani, S. 7, 29, 137, 140, 142
Kantenlänge 33
Karlin, S. 97, 140f.
Kaufinteresse 143
kausal 154
Kémeny, J. G. 97f., 141
Kern eines Homomorphismus 73, 89
Kesten, H. 96, 141
Kette von Zuständen 97
Keynes, J. M. 153, 173
kleine Planeten 31
Knox, A. D. 173
Körper von Mengen 34ff., 41
Kolmogorov-Chapman-Gleichung 125
Kombinatorik 7
kommutativ 125f., 130ff.
kompakte Gruppe 58f., 83, 88ff.
— Halbgruppe 99, 104, 124ff.
— Menge 4ff., 10, 12, 15, 17, 20f., 23, 25, 58f., 61, 73, 83, 89, 103f., 107ff., 125ff., 132ff., 139
kompakter metrischer Raum 15
Komplement 46ff.
komplexe Zahlen 13f., 59, 72ff., 135ff., 140, 157
komplexer linearer Raum 111
Komponente 3f., 6, 42, 108, 112ff.
komponentenweise Konvergenz 3f., 103f.
konfinale Teilfolge 52
Konfliktsituation 158

konjugiert komplex 157, 167
Konjunkturschwankungen 143 ff.
Konstruktivisten 15, 17
Konsum 152 ff.
Konsument 158
kontinuierliche Drehungen 59, 82
— Zeit 125, 134 f., 150 ff., 154 f., 160 f, 163 ff.
Kontinuumshypothese 29
Kontraktion 133 f., 137, 139 f.
konvergente Teilfolge 4, 107
Konvergenz 3 f., 51 ff., 61, 73, 89, 98, 103 ff., 108 ff., 123 f., 140, 145, 147 ff., 158, 160, 167 ff., 172
—, gleichmäßige 57 f., 64, 75, 81
konvexe Hülle 100 f., 108, 111, 133, 135
— Linearkombination 100 f., 107 ff.
— Menge 98, 100 ff., 108, 111, 124, 161
Kosarev, J. G. 97, 141
Koyk, L. M. 173
Kreisbogen 14, 38, 43, 45, 57, 59, 61 ff., 68 ff., 74, 82 f.
—, dyadischer 38, 43
Kreislinie 13 ff., 22, 37 f., 43, 45 f., 51, 57 ff., 62 ff., 67, 72 f., 82 ff., 92, 138
Kreisscheibe 38, 43, 51
Krengel, U. 98, 141
Kriegsspiel 158
Kronecker, L. 13 f, 57 ff., 62, 74, 77, 81, 88, 93
—, Satz von 13 ff., 58 ff., 62, 74, 77, 81, 88
Kronecker-Symbol 102
Kürzungstrick 108
Kugel, 3 f., 33
krumm 138
Kryptographie 142

Ladung 33, 113
Ladungsverteilung 113
Länge 59, 61 ff., 68, 70 ff., 82 ff., 88
lag (= Nachhinken) 147
Landwirt 145
learning process 163 ff.
Lebensdauer 96
Lebesgue-Maß 36, 38, 41, 43, 45 f., 164
leere Menge 17, 20, 32
leersaugen 118

Lemma von Zorn 10 f., 15 ff., 26
Lentin, A. 97, 141
Lernvorgang 97, 142
letzter Besuch 44, 47
lexikographische Anordnung 16
Lichtquant 95
Limespunkt 109
Linearbasis 33, 100, 131 ff.
Lineare Abbildung 101 ff.
— Algebra 98
— Hülle 78
— Mannigfaltigkeit 81
— Operation 129
Linearer Raum 78, 80 f., 110 f., 124
Linearer Teilraum 78, 80 f., 110 f., 129 ff., 139 f.
Linearform 80, 103
Linearkombination, konvexe 100 f., 107 ff., 162 f.
linear unabhängig 132
Linkstranslation (= Linksverschiebung) 89 f., 93, 126
Liouville 43
Lipschitzbedingung 2
Lösungskurve 2
Lücke 54

m-erhaltende Abbildung 41 ff.
m-treue Abbildung 41 ff.
Maak, W. 93
makroskopische Beobachtungen 58
— Markov-Theorie 98 ff.
Mannigfaltigkeit, lineare 81
Markov, A. A. 98, 141
Markov-Prozeß 3, 94, 98, 105, 142 f.
markovsche Abbildung 101 ff.
markovsche Matrix 98 ff.
Markt, 143 ff., 148
Marktmodelle 148, 152
maschinenerzeugte Folgen 15
Maß 35 ff., 40 ff.
Maß, Heersches 59, 83, 88, 93
—, invariantes 53 ff.
—, normiertes 35 ff.
—, rekurrentes 53 ff.
—, transport 39 ff.
Masse 105, 112, 120, 122
Massenpunkt 143
Massenwolke 39
maßhaltende Abbildung 41 ff.

Maßtheorie 31ff., 37ff., 45, 50, 56, 92ff.
maßtreue Abbildung 41ff.
Mastzeit 145
mathematisch positiv 59, 73
Matrix 88f., 93, 96, 101ff., 106ff., 111ff., 116ff., 121ff., 126ff., 131ff., 136ff., 158ff., 163ff.
—, doppelt-stochastische 102ff., 107
—, inverse 89
—, nichtsinguläre 126f.
—, orthogonale 88f., 111
—, stochastische (= markovsche) 98ff., 103ff., 108ff., 113ff., 118ff., 123ff., 128ff., 133ff.
Matrizenmultiplikation 88f., 101ff., 106ff.
maximieren 158, 162
Maya-Texte 97, 141f.
Mechanik 2f., 31, 43, 56, 58
Medium 94f.
Menge, adsorbierende 118f.
—, invariante 8ff., 24, 26, 49, 116ff.
—, konvexe 98
—, minimal-invariante 8ff., 13ff., 21ff., 26, 29, 116ff., 122ff.
—, r-wandernde 44
—, wandernde 44, 47
Mengenabbildung, inverse 39ff.
Mengenfunktion 94
Mengenkörper 34ff., 41
Mengen-σ-Körper 34ff.
Mengenlehre 8ff., 24, 26, 29, 34ff., 41, 49, 94, 130
Mengenring 130f.
meßbare Abbildung 39ff.
— Menge 34, 57
Metrik 4, 6, 15, 45, 51, 61, 76, 82f.
metrisches Kompaktum 15, 76
Meyer, P. A. 98, 142
mikroskopische Markov-Theorie 98
minimal-invariante Menge 8ff., 13ff., 21ff., 26, 29, 116ff., 122ff.
minimales Element 10
Minimaxtheorem 161
Mittel, arithmetisches 63f., 82, 84ff.
—, fastperiodischer Funktionen 59
—, gewichtetes 138
—, Integral 82

Mittelwert, nahezu konstanter 58, 62, 81f., 84ff.
—, Riemann-integrabler Funktionen 66ff.
—, stetiger Funktionen 61
mittlere Verweilzeit 18f., 24ff., 57, 71, 82
— Wiederkehrzeit 32, 46ff.
mittleres Angebot 143
Mischung, starke 50f.
Miyasawa, K. 173
mod 1 15, 30, 45, 57ff., 72ff., 77ff., 93
mod 2 93
Modell 94ff., 143ff., 150ff., 158ff.
Molekülhaufen 58
Momente, höhere 51, 56
monogam 84
monoton 146f.
Moran, P. 96, 137, 142
Morse-Folge 54
Mosteller, F. 97, 141
Münzenwurf 37
Multiplikation in einer Gruppe 88
— von Matrizen 88f., 101ff.
Multiplikator 152f., 155
Multiplikatorprinzip 153

n-Eck, reguläres 62
n-Personenspiel 144
Nachfrage 143ff., 148ff., 154ff.
Nachfragefunktion 144, 146ff., 152
Nachhinken (= lag) 147
Nagumo M. 140, 142
nahezu konstanter Mittelwert 58, 62, 81f., 84ff.
Nash, J. 160
Neumann-Reihe 140
Nemyckij, V. V. 7, 29
nichtabelsch 104, 124
nichtnegative ganze Zahlen 190ff.
nichtnegativer Vektor 98, 105, 117, 130f.
nicht-periodischer Punkt 21
Norm 113ff., 123f., 129f., 133ff., 140
Normierung der Periode 146
normiertes Maß 35ff.
Nullstelle 167
Nullsummenspiel 161, 164

Ω_{rec} 52, 55
0-1-Block 15 ff., 26 ff., 53 f.
0-1-Folge 3 f., 6 ff., 15 ff., 26 ff., 36 f.
0-1-Folge, fastperiodische 15 ff.
Ökonomie 98, 144, 160
offene Menge 4 ff., 12, 19 ff., 24 f., 53, 71, 90 f.
Ohr 97
optimal 161 ff.
Ordnung eines dyadischen Bogens 38, 43
— — — Intervalls 37 f.
— — — Quadrats 35 f.
— — Zylinders 36 f.
orthogonale Matrix 88, 111
orthonormiert 33
Oszillation 158
Oxtoby, J. C. 28 f.

P 99
P_a 99
parallel 78
Parallelogramm 79
Parthasarathy 29
Partie 159 ff.
Partnerwahl 96
Periode 1, 74 f., 93, 120, 136, 145 ff.
periodisch, asymptotisch 98 f., 106 f., 112, 116
periodische Folge 54
periodischer Punkt 1 f., 7 f., 11, 21 f., 29, 45, 105 ff., 124, 136, 140
Permutation 7, 102, 105, 132, 135
—, zyklische 105, 135
Permutationsmatrix 102 ff.
Phase 164 ff., 170 f.
Phasenraum 2, 43
Phillips, A. W. 173
Physik, 2 f., 31, 43, 56, 58
Plancksche Konstante 95
Planeten, kleine 31
Poincaré, H. 31 f., 43 f., 46, 51 f., 56
Poincaré, Wiederkehrsatz von 31 f., 43 ff., 51 ff., 56
Poincarés Wiederkehrsatz, topologisierte Form 51 ff.
Polyeder 161
Polynom 156, 167
Populationsdynamik 96
Positivität 98, 129, 139, 142

Präferenzordnung 144
Preis 143 ff., 148 ff., 153
Produkt, cartesische 76, 161
— -Topologie 4
Produktion 145, 147, 154 ff.
Produktionsmittel 156
Produzent 147, 149 ff., 154 ff.
Proton 95
Punkt, fastperiodischer 2
—, ganzzahliger 59
—, periodischer 1 f.
—, rekurrenter 52 f.
Punktwanderung 1 ff.

Quader 33
Quadrat, achsenparalleles 38
Quadrat, dyadisches 35 f., 41, 53
Quadrat, Einheits- 35 f.
Quant 95

R (= reelle Zahlen) 58, 72 ff., 78, 89
$\Re(G)$ 66 ff.
$R^n \bmod 1$ 58 f., 73 ff., 89
R 3 ff., 81 f., 100 f., 103 f., 108 ff., 113, 116 ff., 125 ff.
R^{6N} 2
$R \bmod 1$ 58 f., 73 ff., 89
$R^2 \bmod 1$ 59, 77
R^2 59, 77 ff.
r-irrational 77, 82
r-rational 77, 79 f.
r-wandernde Mengen 44
Radon-Maß 92 f.
Rand 6
randlose Menge 6
rational 45, 60, 80 f.
Ratte 97
Raum aller 0-1-Folgen 3 f.
—, linearer 78, 80 f., 110 f., 124
—, topologischer 2 ff.
Reaktionsgeschwindigkeit 151, 157
Reaktionsverhalten 160
Realteil 136, 140
Rechtstranslation (= Rechtsverschiebung) 89 f., 93
Reduktion mod 1 74 f.
reelle Zahlen 58 ff., 136, 156, 167
Regierung 154
reguläres n-Eck 60, 62
Reibung 143

Reihe 95, 168
reine Strategie 158 ff.
Rektifizierung 72
rekurrent, gleichzeitig 54
rekurrente Folge von reellen Zahlen 54
rekurrenter Punkt 52 f.
rekurrentes Maß 53 ff.
rekursiv 166
relativ-abgeschlossene Menge 5
relativ-offene Menge 5
Relativ-Umgebung 5
relative Häufigkeit 18 ff., 24 ff., 57, 97, 161
Repräsentant 74, 76
Resolventenmethode 140
Restklasse 73 f., 122
reversibel 39
Rezession 152
Riemann-integrable Funktion 66 ff., 72, 75, 82
Riemann-Integral 67
Ring von Mengen 130 f.
Robinson, J. 163, 173
—, Prozeß 163 ff.
Rolle 158
Rosenmüller, J. 173
Rotation 13 f., 22, 43, 45 f., 50 f.
Roulette 159
Rückkehr 7, 31 f., 43 ff.
Rückwärtsbahn 60 f., 77

σ-additiv 32 f., 35 ff., 40, 48 ff.
σ-Inhalt 35 ff.
σ-Körper, erzeugter 34 ff., 39 ff., 53
σ-Lörper von Mengen 34 ff., 39 ff.
Sacco, L. 97, 142
Samuelson, P. A. 173
sanft anziehende Menge 19 ff., 25
Satz von Kronecker 13 ff., 58 ff.
Schach 158
Schiebung 4, 15, 42, 53
Schlenther, U. 97, 142
Schmetterlingsfigur 172
Schranke, untere 10
Schubfachprinzip von Dirichlet 14, 61
Schwankung einer Funktion 62, 64, 82, 85 ff.
Schweinezyklus 144 f.
Schwingung 156 ff., 160, 164, 169, 172
—, angeregte 156

Schwingung, gedämpfte 156 ff.
Sekunde 38
shift 4, 15, 42, 53
shift-Raum 3 f., 6 ff., 15 ff., 26 ff.
Sibirskij, K. S. 7, 30
sicher, statistisch 57
Sinai, J. G. 58
Sinus 23, 37
Smale, S. 7, 30
Snell, J. L. 97 f., 141
Sobolev, S. 97, 142
Spalte der Matrix 102, 112, 162 ff.
Sparen 153
Spektrograph 95
Spiegelung 88 f.
Spiel 158 ff.
—, statistisches 158
Spieler 158 ff.
Spielmatrix 161
Spieltheorie 142, 144, 158 ff.
Spielwert 161
Spinnweb-Modell 145 ff., 150
Sprachstatistik 97, 142
Spur einer Zelle 116 ff.
— eines Vektors 116 ff.
stabiler Zustand 160 f.
Stabilität gegen Funktionenoperationen 66 f.
— gegen Mengenoperationen 34 f., 40 ff., 131
starke Mischung 50 f.
starr 59, 61
statistisch sicher 57
statistische Aussage 143 f.
— Gastheorie 58
— Sprachtheorie 97
statistisches Spiel 158
Stepanoff, V. 7, 29
Steigung 148 ff.
stetig, gleichmäßig 62
—, — gleichgradig 62, 83, 88
stetige Abbildung 2, 4 f., 23, 62, 73, 88 f., 107 f.
— Funktion 51, 61 ff., 66, 68 f., 71 f., 74, 81 ff., 86 ff., 91 f., 144
Stetigkeit der Addition 78
stochastisch 98
stochastische Abbildung 101 ff.
— Matrix 98 ff., 103 ff., 108 ff., 113 ff., 118 ff., 123 ff., 128 ff.

stochastische Matrizen, Ergodensatz für 99
stochastischer Vektor 100f.
Strassen, V. 55
Strategie 158ff., 163ff.
—, gemischte 160ff.
—, reine 158ff.
Strategieraum 159
strikt ergodisch 93
Struktur 98
Struktursatz 78f., 81
Suppes, P. 97, 140ff.
Supremum 128ff.

T-invariantes Maß 41ff.
t-Verschobene 62
Teilblock 15ff.
Teilfolge, konfinale 52
—, konvergente 4, 6, 109
Teilmengenverband 130
Teilraum, linearer 78, 80f., 110f., 129ff., 139f.
Text, verschlüsselter 97
Theodorescu, R. 97, 141
Thompson, G. L. 97f., 141
Tochterfolge 15ff., 26
—, fastperiodische 16f.
Topologie 2ff., 32, 45, 51ff., 73, 81, 83, 88f., 98, 103f., 113, 124, 142
—, Basis einer 51ff.
— der komponentenweisen Konvergenz 3f., 103f., 113
topologische Dynamik 1ff., 7, 29f.
— Gruppe 58f., 88ff.
— Halbgruppe 125
topologischer Raum 2ff.
topologisierte Form des Poincaréschen Wiederkehrsatzes 51ff.
Torus 58f., 75ff., 81f., 93
Torusdrehung 77
totalgeordnete Menge 10
Trächtigkeitsdauer 145
Träger eines Vektors 116ff., 121ff., 130ff.
trägerfremd 133
Translation 73, 77, 85, 89f.
—, Links- 89f.
—, Rechts- 89f.
Transport von Maßen 39ff.
transponierte Matrix 138

Trend 145
Trennung kompakter Mengen durch offene 5
Trennungsaxiom von Hausdorff 5
Treppenfunktion 74
Turing-Maschine 17

überabzählbar 36
überdecken 5, 83ff., 90ff.
Überdeckungseigenschaft kompakter Mengen 5, 12
Übergang 95ff.
Übergangswahrscheinlichkeit 95ff.
Überlagerung 94, 105
Uhrzeigersinn 59, 61, 69
Ullman, J. D. 97, 140f.
Umgebung 2ff., 9, 11ff., 24f., 51, 81, 90f.
Umgebungsbasis 51
umkehrbar eindeutig 38
untere Schranke 10
Untergruppe 58f., 78f.
—, abgeschlossene 73, 78ff.
Unternehmer 154f.
Unterraum, linearer 78, 80f.
Urysohn 20, 22, 25
Urysohnscher Trennungssatz 5, 20, 22, 25
Ustinov, V. A. 97, 141

V 100f.
Variablentransformation 151
Veech, W. A. 93
Vektor 98, 100ff., 105ff., 110ff., 115ff., 120ff., 126ff., 131ff., 159ff., 164ff.
—, nichtnegativer 98, 105, 117
—, -Spur 116ff.
—, -Träger 116ff.
—, Wahrscheinlichkeits- (= stochastischer) 100f., 107f.
Verband 129ff.
Verbandsoperationen 66f., 128ff.
Verbrauch 152ff.
Verbrauchsgut 154
vereinigungsstabiles Mengensystem 34, 131
Vergangenheit 156
Verhaltensforschung 97
Verhaltensplan 158

183

verheiraten 82ff., 91
Verlust 158
vertauschbar 39
Verteilung 94f., 98
Verschiebung 73, 77, 85, 89f.
verschiebungsinvariant 67
verschlüsselter Text 97, 142
verschobene Funktion 62, 64, 81ff., 86ff.
Verweilzeit, mittlere 71
Volkswirtschaft 145
Vorgeschichte 38, 156
vorsichtig 162f.
Vorwärtsbahn 60f., 63, 77, 81, 88

Wahrscheinlichkeit 95
—, Übergangs- 95ff.
Wahrscheinlichkeitstheorie 3, 37, 56ff., 98, 142f.
Wahrscheinlichkeitsvektor 100f., 107f.
Wahrscheinlichkeitsverteilung 35, 37, 159, 161
Wand 23f.
wandernde Menge 44, 47
Ware 143f.
Wendepunkt, asymptotischer 169
Wendezeitpunkt 166
Wertschätzung 144
Weyl, H. 15, 30, 57ff., 64, 71, 75, 81ff., 88, 93
Weylscher Gleichverteilungssatz 58f., 71, 75, 81ff., 88, 93
Wiederkehr 7, 31f., 43ff., 51ff., 56
—, Erblichkeit der 32
—, Zeitpunkt der ersten 46ff.
Wiederkehrsatz von Poincaré 31f., 43ff., 51ff., 56
— — —, topologisierte Form 51ff., 56
Wiederkehrschranke 16
Wiederkehrzeit 46f., 51, 56
—, mittlere 32, 46ff.
Wielandt, H. 139, 142
Winkel. 13f. 50, 57, 59

Wirkung von Matrizen auf Vektoren 98ff.
Wirtschaftseinheit 153
Wohllautgesetze 97
Wohlstand 153
Wohlstandsgesellschaft 145
Wolfowitz, J. 51
Wurzel 148, 156f.

Yosida, K. 137, 140, 142

Z (= ganze Zahlen) 58ff., 77ff., 89, 93, 120ff.
Z^2 59, 77ff.
Zahlengerade R 58, 72ff., 78, 89
Zeilenvektoren einer Matrix 101f., 105, 107, 162f.
Zeit 1f., 122, 125, 134f., 146ff., 154, 160ff.
Zeiteinheit 2, 94, 105
Zeitpunkt der ersten Wiederkehr 46ff.
Zelle 94f., 98, 105f., 112f., 115f., 120, 124
—, attraktive 112, 115
—, Spur einer 116ff.
Zentrum einer Gruppe 89
Zerlegung 14, 35ff., 43, 48, 50, 55, 83
Zermelo 10
ziemlich regelmäßig 11ff., 22
Zirkelschluß 83
Zornianer 15
Zorns Lemma 10f., 15ff., 26
Zufallsexperiment 37, 57f., 159
Zunge 97
Zurückführung 72
Zustand, stabiler 160f.
Zustandskette 97
Zustandsraum eines Markov-Prozeses 3, 93, 98
Zwei-Personen-Spiel 158ff.
Zwischenraum-Symbol 97
zyklisch 7f., 63, 125
zyklische Permutation 105, 135
Zyklus 7f., 11, 22, 105, 133f., 145
Zylinder 4, 6, 15, 26, 36f., 42f., 45, 50, 53ff.

Heidelberger Taschenbücher

Mathematik — Physik — Chemie — Technik — Wirtschaftswissenschaften

1	M. Born: Die Relativitätstheorie Einsteins. 5. Auflage
2	K. H. Hellwege: Einführung in die Physik der Atome. 3. Auflage
6	S. Flügge: Rechenmethoden der Quantentheorie. 3. Auflage
7/8	G. Falk: Theoretische Physik I und I a auf der Grundlage einer allgemeinen Dynamik Band 7: Elementare Punktmechanik (I) Band 8: Aufgaben und Ergänzungen zur Punktmechanik (I a)
9	K. W. Ford: Die Welt der Elementarteilchen
10	R. Becker: Theorie der Wärme
11	P. Stoll: Experimentelle Methoden der Kernphysik
12	B. L. van der Waerden: Algebra I. 8. Auflage der Modernen Algebra
13	H. S. Green: Quantenmechanik in algebraischer Darstellung
14	A. Stobbe: Volkswirtschaftliches Rechnungswesen. 2. Auflage
15	L. Collatz/W. Wetterling: Optimierungsaufgaben. 2. Auflage
16/17	A. Unsöld: Der neue Kosmos
19	A. Sommerfeld/H. Bethe: Elektronentheorie der Metalle
20	K. Marguerre: Technische Mechanik. I. Teil: Statik
21	K. Marguerre: Technische Mechanik. II. Teil: Elastostatik
22	K. Marguerre: Technische Mechanik. III. Teil: Kinetik
23	B. L. van der Waerden: Algebra II. 5. Auflage der Modernen Algebra
26	H. Grauert/I. Lieb: Differential- und Integralrechnung I. 2. Auflage
27/28	G. Falk: Theoretische Physik II und II a Band 27: Allgemeine Dynamik. Thermodynamik (II) Band 28: Aufgaben und Ergänzungen zur Allgemeinen Dynamik und Thermodynamik (II a)
30	R. Courant/D. Hilbert: Methoden der mathematischen Physik I. 3. Auflage
31	R. Courant/D. Hilbert: Methoden der mathematischen Physik II. 2. Auflage
33	K. H. Hellwege: Einführung in die Festkörperphysik I
34	K. H. Hellwege: Einführung in die Festkörperphysik II
36	H. Grauert/W. Fischer: Differential- und Integralrechnung II
37	V. Aschoff: Einführung in die Nachrichtenübertragungstechnik
38	R. Henn/H. P. Künzi: Einführung in die Unternehmensforschung I
39	R. Henn/H. P. Künzi: Einführung in die Unternehmensforschung II
40	M. Neumann: Kapitalbildung, Wettbewerb und ökonomisches Wachstum
43	H. Grauert/I. Lieb: Differential- und Integralrechnung III
44	J. H. Wilkinson: Rundungsfehler
49	Selecta Mathematica I. Verf. und hrsg. von K. Jacobs
50	H. Rademacher/O. Toeplitz: Von Zahlen und Figuren

51 E. B. Dynkin/A. A. Juschkewitsch: Sätze und Aufgaben über Markoffsche Prozesse
52 H. M. Rauen: Chemie für Mediziner — Übungsfragen
53 H. M. Rauen: Biochemie — Übungsfragen
55 H. N. Christensen: Elektrolytstoffwechsel
56 M. J. Beckmann/H. P. Künzi: Mathematik für Ökonomen I
59/60 C. Streffer: Strahlen-Biochemie
63 Z. G. Szabó: Anorganische Chemie
64 F. Rehbock: Darstellende Geometrie. 3. Auflage
65 H. Schubert: Kategorien I
66 H. Schubert: Kategorien II
67 Selecta Mathematica II. Hrsg. von K. Jacobs
71 O. Madelung: Grundlagen der Halbleiterphysik
72 M. Becke-Goehring/H. Hoffmann: Komplexchemie
73 G. Pólya/G. Szegö: Aufgaben und Lehrsätze aus der Analysis I.
74 G. Pólya/G. Szegö: Aufgaben und Lehrsätze aus der Analysis II. 4. Auflage
75 Technologie der Zukunft. Hrsg. von R. Jungk
78 A. Heertje: Grundbegriffe der Volkswirtschaftslehre
79 E. A. Kabat: Einführung in die Immunchemie und Immunologie
80 F. L. Bauer/G. Goos: Informatik — Eine einführende Übersicht. Erster Teil
81 K. Steinbuch: Automat und Mensch. 4. Auflage
85 W. Hahn: Elektronik-Praktikum
86 Selecta Mathematica III. Hrsg. von K. Jacobs
87 H. Hermes: Aufzählbarkeit, Entscheidbarkeit, Berechenbarkeit. 2. Auflage
90 A. Heertje: Grundbegriffe der Volkswirtschaftslehre II
91 F. L. Bauer/G. Goos: Informatik — Eine einführende Übersicht. Zweiter Teil
92 J. Schumann: Grundzüge der mikroökonomischen Theorie
93 O. Komarnicki: Programmiermethodik
99 P. Deussen: Halbgruppen und Automaten
102 W. Franz: Quantentheorie
103 K. Diederich/R. Remmert: Funktionentheorie I
104 O. Madelung: Festkörpertheorie I
105 J. Stoer: Einführung in die Numerische Mathematik I

Hochschultexte

Gross, M./Lentin, A.: Mathematische Linguistik
Hermes, H.: Introduction to Mathematical Logic
Kreisel, G./Krivine, J. L.: Modelltheorie
MacLane, S.: Kategorien
Owen, G.: Spieltheorie
Oxtoby, J. C.: Maß und Kategorie
Werner, H.: Praktische Mathematik I

If you have any concerns about our products,
you can contact us on
ProductSafety@springernature.com

In case Publisher is established outside the EU,
the EU authorized representative is:
**Springer Nature Customer Service Center GmbH
Europaplatz 3, 69115 Heidelberg, Germany**

Printed by Libri Plureos GmbH
in Hamburg, Germany